型枠の設計・施工指針

Recommendation
for
Design and Construction Practice of Formwork

1988 制定
2011 改定

日本建築学会

本書のご利用にあたって
本書は，作成時点での最新の学術的知見をもとに，技術者の判断に資する標準的な考え方や技術の可能性を示したものであり，法令等の根拠を示すものではありません．ご利用に際しては，本書が最新版であることをご確認ください．なお，本会は，本書に起因する損害に対して一切の責任を負いません．

ご案内
本書の著作権・出版権は(一社)日本建築学会にあります．本書より著書・論文等への引用・転載にあたっては必ず本会の許諾を得てください．
Ⓡ〈学術著作権協会委託出版物〉
本書の無断複写は，著作権法上での例外を除き禁じられています．本書を複写される場合は，(一社)学術著作権協会（03-3475-5618）の許諾を受けてください．

一般社団法人　日本建築学会

序
―2011年2月改定版―

　本会「型枠の設計・施工指針案」は1988年に刊行されたが，その後は見直しがされてこなかった．この間，建築基準法や労働安全衛生規則などの関係法令の改正，日本工業規格（JIS）や日本農林規格（JAS）等の規格の改正，JASS 5をはじめとする本会の仕様書・規準・指針類の改定，高強度コンクリートや高流動コンクリートなど使用するコンクリートの多様化，長大スパンなど建築物への要求性能の高度化，環境への配慮等社会情勢の変化などがあり，また，これらに対応する型枠の材料・工法の変化があった．このため，2004年度に材料施工委員会において型枠指針改定小委員会が発足し，指針の内容・構成の見直しを開始した．型枠工事に関する情報収集のため，現場見学，各種型枠材料・工法の調査，不具合事例の調査，側圧の調査，関連法令等の調査を行い，2006年度からはJASS 5の9節「型枠工事」の改定に関する検討を並行して行った．2008年度からは型枠指針刊行ワーキンググループとして活動を継続し，今回の改定版刊行の運びとなった．

　今回の主な改定点は，2009年2月に改定されたJASS 5の補完，型枠工事に関する最新情報の提供，SI単位化のほか，以下のとおりである．

① 一般化している材料・工法を中心に記述することとし，主なせき板材料に床型枠用鋼製デッキプレート（フラットデッキ）を入れ，全体構成について旧版4章「型枠工法」を4章「一般型枠工法」と9章「各種型枠工法」に分けた．
② 各章・各節，特に2章「計画」においては，可能な限り工事の順序に従った記述とした．
③ 型枠に要求される性能にコンクリートの養生を追加するなど，型枠工事とコンクリートの性能との関連を考慮して内容の充実を図った．
④ 型枠工法と材料の選定では事例紹介ではなく，目標性能を満足するための一般的な内容に変更した．
⑤ 施工時の安全性を重視して全般に記述内容の充実を図った．
⑥ 官庁への提出書類や型枠工事に携わる方の資格に関する記述など，実務に必要な情報を充実させた．

　この指針は本会の他の指針と同様，より良い鉄筋コンクリート造建築物をつくることに資することを目的として作成されている．建築物の設計者，工事監理者，施工者，専門工事業者等，型枠工事に携わる建築技術者の方々の実務はもとより，建築を学ぶ学生の教育に役立つことを願っている．

2011年2月

日本建築学会

序

　日本建築学会建築工事標準仕様書JASS 5 鉄筋コンクリート工事は昭和28年に制定されて以来，大幅な内容の変更を伴った，いわゆる大改定が行われた年は，昭和32年，昭和40年，昭和50年および昭和61年である．ほぼ10年間に1度の割合で大改定が実施されているといえよう．JASS 5 の中の1節を占めている「型わく」についてもその都度，手を加えられて今日に至っているが，型枠についてのみの大改定といえば昭和40年と今回の昭和61年の2回ということができよう．

　JASS 5 の改定の場合，従来から概してコンクリートに重点が置かれる傾向が強く，このこと自体は当然のことであるとしても，鉄筋や型枠の分野は専門家も少なく，やや取り組みに不十分なところがあった．コンクリートに関する各種の指針類も最近の10年間に数多く出版されており，JASS 5 を補強するための効果を十分に発揮している．一方，「鉄筋」は昭和54年に配筋指針（昭和61年に改定）が出版されているが，「型枠」の指針は今回（昭和63年）が初めてである．

　昭和61年のJASS 5 の大改定のときには上述したように「型わく」の節も相当に手を加えられたのであるが，同時に「型枠の設計・施工指針」作成の必要性も認められた．したがって，JASS 5，11節「型わく」の改定作業を担当した型わく工事小委員会が中心になって，昭和61年から指針の作成にとりかかった．小委員会は，第1（材料），第2（施工計画），第3（特殊工法）および第4（管理・監理・検査）のワーキンググループに分かれて作業を進め，今回の指針（案）を作成することができた．

　型枠の設計・施工指針案はJASS 5 の円滑な運用を補うためのものであると同時に，型枠に関する現時点の最新の情報を提供するものであり，さらに型枠に関する指導書の役割もかねている．本指針の作成に当たっては，建築基準法施行令や建設省告示，労働安全衛生法・同規則・同告示，型枠に関連する日本工業規格・日本農林規格・仮設機材構造基準その他の規格・規準類，㈳建築業協会「型枠支保工の存置期間算定マニュアル」，ACI「型枠工事技術指針」他，日本建築学会の関連仕様書・指針等，その他多くの研究の資料を参考とし，また必要な部分は指針本文中に記述し，上記の諸規則・諸規準等と矛盾が生じないように調整を行っている．

　この型枠指針は今までの多くの指針のように「本文」と「解説」という体裁をとらずに，指針的読みもの風の記述とした．したがって，本文的なものをとり入れた解説文章で出来上ったマニュアルともいえる．従来の指針（ややもすると仕様書と同じように扱われる）に馴れた目でみるとハンドブック的である，標準的なものの明示がない，指針としての明確さがない等々の批判が出ることが予想される．「本文」と「解説」のスタイルの方が使いやすい，分りよい等という御意見が多ければ，次回の改定のときに配慮することにやぶさかでない．

　型枠工事に関与される設計者・技術者・施工者その他の方々がJASS 5 と共に本指針を活用されることを願っている．

　昭和63年7月

日本建築学会

指針作成関係委員 (2011年2月)

— (五十音順・敬称略) —

材料施工委員会　本委員会

委員長	桝田 佳寛				
幹　事	阿部 道彦	小野　正	早川 光敬	松井　勇	
	本橋 健司				
委　員	(略)				

鉄筋コンクリート工事運営委員会

主　査	阿部 道彦			
幹　事	桜本 文敏	野口 貴文	早川 光敬	
委　員	一瀬 賢一	今本 啓一	岩清水　隆	梅沢 健一
	枝広 英俊	大久保 孝昭	小野里 憲一	鹿毛 忠継
	川西 泰一郎	川村　満	橘高 義典	黒岩 秀介
	古賀 一八	古賀 康男	小山 智幸	白井　篤
	城 国省二	檀　康弘	土屋 邦男	道正 康弘
	中込　昭	中田 善久	永山　勝	名和 豊春
	西脇 智哉	橋田　浩	畑中 重光	濱　幸雄
	藤木 英一	桝田 佳寛	真野 孝次	三井 健郎
	湯浅　昇	渡辺 一弘		

型枠指針刊行ワーキンググループ（旧　型枠指針刊行小委員会）

主　査	阿部 道彦			
幹　事	中田 善久			
委　員	淺岡　茂	江口　清	(大久保 孝昭)	熊谷 正樹
	小柳 光生	(桜本 文敏)	佐々木 晴夫	杉本　明
	瀬古 繁喜	宗　永芳	(高田 博尾)	西田 重徳
	濱崎　仁	原田 晶利	渕田 安浩	(松山 英雄)

＊（　）は元委員

解説執筆委員

全体調整	阿部道彦	中田善久	濱崎　仁
1章　総　則	阿部道彦	中田善久	
2章　計　画	瀬古繁喜		
3章　構成材料	佐々木晴夫	西田重徳	
4章　一般型枠工法	宗　永芳	原田晶利	
5章　構造計算	小柳光生	渕田安浩	
6章　加工・組立て・取外し	佐々木晴夫	西田重徳	
7章　管理と検査	濱崎　仁		
8章　存置期間	淺岡　茂	熊谷正樹	
9章　各種型枠工法	宗　永芳		
付　録	中田善久		

型枠の設計・施工指針

目　　次

1章　総　　則
1.1　適用の範囲 …………………………………………………………………… 1
1.2　用　　語 ……………………………………………………………………… 1
1.3　型枠に要求される性能 ……………………………………………………… 2
1.4　型枠工事のかかわり ………………………………………………………… 5

2章　計　　画
2.1　一般事項 ……………………………………………………………………… 7
2.2　型枠工法選定のための条件の整理 ………………………………………… 12
2.3　型枠工法と材料の選定 ……………………………………………………… 18
2.4　型枠工事計画 ………………………………………………………………… 20
2.5　コンクリート躯体図の作成 ………………………………………………… 24
2.6　型枠作業計画 ………………………………………………………………… 31

3章　構成材料
3.1　一般事項 ……………………………………………………………………… 34
3.2　せき板 ………………………………………………………………………… 35
3.3　支保工 ………………………………………………………………………… 46
3.4　締付け金物 …………………………………………………………………… 62
3.5　その他の材料 ………………………………………………………………… 67
3.6　はく離剤 ……………………………………………………………………… 70

4章　一般型枠工法
4.1　一般事項 ……………………………………………………………………… 72
4.2　基礎型枠 ……………………………………………………………………… 72
4.3　地下外壁型枠 ………………………………………………………………… 73
4.4　柱型枠 ………………………………………………………………………… 75
4.5　梁型枠 ………………………………………………………………………… 77
4.6　壁型枠 ………………………………………………………………………… 79
4.7　床型枠 ………………………………………………………………………… 82
4.8　階段型枠 ……………………………………………………………………… 91

5章　構造計算
- 5.1　一般事項 …… 94
- 5.2　荷重の計算 …… 95
- 5.3　許容応力度 …… 101
- 5.4　許容変形量 …… 107
- 5.5　構造計算例 …… 109

6章　加工・組立て・取外し
- 6.1　型枠の施工 …… 126
- 6.2　墨出し …… 129
- 6.3　加工（下ごしらえ） …… 137
- 6.4　組立て …… 142
- 6.5　型枠の点検 …… 161
- 6.6　取外し …… 163

7章　管理と検査
- 7.1　工事の管理 …… 166
- 7.2　品質管理・検査 …… 169

8章　存置期間
- 8.1　せき板の存置期間 …… 182
- 8.2　支柱の存置期間 …… 191

9章　各種型枠工法
- 9.1　一般事項 …… 218
- 9.2　基礎型枠工法 …… 219
- 9.3　合板代替型枠工法 …… 221
- 9.4　プレキャストコンクリート型枠工法 …… 226
- 9.5　移動転用形型枠工法 …… 230
- 9.6　上昇型枠 …… 234
- 9.7　特殊型枠工法 …… 237

付録
- 付1.　建築工事標準仕様書・同解説 JASS5 鉄筋コンクリート工事 2009 …… 245
  - 付1.1　9節　型枠工事（本文の抜粋） …… 245
  - 付1.2　8節　養生（本文の抜粋） …… 250

付 2. 型枠工事関連法規・規格・基準等 …………………………………………………… 252
　　付 2.1　労働安全衛生規則（抜粋） …………………………………………………… 252
　　付 2.2　合板の日本農林規格（要約） ………………………………………………… 257
付 3. 型枠工事の変遷 ……………………………………………………………………… 263

型枠の設計・施工指針

1章 総　　則

1.1 適用の範囲

　本指針は，鉄筋コンクリート工事における型枠の設計・施工に適用する．本指針は，型枠の設計および施工について，標準的な方法を示すとともに，近年多様化しつつある新しい工法や特殊な工法についても，その施工方法を示したものである．

　本指針に記載されていない事項は，本会「建築工事標準仕様書・同解説 JASS 5 鉄筋コンクリート工事」[1]（以下，JASS 5 という．）およびその関連指針による．なお，安全に関しては，労働安全衛生法および労働安全衛生規則の型枠工事関連部分を，また，型枠および支保工の取外しに関しては，国土交通省告示を遵守しなければならない．

　なお，本指針は，JASS 5 の 9 節「型枠工事」との関連性が高いため，その総則の本文 a～d を参考として以下に掲げる．この他の全文は，付録 1 を参照されたい．

---

a. 本節は，型枠の材料，加工，組立ておよび取外しに適用する．
b. 型枠は，所定の形状・寸法，所定のかぶり厚さおよび所要の性能を有する構造体コンクリートが，所定の位置に成形できるものでなければならない．
c. 施工者は，型枠工事に際して施工時の安全性を確保しなければならない．
d. 本節に規定されていない種類の型枠の材料・設計・加工・組立ておよび取外しは，必要事項を定めて工事監理者の承認を受ける．

1.2 用　　語

　本指針に用いる用語を次のように定める．

型枠	：打ち込まれたコンクリートを所定の形状・寸法に保ち，コンクリートが適切な強度に達するまで支持する仮設構造物の総称
支保工	：型枠の一部で，せき板を所定の位置に固定するための仮設構造物
支柱	：支保工の一つで，鉛直荷重を支える柱
せき板	：型枠の一部でコンクリートに直接接する木，金属，プラスチックなどの板類
締付け金物	：せき板と支保工を緊結し，型枠を寸法どおりに組み立て，コンクリート打込み時に作用する荷重に耐えるための金物の総称
スペーサ	：鉄筋，PC 鋼材，シースなどに所定のかぶりを与えたり，その間隔を正しく保持したりするために用いる部品
セパレータ	：せき板を所定の間隔に保つために用いる主として鋼製の部品
システム型枠	：あらかじめせき板とこれを補強する支保工が一つの部材用として一体に

	組み合わされている型枠
軽量型支保梁工法	：専用横架材を梁側または壁型枠の間に架け渡し，この間の支柱を減少あるいはなくした工法
デッキプレート工法	：鋼製のデッキプレートを梁側または壁型枠の間に架け渡し，この間の支柱をなくした工法
打止め型枠工法	：コンクリートの分割打込みによって壁・梁・床などに生じる打継部やだめ孔まわりからのコンクリートの流出を仕切るための型枠工法
滑動型枠工法	：型枠を解体することなく連続的に上昇滑動させながら，コンクリートを打ち込んでいく上昇式型枠工法
滑揚型枠工法	：打ち込んだコンクリートの硬化を待って型枠を解体することなく1リフトずつ上昇させていく自昇式型枠工法
仕上材打込型枠工法	：内・外壁の仕上材を仮止めした型枠にコンクリートを打ち込み，型枠取外し時に仕上済みの壁体を得る工法
プレキャストコンクリート型枠工法	：プレキャストコンクリート製の型枠にコンクリートを打ち込み，合成構造とする型枠工法
ベンチマーク（B.M）	：施工の際の建物の基準位置高を決める原点
基準床レベル	：設計図に示されている各階の床の高さを測量により現地に表示した線（面）
通り心（芯，真）	：設計図に示されている通りを測量により現地に表示した線（面）
コンクリート躯体図	：設計図に基づき，仕上工事や設備工事の施工図と調整を行って決定した躯体寸法を図面として表したもの
VH（分割打込）工法	：柱・壁等の垂直（V）部位と梁・床等の水平（H）部位とを分けてコンクリートを打ち込み，コンクリートの品質を向上させ，型枠の転用性の向上や労務の平準化を図る工法

なお，JASS 5では，コンクリートの単位容積質量という用語が用いられているが，型枠の構造計算では単位容積重量を用いるのが一般的であるため，本指針の5章「構造計算」および8章「存置期間」では，単位容積重量という用語を単位容積質量に重力加速度を乗じたものとして使用している．

1.3 型枠に要求される性能

1.3.1 強度・剛性

型枠には，コンクリートの打込み時にコンクリートの自重や側圧，衝撃および振動などの荷重が作用するほか，風・積雪・地震などの外力も作用する．このため，型枠は使用されるコンクリートの種類や施工方法を十分考慮して，型枠に作用する荷重やこのような外力に対して破壊することなく，変形や移動を許容差の範囲内におさめ，打ち上がったコンクリートが所定の形状・寸法となるように，十分な剛性を有するものでなければならない．

支柱が倒壊したり床型枠が落下したりすると，その規模によっては作業員が死傷することがあり，また，コンクリートの打込み時の型枠の破壊（パンク）は，工程の遅れやコンクリートの品質の低下につながるため，十分な注意が必要である．

1.3.2 部材の位置・断面寸法

構造体は，JASS 5において図1.1のように定義されている．本指針は，型枠工事に適用されるため，構造部材のみならず，非構造部材にもその寸法精度・形状が要求される．また，部材の位置・断面寸法は，JASS 5の2.7「部材の位置・断面寸法の精度および仕上がり状態」により，表1.1を標準とする．

打ち上がったコンクリートの部材の位置・断面寸法および鉄筋のかぶり厚さを確保するためには，型枠の寸法精度を良好にする必要がある．このため，型枠を図面どおりに正確に施工し，コンクリートの打込み時などの外力によって，許容以上の移動・変形を生じないものとしなければならない．

また，型枠は，コンクリートが十分充填できる形状・寸法でなければならない．図面どおり型枠を組み立てると，コンクリートが充填されないことが予測される場合には，打込み方法の変更や設計変更などを検討しなければならない．

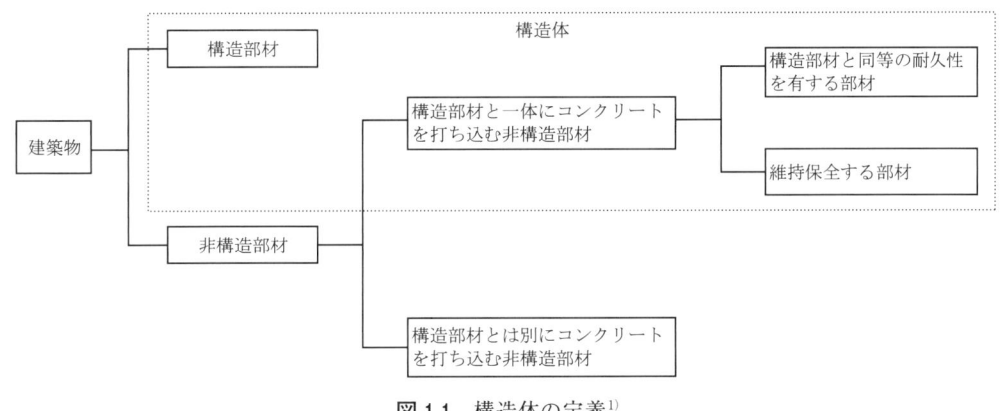

図 1.1 構造体の定義[1]

表 1.1 構造体の位置および断面寸法の許容差の標準値[1]

項　目		許容差(mm)
位　置	設計図に示された位置に対する各部材の位置	±20
構造体および部材の断面寸法	柱・梁・壁の断面寸法	−5, +20
	床スラブ・屋根スラブの厚さ	
	基礎の断面寸法	−10, +50

1.3.3 コンクリートの仕上がり状態

コンクリートの仕上がり状態は，寸法精度・形状と同様に，構造部材のみならず，非構造部材にも要求される．この仕上がり状態は，JASS 5 の 2.7「部材の位置・断面寸法の精度および仕上がり状態」により，表1.2を標準とする．

型枠は，でき上がりコンクリートに要求される表面のテクスチャーが得られるもので，コンクリートの表面を変色させたり，硬化不良を生じさせないものでなければならない．コンクリート表面の状況に影響を及ぼすのは，主としてせき板およびはく離剤の種類と品質である．これらの種類や品質が不適切であると，コンクリートの表面が着色したり，硬化不良を生じたりすることがある．また，せき板の種類に応じて適切な転用回数で用いないと，所定の仕上がりにならないことがある．タイル張り・モルタル塗り・塗装などの仕上げを行う場合には，コンクリートとの接着力を低下させないものが要求される．

表 1.2 コンクリートの仕上がりの平たんさの標準値[1]

コンクリートの内外装仕上げ	平たんさ(凹凸の差)(mm)
仕上げ厚さが 7 mm 以上の場合，または下地の影響をあまり受けない場合	1 m につき 10 以下
仕上げ厚さが 7 mm 未満の場合，その他かなり良好な平たんさが必要な場合	3 m につき 10 以下
コンクリートが見え掛りとなる場合，または仕上げ厚さがきわめて薄い場合，その他良好な表面状態が必要な場合	3 m につき 7 以下

1.3.4 コンクリートの養生

コンクリートは，打ち込まれてから一定の期間が経過するまでは十分な強度が発現していない．このため，この間に衝撃を受けるとコンクリートが変形したりひび割れを生じたりするおそれがある．同様に，コンクリートが十分に強度発現していない間に，梁や床スラブなどの水平部材の支保工を取り除くと，水平部材にひび割れや大たわみなどの障害が生じることになる．また，せき板除去後に湿潤養生を行うことができない場合は，その代替としてせき板の存置を継続してコンクリートの乾燥を防止する必要がある．特に，高層階では，風の影響を受けやすいため乾燥防止に注意する必要がある．このように，型枠は，材齢初期にコンクリートを保護したり養生できる役割を有するものでなければならない．コンクリートの養生は，JASS 5 の 8 節「養生」によるものとする．

1.4 型枠工事のかかわり

1.4.1 コンクリートの品質とのかかわり

コンクリートは，鉄筋コンクリート構造躯体を構成する材料そのものであるが，所要の性能を発揮させるためには，コンクリートの打込み後，さまざまな条件を満たす必要がある．中でも，型枠は，打ち込まれるコンクリートの鋳型であるので，コンクリートの品質に及ぼす影響は大きい．型枠工事にかかわるコンクリートの品質としては，以下のようなものがある．

（1） 部材の位置・断面寸法
（2） コンクリートの仕上がり状態
（3） コンクリートの構造安全性・耐久性・耐火性

1.4.2 全体工程とのかかわり

型枠工事は躯体工事の中で重要な位置を占め，型枠工事の遅れは，直接，躯体工事の遅れに結びつく．躯体工事の工程は，工事全体の工程を左右するため，型枠工事は全体工程とのかかわりが大きい．型枠は，使用後は解体，回収および転用しなければならないという仮設性のものであり，コンクリート工事，鉄筋工事および設備工事と密接にかかわっている．このため，あらかじめ型枠工事の計画を十分検討しておかなければ全体工程に遅れを生じることになる．

表 1.3 一般的な鉄筋コンクリート造建築物における工事費の構成の例[2]

仮 設 基 礎 土工事	躯体工事			仕上工事	設備工事	雑運搬経費
	型枠	鉄筋	コンクリート			
12.2%	6.6%	6.2%	6.7%	32.7%	24.0%	11.4%

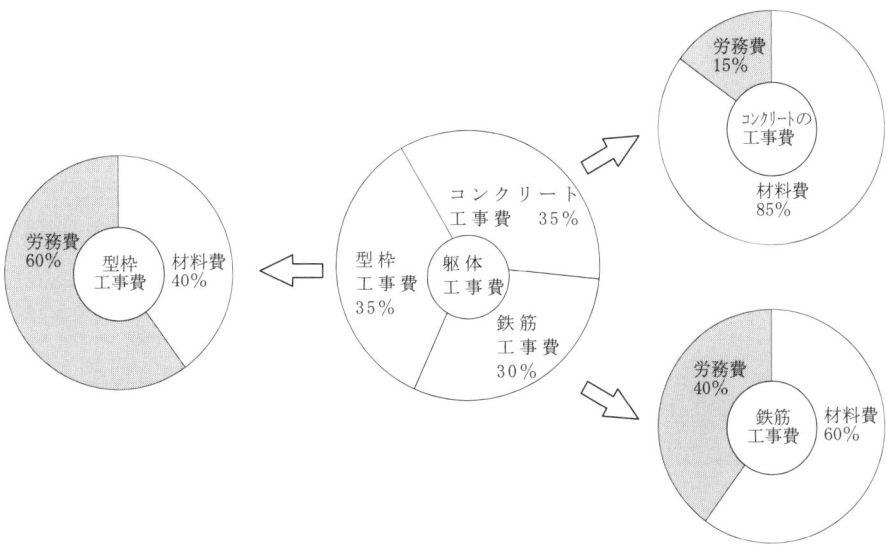

図 1.2 躯体工事費の内訳の例

1.4.3 建設工事費とのかかわり

 一般的な鉄筋コンクリート造建築物における工事費の構成の例を表1.3[2]に,躯体工事費のおおよその内訳の例を図1.2に示す.一般的な建築工事の中で,躯体工事費の占める割合は約20%であり,その中で型枠工事費は,躯体工事費の約35%を占めている.型枠工事費の中では大工を主とする労務費が約60%を占めており,コンクリート工事の約15%,鉄筋工事の約40%に比較して非常に大きい.このため,この労務費をいかに少なくするかによって工事費が左右されることになる.また,型枠工事に使用される材料は,ほとんどが仮設材であり,何度も使用される転用材料と,一度しか使用されない消耗材料が混在している.このため,施工者の能力の善し悪しが型枠工事費を左右することになる.

参考文献
1) 日本建築学会:建築工事標準仕様書・同解説 JASS 5 鉄筋コンクリート工事,2009
2) 高橋昌:建築型わく工法マニュアル,建築技術,1981.6

2章 計　　画

2.1 一般事項

　型枠工事の計画は，1章「総則」で述べた，目標とする構造体コンクリートの性能および品質を満足させるために，型枠工事の重要性と型枠に要求される各種性能を考慮して決定する．検討項目は，型枠の材料と工法，工程計画，製作および施工機械，配員計画，および施工管理体制などであ

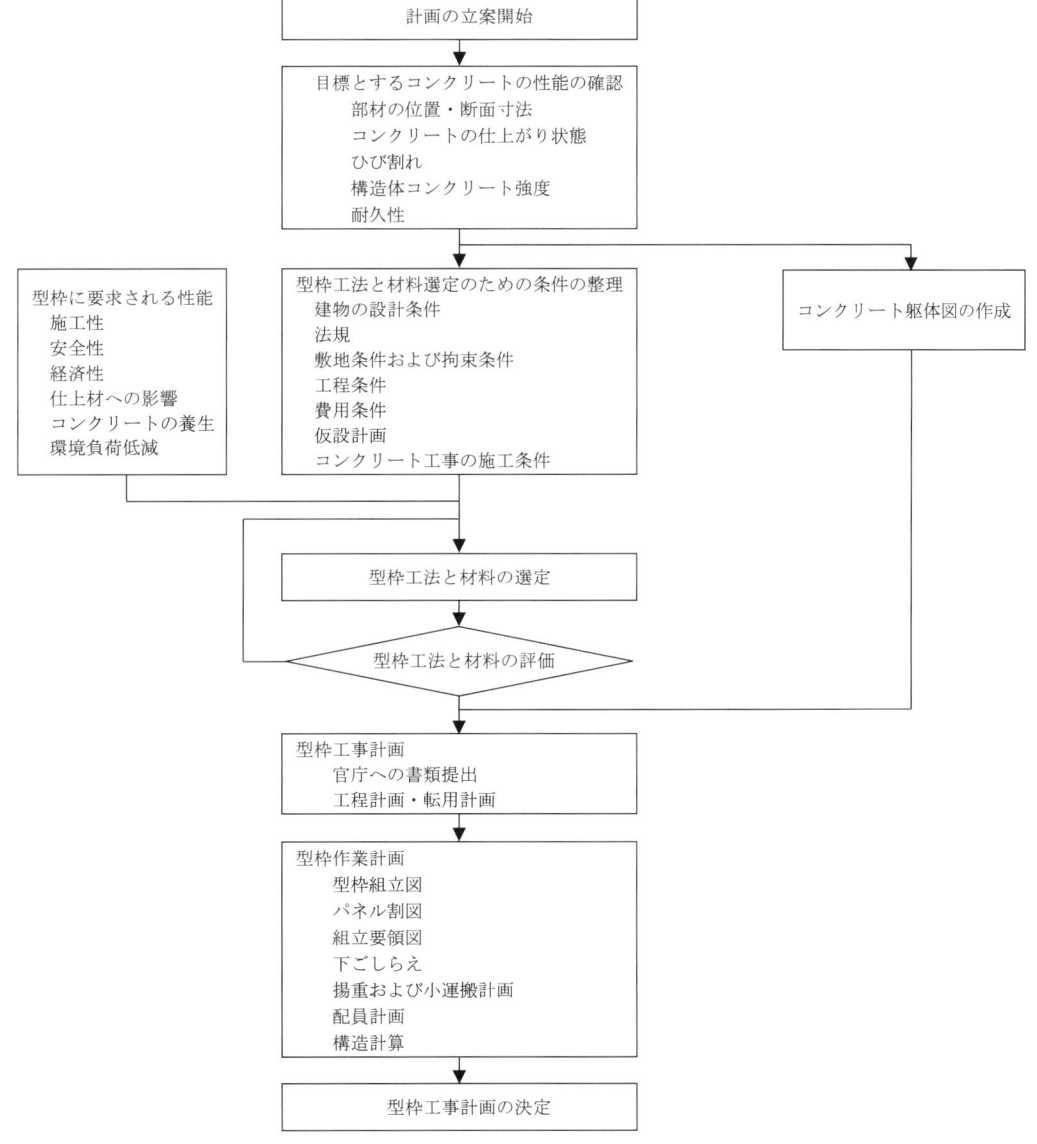

図 2.1　型枠工事の計画立案のフロー

る．一般的な型枠工事の計画立案のフローを図2.1に示す．以下に，型枠工事の計画立案のための重要な項目について述べる．

2.1.1 目標とするコンクリートの性能

（1） 部材の位置・断面寸法

部材の位置・断面寸法の精度は，JASS 5に示された許容差の標準値がある．型枠は，部材の位置および断面寸法が許容差の範囲内となるような工法および材料とする．型枠の設計では，コンクリートの打込み時における型枠の移動，はらみなどに対して，所定の位置，形状および断面寸法が得られるように，十分な強度と剛性を確保する必要がある．また，型枠は鉄筋工事と密接な関係があり，鉄筋の所定のかぶり厚さを確保できる型枠計画とする必要がある．

（2） コンクリートの仕上がり状態

コンクリートの仕上がりの平たんさは，JASS 5に示された標準値がある．コンクリート部材の仕上がりの平たんさに要求される精度は，実際にはコンクリートの上に施工される仕上方法によって異なる．型枠は，コンクリート表面が平滑で，目違いや凹凸が所定の範囲内となるように，コンクリート打込み中にペーストやモルタルが漏れて豆板や充填不良とならない工法および材料とする．せき板やはく離剤は，コンクリートの表面に硬化不良や汚れを生じないものとし，仕上材の付着性に悪影響を及ぼさないものとする必要がある．

（3） ひび割れ

コンクリート構造体および部材の性能を低下させないためには，ひび割れ発生を抑制する必要がある．コンクリートのひび割れは，初期材齢の急激な乾燥によるものや，打込み中および打込み直後の型枠支保工の変形等の影響も大きい．そのため，せき板および支保工は，存置期間中にコンクリートからの急激な乾燥がなく，たわみ変形等を生じない材料・工法を選定する．型枠支保工の仮設構造物としての安全性を確保するには，型枠の変形を防止するために，5章「構造計算」に示すように材料に生じる応力度を許容応力度以内とする必要がある．

（4） 構造体コンクリート強度

構造体コンクリート強度は，設計基準強度および耐久設計基準強度を満足しなければならない．構造体コンクリート強度は，初期材齢の湿潤養生の影響を大きく受ける．コンクリートが型枠内に打ち込まれてからせき板および支保工が取り外されるまでの間は，初期材齢の養生期間となるため，型枠材料はコンクリートの養生を阻害することがないものとし，急激な乾燥を防止する必要がある．また，所定の湿潤養生期間を確保した工程計画とする必要がある．

（5） 耐久性

構造体コンクリートは，設計で定められた計画供用期間の級に基づいて，設定された期間中に重大な劣化が生じないようにしなければならない．コンクリートの耐久性は，構造体コンクリート強度と同様に初期材齢の湿潤養生の影響を大きく受け，とくに，コンクリートの表層部においてその影響が著しい．そのため，型枠材料はコンクリートの養生を阻害することがないものとし，急激な乾燥を防止する必要がある．また，所定の湿潤養生期間を確保した工程計画とする必要がある．

2.1.2 施工性

型枠工事の施工は，加工，組立て，取外し，揚重および小運搬に分けられるが，これらを合理的に行うには，省力化や省資源となるような工法および材料とする．

(1) 加工

コンクリート部材の断面寸法が標準化されている場合は，現場における切断等の加工が少なくできる工法および材料を選定する．階数または工区によって断面寸法を標準化することが難しい場合は，切断や組立てなどの加工が容易となるせき板材料などを用いる必要がある．型枠の加工を現場内で行うか，あらかじめ工場で加工を済ませるかは，現場の立地や敷地条件によって判断する．現場内に加工場を設置する場合は，材料の運搬計画を考慮した配置とする．

(2) 組立て

型枠の組立ては順序立てた方法とする．一般的な合板型枠の場合は，小運搬とともに組立てが行われる．そのような場合には，組立て途中の安全性にも配慮した手順の立案と確認が必要である．合板型枠による部位とプレキャスト部材等の比較的新しい型枠工法による部材を併用して組み立てる場合は，組立て作業と揚重作業との輻輳（ふくそう）による危険性や，異なる型枠工法の取合い部の寸法精度の確保に注意して，組立て計画を立案する必要がある．

(3) 取外し

型枠の取外しは，8章「存置期間」によることとし，コンクリートを傷つけない方法とする．型枠の取外しは，危険な作業になるため，取外し時期を他職種の作業員に周知できる体制とするとともに，立入り禁止措置を講ずる等の区画計画を立案する必要がある．また，型枠は，その解体作業の容易性を考慮して取外し計画を立案する．

(4) 揚重および小運搬

型枠材料の揚重および小運搬にあたり，揚重機械の能力を事前に把握するとともに揚重工程を計画し，仮置き場所をあらかじめ決めておく．型枠材料は，種類および量が多いため，施工場所への揚重および小運搬には時間と広さが必要となる．型枠工事中は鉄筋工事と輻輳するため，お互いの作業を阻害することのないような揚重計画と仮置き場の配置計画を事前に検討しておく必要がある．

2.1.3 安全性

型枠工事では，災害防止のために，型枠の構造的な安全性と作業時の安全性とに配慮しなければならない．型枠の仮設構造物としての安全性は，5章「構造計算」に述べており，鉛直荷重および水平荷重に対する型枠の変形の防止とコンクリートの漏出事故防止の観点から材料に生じる応力度を許容応力度以内とする必要がある．

作業時の安全性では，組立て段階での型枠・支保工の不安定さによる事故，揚重時および小運搬時における事故などを考慮する．型枠工事における死傷者数は工事全体の5%を占めると言われていることから，事前の危険予知活動の実施および安全管理体制の構築が必要である．また，新たな型枠工法を導入する場合や，一般的な合板型枠と新たな型枠工法を組み合わせる場合は，事前に施

工手順の確認を行う必要がある．

2.1.4 工　　程

型枠工事の工程は，組立作業，取外し作業およびコンクリートの湿潤養生の期間が十分に確保できる計画とする．型枠工事は，全体工期の中から検査工程，仕上工程，コンクリートの湿潤養生期間および地業工程を除いた期間が割り振られることが一般的である．全体工期が十分でない場合や，あるいは他の工程が切迫している等の状況によって型枠工事の工期が不足するような場合は，目標とするコンクリートの品質確保，作業の安全性等が低下する．そのため，工事の工程は，標準的な型枠工事の工程をあらかじめ立案し，コンクリートの所定の品質確保と作業の安全性が確保できることを原則として立案する．万一，型枠工事の工程を短縮しなければならない場合でも，適切な型枠工法および材料の採用等によって，工期短縮を図るように計画する必要がある．

2.1.5 経　済　性

型枠工事は，使用する工法，材料，揚重等の作業計画および配員計画を考慮して，経済的なものとなるようにする．全体工事費に占める型枠工事費の割合は5～10%であり，その中でも労務費は60～70%を占める．このため，型枠工事を経済的なものとする場合には，揚重工程や組立て・取外し等の作業工程を合理化させるように計画するのがよい．しかし，経済性のみに着目するような計画は，コンクリートの品質をかえって低下させたり，安全性を低下させる等の不具合が生じることとなり，結果として工事費用を不経済なものとしてしまう場合が多い．

2.1.6 仕上材への影響

型枠工事では，使用する工法や材料において，コンクリート表面に仕上材を施工するような場合（タイル，仕上塗材，クロス等）には，仕上材の接着性に悪影響を及ぼすことなく，仕上材の変状等を起こすことのないものを用いる必要がある．

2.1.7 型枠工事の組織

型枠工事にかかわらず，計画立案の組織が確立されていないと責任分担が不明確となり，結果として不具合発生等を招き，目標の躯体品質を得られない．型枠工事の計画立案は，施工管理者が主体的に行わなければならない．計画立案にあたり，現場の施工管理者が工事監理者および設計者と協議の上で仕様を確認して型枠工事計画を立案する．型枠工事は，大工だけでなく，鉄筋，設備といった他の工事との調整が重要となる．施工管理者は，個別の専門工事だけでなく，各専門工事業者間の連携・調整にも留意して施工計画を決定する必要がある．官庁に提出する計画届を作成する場合の資格として，①型枠支保工に係る工事の設計監理または施工管理の実務経験3年以上の従事者，②建築士法第12条の1級建築士試験合格者または③建設業法施行令第27条の3に規定する1級土木施工管理技術検定または1級建築施工管理技術検定の合格者のうち，建設工事における安全衛生の実務に3年以上従事した経験を有する者または厚生労働大臣が定める研修を修了した者また

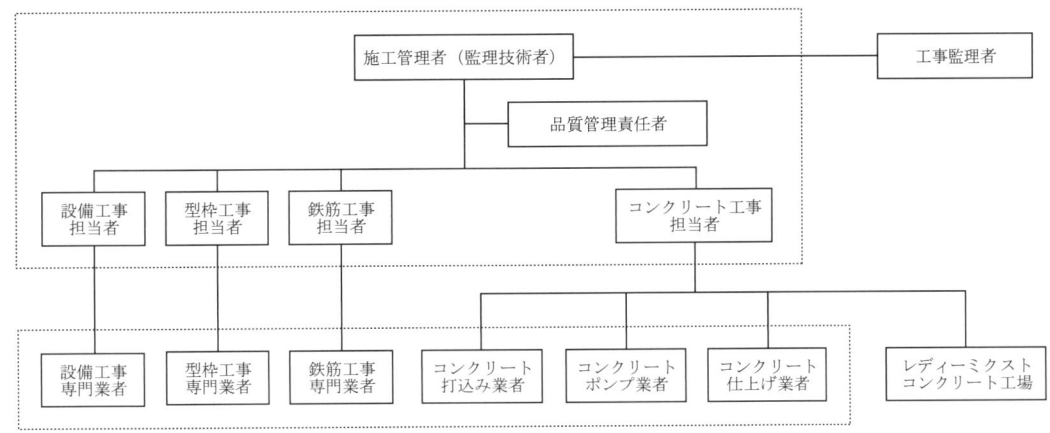

図 2.2　施工実施体制の一例[1]

は労働安全コンサルタント試験合格者でその試験区分が土木または建築である者，あるいはその他厚生労働大臣が定める者とされている（労働安全衛生規則第92条第3項別表第9）．

施工組織の配員，担当者の役割・責任範囲，情報伝達方法などは，工事の規模，1回の打込み量など工事の条件によって異なるが，施工実施体制の例[1]を図2.2に示すので，参考にするとよい．

躯体工事を計画，実施および管理する者は，コンクリートに関する十分な知識，能力および実務経験を有する必要がある．必要となる知識や能力のレベル，実務経験の程度および人数などは，工事の規模や性質によって異なるので，その工事に応じた知識・能力と実務経験を有する者で施工組織を形成しなければならない．したがって，コンクリート工事を含む施工組織には，工事の規模や性質に応じて，技術士，一級または二級建築士，一級または二級建築施工管理士，コンクリート主任技士または技士の有資格者，登録型枠基幹技能者，またはこれに準じる知識・能力および実務経験を有する者を適宜配置する必要がある．

型枠支保工（支柱，はり，つなぎ，筋かい等の部材により構成され，建設物におけるスラブ，けた等のコンクリートの打設に用いる型枠を支持する仮設の設備）の組立てまたは解体の作業を行う者は，労働安全衛生規則第246条によると，作業主任者技能講習を修了した者から作業主任者を選定する必要がある．また，この作業主任者は，厚生労働省所管の職業能力開発促進法に定められた「型枠施工技能士」の1級または2級の資格を有する者とする．この国家技能検定の「型枠施工技能士」制度は，昭和49年度から実施され，1級で7年，2級で2年の実務経験が必要である．また，高度な技術を必要とする型枠支保工の組立てなどの作業の場合は，実務経験が豊富な登録型枠基幹技能者と協議したうえで型枠工事計画を作成するとよい．

登録型枠基幹技能者制度は，国土交通省の認可を受けて，建設業法施行規則に定める「登録基幹技能者講習」に基づく認定講習・認定試験等に係る認定制度である．登録型枠基幹技能者の受験資格は，①実務経験10年以上，②1級型枠施工技能士および1・2級建築または土木施工管理技士，③職長教育修了後の実務経験3年以上の者である．登録型枠基幹技能者の資格を取得するには，(一社)日本型枠工事業協会が実施する「登録型枠基幹技能者認定講習」を受け，所定の試験に合格

しなければならない．

2.1.8 環境負荷低減

　型枠工事で用いられる合板等の材料は輸入に大きく依存してきたが，今後は資材調達段階から施工段階，廃棄物処理段階に至るまで環境配慮が求められる．本会「鉄筋コンクリート造建築物の環境配慮施工指針（案）・同解説」[2]では，型枠工事において環境配慮を実施する規定が定められている．以下に「a．適用範囲」を除いた本文を引用して掲載する．

> b．型枠工事では，転用回数が多くなるように，型枠の選定ならびに工事計画を適切に実施する．
> c．省資源型の環境配慮を行う場合は，再資源化するための仕組みが整備された型枠を優先して用いる．
> d．省エネルギー型の環境配慮を行う場合は，工期・作業時間の短縮が期待されるシステム型枠または打込み型枠を優先して用いる．
> e．環境負荷物質低減型の環境配慮を行う場合は，再資源化が可能な型枠，または使用後の廃棄処分が生じない打込み型枠を優先して用いる．
> f．長寿命型の環境配慮を行う場合は，透水性・脱水性を有する型枠を用いてコンクリート表面を緻密にする工法，または躯体の保護効果が高いプレキャスト製品を用いた工法を優先して用いる．

　各項の具体的な解説については，「鉄筋コンクリート造建築物の環境配慮施工指針（案）・同解説」[2]の9章「型枠および型枠工事」を参照されたい．

2.2 型枠工法選定のための条件の整理

2.2.1 建物の設計条件

　建物の設計条件からコンクリートの目標品質を明確にし，採用しようとする型枠工法および材料の候補の大枠を定める．建物の設計条件では，建物の用途，規模，形状，構造形式，仕上げおよび細部などが型枠工事に影響する．

（1）建物の用途

　建物の用途と型枠工事の関係を考えると，一般に集合住宅や事務所，学校等では，基準階の階高の大小はあるものの，1～2階を除くと基準階プランが繰り返し施工される場合が多く，型枠の転用計画を重点的に立案する場合が多い．倉庫や講堂などでは，階高が6～7m以上のように高い建物で，外周の壁と独立柱の組合せが多く，1回の打込み高さを検討する場合が多い．その他，美術館，博物館や記念建造物などでは階ごとにプランが異なるとともに，外部のデザインが化粧打放し仕上げなどの特徴的な建物となる．

（2）建物の規模

　建物の建築面積や延床面積は，型枠工事に間接的な影響がある．階数が多い場合は型枠材料の転用回数が増すため，転用計画を重視した計画となる．建築面積の大きい建物では配置される揚重機の種類や台数がある程度多く計画されており，平面的な工区分割も行われ，型枠工の効率的な労務計画を立案することとなる．階高が高い場合は，型枠足場とともにスラブと梁の支保工の計画を考

慮する必要がある．

（3） 建物の形状

　菱形，がん行形，多角形，円形などの平面形状や立体的にセットバックしている建物は，施工性が低下するとともに型枠形状や支保工が複雑となるため，労務計画や工程計画へ影響を及ぼす．

（4） 建物の構造形式

　建物の構造形式の種類は，採用する型枠工法の選定に影響を及ぼす．鉛直部材が鉄筋コンクリート（RC）造でも梁が鉄骨造となる場合，プレストレストコンクリート梁となる場合および取合い部が複雑になる場合がある．デッキプレートは鉄骨造で用いられることが多かったが，近年はRC造でも使用されるようになってきた．RC造の場合にはデッキプレートを型枠に溶接固定できないため，4章「一般型枠工法」に示される留意点が重要となる．

（5） 仕上げ

　内外装仕上げの種類は，型枠に要求されるテクスチャーや精度に影響する．コンクリートの素地がそのまま仕上がりとなる化粧打放し仕上げの場合には，型枠材料，加工精度および処理方法，組立て精度やセパレータの配置が設計条件として指定されることがあり，かぶり厚さの確保など他の仕上げと比べて留意事項が多くなる．外装における吹付けタイルや内装の直クロス張りなどでは，7章「管理と検査」の表7.8で述べられている精度以上のものが要求される．なおタイル仕上げでは，本会「建築工事標準仕様書・同解説 JASS 19 陶磁器質タイル張り工事」[3]（以下，JASS 19 という）において，躯体仕上がり面の要求精度が2mにつき6mm以下となっている．仕上げの種類はせき板やはく離剤の種類と関係する場合があり，せき板やはく離剤はコンクリートの上に施される仕上材の付着強度を阻害するようなものであってはならない．タイルや断熱材の打込工法，屋根スラブの防水工法では，納まりや固定方法，勾配などに留意する必要がある．

（6） 建物の細部

　階段，段差のある床または二重床，片持スラブ，手すりなどの浮き型枠，高い階高，曲面の壁などは型枠工事として難易度が高く，型枠の精度や施工性およびコンクリートの打込み方法への影響が大きい．各階の部材の断面寸法が等しい場合には，プレキャスト部材を活用する等の型枠工事計画とすることにより，型枠工事の施工性や精度確保だけでなく，コンクリート工事の施工性や精度向上につながる．

2.2.2 敷地および立地条件

　敷地および立地条件から資材・機材の運搬計画，仮設計画，作業効率を明確にし，採用する型枠工法および材料の候補を大枠から絞り込む．敷地条件では，敷地の所在地，敷地の形状と大きさ，前面道路，近隣との関係が型枠工事に影響する．

（1） 敷地の所在地

　寒冷地や雪・雨の多い地方での工事は実質的な工期が短くなるので，総合仮設計画における仮設屋根設置等の配慮や，計画立案時にサイクル工程の短縮方法などを考えておく．

　郊外や工業地帯などの工事では，資機材の搬入経路や工事用ヤードの確保が比較的容易であり，

計画上の余裕が確保できる．市街地の繁華街や住宅地では，搬入経路や通行時間および作業時間の制限，工事用ヤードの確保が難しい場合が多い．とくに住宅地の場合には，工事中の騒音，振動，塵あいなどは近隣住民に事前に説明し理解を得ておくことが重要である．住民との間に協定を結ぶ場合もあるため，協定に盛り込まれている作業日の指定や作業時間の制限などを確認し，工程計画や労務計画の立案時に考慮しておく必要がある．

（2）敷地の形状と大きさ

敷地の形状自体が型枠工事計画立案に影響を及ぼす場合は少ないが，敷地の形状と搬出入ゲートの配置状況は，資機材の搬出入計画に影響を及ぼすため，総合仮設計画とともに型枠工事計画では配慮が必要となる．敷地と建築面積の関係では，建ぺい率が小さい場合には材料の仮置き場所や加工場の確保が容易であるが，建ぺい率が大きい場合には材料の仮置き，取込み，揚重計画などを考慮した計画立案が必要となる．また，当該建物と隣地建物との間隔が狭く，外部足場の設置が不可能で，作業員がその間に入れない場合は，外壁型枠の組立て，取外しに特殊なジグ（治具）を用いる必要が生じる．このような場合には，外壁をプレキャストコンクリートなどへ設計変更することも考えられる．

型枠材料の仮置や加工を行う加工場は，同一敷地内に一定の面積を確保しなければならない．しかし，敷地と建物の関係によっては加工場が確保できない場合もあるため，このような場合は，他の場所で加工したものを運搬するか，あるいは，労務生産性は低下するが材料運搬の動線を避けて加工場を仮に設置し，工事の進捗状況に応じて移動するような方法を考慮する．

（3）前面道路

前面道路が国道であったり，市街地中心部の繁華街や住宅地などでは，材料の搬入・搬出の時間が制限される場合がある．前面道路や搬入経路途中の道路が狭い現場では，通行車両の大きさや材料の大きさに制限が加わることもあるため，プレファブ化した型枠などの利用を計画する場合には，運搬の制限に注意が必要である．

2.2.3 工程の条件

建築工事全体の工程は大きく見ると，土工事，杭地業工事，躯体工事，仕上工事に分けられる．土工事，杭地業工事は土質調査資料と実物との相違，埋設物，天候などの不確定要素に工程が左右されやすく，余裕のある工程を考えておく必要がある．仕上工事は建物の用途によってある程度定まっている．これらの工事の割合は構造物の規模，構造，仕上げの種類などによって変化するが，躯体工事が全体工程の中で主要な位置を占める．躯体工事の工程は型枠工事計画によって定まるといえ，全体工程の遅れを生じないよう，不確定要素となる天候とともに，型枠工の質と量を十分に確保するよう，計画を立案する必要がある．図2.3，図2.4は鉄骨鉄筋コンクリート（SRC）造とRC造の事務所ビルの標準的な工程の一例である．

一般階の1階分（工区分割をしている場合には1工区）ごとの部分的な工程は，繰返し作業となるのでサイクル工程（タクト工程）と呼ばれている．サイクル工程は以下の事項および歩掛りを考慮して決めるが，以下に示す歩掛りは4章「一般型枠工法」の場合であり，9章「各種型枠工法」

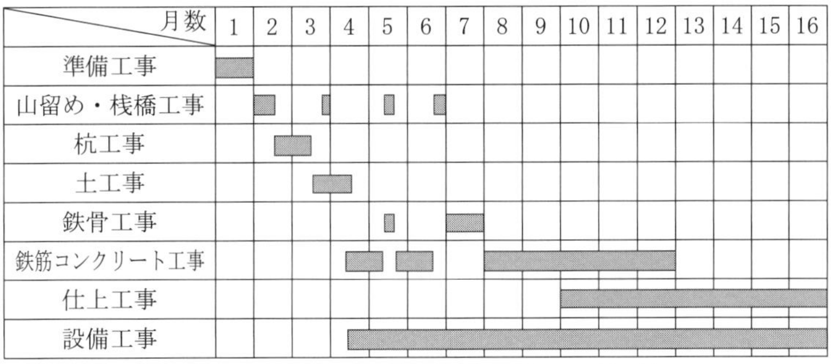

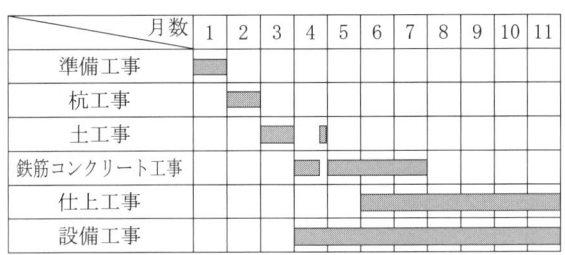

図 2.3 事務所ビルの工程の例（SRC 造）

（地下1階・地上8階・基準階床面積800m²程度）

（地下なし・地上4階・基準階床面積800m²程度）

図 2.4 事務所ビルの工程の例（RC 造）

に示される種々の材料・工法を用いる場合は，実績値を調査しておく必要がある．

① 型枠数量（6～12 m²/日・人）
② 鉄筋数量（0.3～0.5 t/日・人）
③ コンクリートの打込み数量（200～250 m³/日・ポンプ1台）
④ 鉄筋工事の揚重との調整
⑤ 鉄筋工事，設備工事との合番作業
⑥ 型枠の取外し時期と転用計画
⑦ 外部足場，揚重機の盛替え作業
⑧ 配筋・型枠・設備の検査と手直し作業

図 2.3，図 2.4 で示した標準工程の事例について，標準的なサイクル工程を図 2.5，図 2.6 に示す．一般的な歩掛りは大きく向上させることが難しいため，サイクル工程を短縮しようとする場合には無理に多数の型枠工を準備するよりも，一般型枠工法のほかに各種の材料・工法の導入を検討することが望ましい．

工程の条件からは，鉄筋コンクリート工事の工期とサイクル日数の目標を明確にし，最終的に採用しようとする型枠工法および材料の候補を絞り込む．

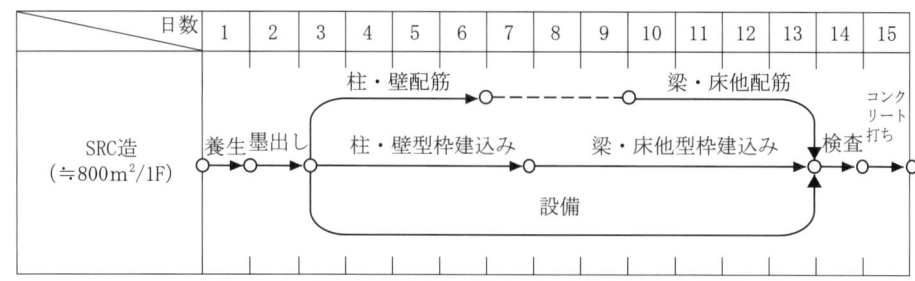

図 2.5 型枠工事のサイクル工程の例（SRC 造）

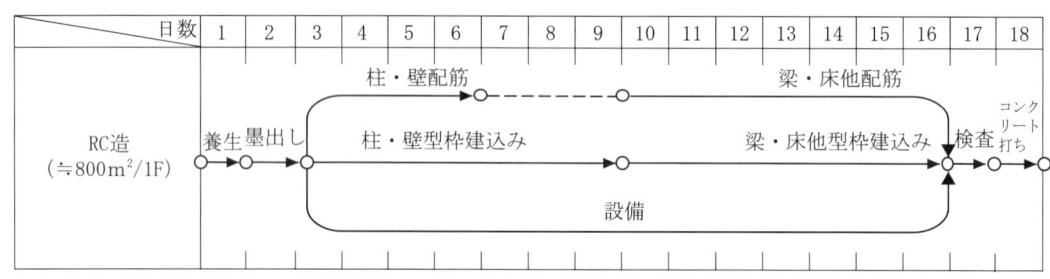

図 2.6 型枠工事のサイクル工程の例（RC 造）

2.2.4 費用の条件

型枠工事は，建物の設計条件，敷地および立地条件，工程条件等の全体条件を考慮して工法および材料が絞り込まれる．型枠工事はあくまで躯体を形成するまでの仮設工事と見なされるため，費用削減の対象となりやすい．型枠工事の費用条件は，一般には型枠 1 m² あたりの施工単価を基に，一般型枠工法の場合の型枠数量を乗じて費用を算定することが多いが，化粧打放しなどの仕上げの種類，階高などの条件によって影響を受けるため注意を要する．型枠工事は，躯体の仕上がり精度や耐久性に関わる重要な工事であることから，連携する鉄筋工事等の計画と共に総合的に工程を短縮する手段を計画するなどして，経済性を考慮することが望ましい．

2.2.5 仮設計画の条件

型枠工事と総合仮設計画との関連は足場と揚重設備が大きく影響する．足場計画は型枠建込みおよび解体時の作業高さや動線に関係し，揚重計画は一般型枠工法・各種型枠工法によらず型枠工事の工程，経済性に関係する．とくにプレキャストコンクリート型枠工法は揚重機械の種類や規模にも影響する．

（1）足場

足場の分類は一般に形式，材料，用途などにより行われるが，形式により分類すると，図 2.7 のようになる．型枠工事における足場には，建物内部のスラブ，梁，壁の型枠を建て込む内部足場と建物外部の壁，柱側，梁側の型枠を建て込む外部足場がある．内部足場は型枠工事独自のものであ

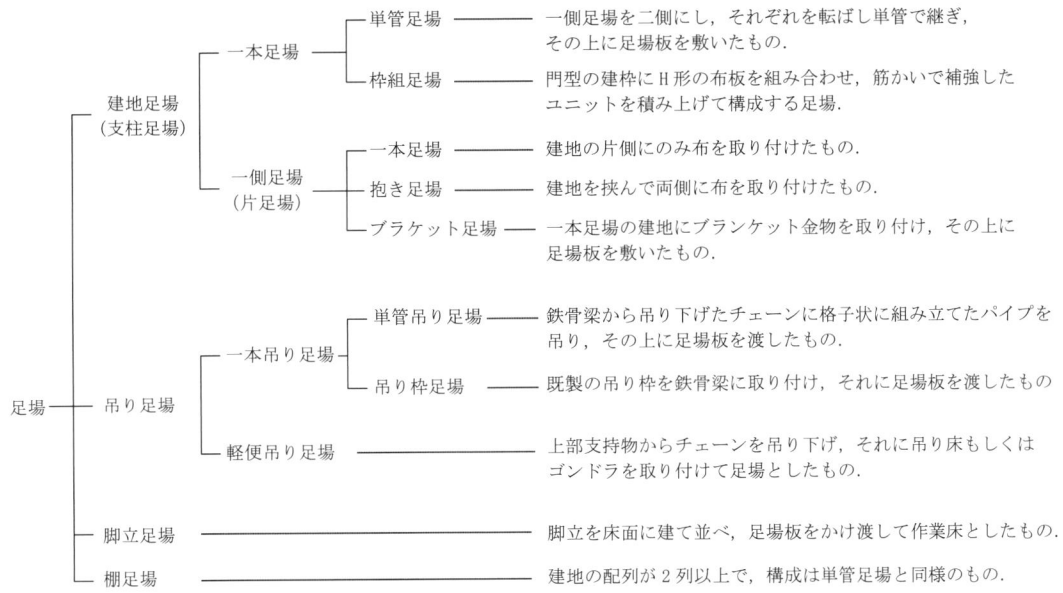

図 2.7 足場の形式分類[4]

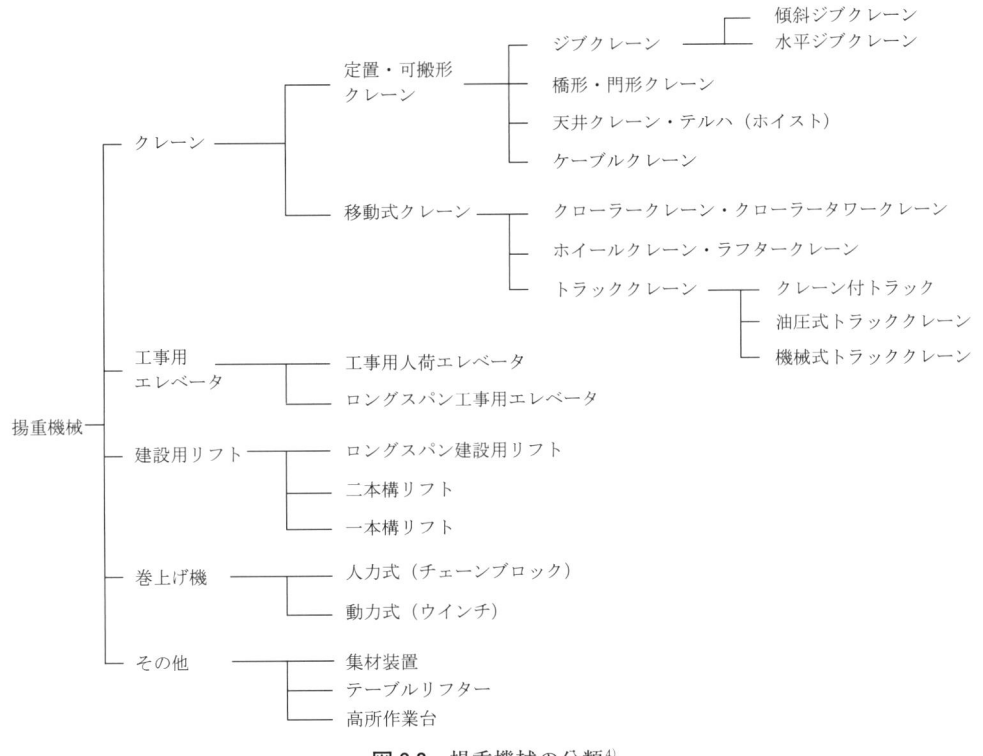

図 2.8 揚重機械の分類[4]

り，型枠工事に最適のものを選定すればよい．ただし，階高が高く，ステージを用いた足場とする場合は後工程となる仕上工事への転用を考慮しておく必要がある．外部足場は外壁の仕上工事との関連が強い．外部足場は外壁の型枠の組立て，取外しが行われる場所となり，型枠材料の上階への

運搬が行われることもある．コンクリート躯体と外部足場の間のすき間は層間ふさぎなどを用いて墜落，落下物防止対策を行い，安全を確保する必要がある．

(2) 揚重設備

型枠材料の重量は一般型枠工法の場合には，床面積あたり $0.4 \sim 1.5 \, \text{kN/m}^2$ と大きく，その種類も多岐にわたる．そのため，効率の良い揚重計画の立案が，工程，経済性確保のために重要となる．揚重設備は必ずしも型枠工事計画の条件から種類が決定されるわけではないが，図 2.8 に示す揚重機の中からその工事の条件に合ったものを選定する．

揚重計画については，鉄筋工事と合番となるので，揚重設備のタイムスケジュールと仮置き場等の荷さばきの割付けを決めておかないと，材料待ちなどにより施工性を低下させることになる．

2.3 型枠工法と材料の選定

型枠工事の計画は，立案する前の段階で設計図や仕様書などを十分に読解し，設計意図を理解しておく必要がある．設計図と仕様書は建築物の品質と構成材料の量を表しているので，これらを把握することによって必要な型枠工法と材料がおのずと明らかとなる．

型枠工法と材料の選定では，2.2 項で示した各条件を考慮する．型枠工法と材料の選定は，工期短縮と費用低減を主眼として取り組まれる場合が多いが，設計図書および仕様書に記載された性能および目標とするコンクリートの性能を満足することが第一条件となるよう注意する．

型枠工法と材料は 3 章，4 章および 9 章に示すように多数の種類があるが，それらは分離して検討するよりもある程度一体的に選定されることが多い．型枠材料としては，4 章「一般型枠工法」の合板型枠を用いる場合と，9 章「各種型枠工法」に示す金属系や樹脂系に代表される代替型枠工法とに分かれる．各種型枠工法としては，一般にシステム型枠と呼ばれる大型の移動型枠工法と，プレキャストコンクリート型枠工法などに大別される．

なお，実際のコンクリート打込み計画において，工区分け，コンクリートポンプの台数および配置，コンクリートの流動性ならびに打込み順序などとの関連を考慮して型枠工法と材料を選定する必要があるので，具体的な打込み方法をあらかじめ想定しておくことが重要である．

また，特殊な場合として，化粧打放し仕上げに代表されるコンクリート打放し仕上げのための型枠工法があるが，コンクリートの素地のテクスチャーに対する設計者の思い入れが強い場合が多いため，打放し仕上げの場合には，塗装合板を用いた一般型枠工法が選定されるほか，模様仕上げ成形材を合板に取り付けた型枠工法も使用される．型枠工法・材料選定のフローの概要は図 2.9 のようになる．

型枠工法・材料を選定する手順の例を図 2.10 に示す．一次検討では，建物の設計条件（階数，階高，仕上げなど），敷地および立地条件，工程の条件，費用の条件を考慮して種々の型枠工法を選定する．おのおのの工法の長所および短所を列挙した上で，目標とすべきコンクリートの品質，施工精度，安全性，工期，経済性を満足できる工法を絞り込む．

二次検討では，絞り込んだ工法の詳細な情報を基盤として，施工歩掛り員数や品質確保上の要件，タクト工程などの条件を比較検討して，最終的に採用する工法を決定する．

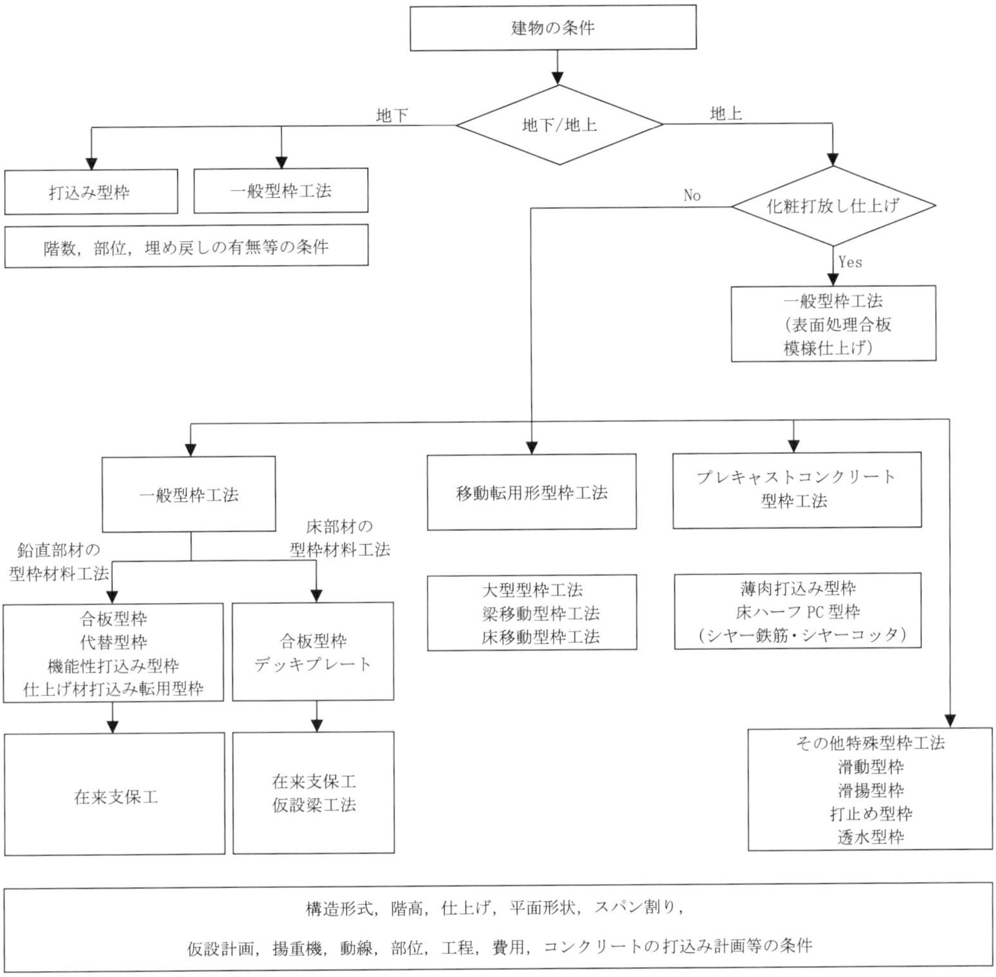

図 2.9 型枠工法・材料選定のフローの概要

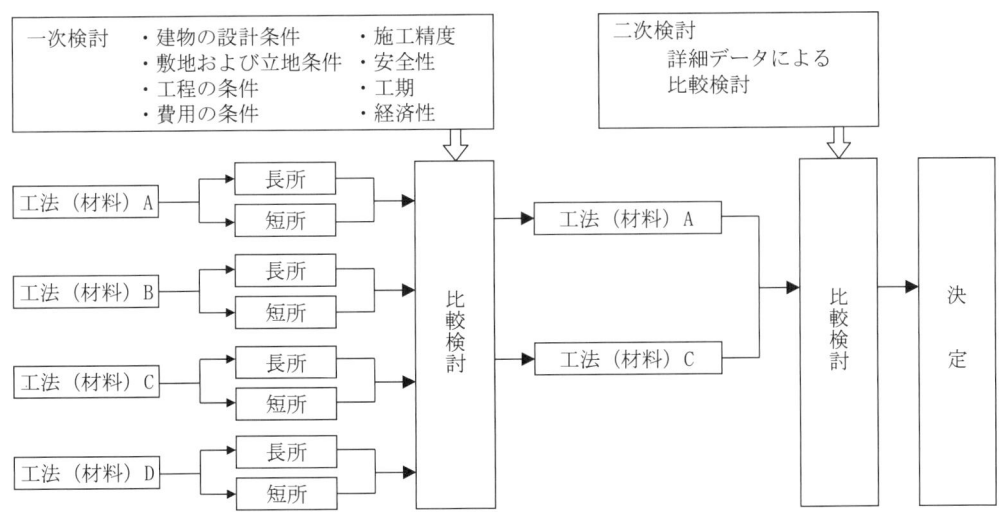

図 2.10 型枠工法・材料選定の手順の例

2.4 型枠工事計画
2.4.1 官庁への提出書類

型枠工事については，労働安全衛生法第88条第2項に基づき計画届出が必要となる範囲として，支柱の高さが3.5m以上の場合が定められている．届出の要領は次のとおりである．

- ・提出期限　　　　　　　　　…設備の設置工事を開始する30日前まで．
- ・届出義務者　　　　　　　　…設備の設置者（元請等）
- ・届出を必要としない設備等…架設通路，足場（吊り足場，張出し足場も含む）で組立てから解体まで60日未満のもの
- ・届出先　　　　　　　　　　…所轄労働基準監督署長
- ・様式　　　　　　　　　　　…20号
- ・届出部数　　　　　　　　　…2部

届出に必要な書面および図面は次のとおりである．

表2.1　型枠支保工に関する届出に必要な書面および図面[5]

1. 様式（第20号）	
2. 案内図	計画届に添付する場合は不要
3. 打設予定コンクリート構造物の概要（一般設計図）	組立図該当階の躯体寸法が判断できる図面（平面図・断面図）．ただし，組立図に躯体寸法が明記されていればよい．
4. 支保工組立図	部材の配置図および断面図．なお断面図はX・Y2方向記載
5. 構造計算書	従来の計算方式のほか，水平力に対しての検討も必要となる．
6. 使用部材カタログ等	

労働安全衛生法第88条第2項に基づき設置，変更の届出を必要とする機械等，クレーンその他の特定機械に関する設備等については，特別規則で設置（または変更）届出が必要となる．これについては，クレーン等安全規則・特別規則で定められている様式で届け出る．

2.4.2 工程計画

型枠工事は躯体工事の工程の主要な部分を占めており，全体の工事の工程にも大きな影響を及ぼす．工程計画の作成にあたっては，躯体工事の中での型枠工程の役割を十分に認識して工程計画を検討し，次いで標準階での詳細な型枠工程を検討する．

（1）躯体工事と型枠工程

型枠工事の工程計画を作成する際，躯体工事の工程と整合させることは当然であるが，以下に示す項目についても考慮しておく．

① 躯体工事，特に型枠工事は屋外での作業が長期間にわたるため，天候の影響を受けやすい．梅雨時，台風時，冬季などはさらに余裕を見込んでおく．また，年末年始，夏休みなども余

裕をとっておく．

② 躯体工事の工期短縮を図るあまりに施工を急いだ計画にすると，不要な費用が増し，工事費が増すだけでなく型枠の精度が低下したり，各種の埋設物の入れ忘れや，より合理的な作業手順を見失ったりする．すなわち，次工程に手戻り作業が増し，全体工期でみると工期短縮にならない結果となる．

③ 型枠工事の全体計画にあたり，まず初めに各階，各工区，各部位ごとの作業量（m^2 数など）を求め，可働作業者数，工数を想定して基準階，各工区の工程を立案する．次に標準階以外の階，工区（基礎，地階，搭屋など）について個別に工程表をまとめて調節し，建築物全体の工程を作成する．全体の工程にまとめる際には，配員計画，1日のコンクリートの打込み計画，資材の手配と入場計画，加工場確保など，型枠の工程に沿って必要となる労務，資材，エネルギー，場所および仮設機械についても計画を立てて，型枠工事の工程が計画より遅延することがないよう綿密な検討を行っておく．

④ SRC 造建築物では，鉄骨建方と型枠工事が上下作業になりやすく，万一，飛来落下物があると危険である．工期に余裕があれば，鉄骨の建方終了後に型枠工事を開始するか，あるいは工区分割するなどの配慮が望まれる．

(2) 標準階の型枠工程

型枠工事の全体工程の計画に沿って，標準階の日程に合わせて工程を作成する．標準階の型枠工程の計画は，次の手順で行う．

① 標準階を作業単位に合わせて分解し，各作業単位の作業量を算定する．標準階を作業単位に分解する．分解の方法は，選択した型枠工法によって異なるが，通常は部位別，すなわち柱，梁，床，階段，ベランダなどとなることが多い．次に作業単位ごとに作業量を算定する．作業量の単位は，型枠工事面積（m^2）とすることが多いが，場合によっては部材数（本）・（箇所）なども使用することがある．

② 各作業単位の順序づけと関連づけを行う．作業順序は，型枠工法ごとの適切な手順を踏まえ，鉄筋工事との関連を考慮して作業順序を決定する．また，おのおのの作業単位の関連を明らかにしておく．

③ 各作業単位の所要時間を算定する．①で求めた各作業の作業量，各作業の労務生産性および可働作業者数などを総合的に判断して，各作業の所要時間を算定する．実際の算定にあたり，建築物の内容，工事の内容，工法の種類および管理者，作業者などの人的要因により労働生産性が異なるので，実状に合わせて歩掛りを設定し，必要時間を算定する．

④ 工程計画を作成し，全体工期を調節する．②で決定した各作業順序に基づき，③で算定した所要時間を割り当てながら工程計画を作成してみる．次に，工程計画を全体工期から指定されている工期と比較して調節を行う．工事によっては他の工事が完了しないと取りかかれない場合がある．工程のクリティカルパスを考慮して手待ちの少ない工程計画を立案するように心がける．

⑤ 工程表を作成する．工程表の作成にあたり，墨出し，型枠や鉄筋および設備などの検査，コ

ンクリートの打込み，打込み後の養生などの作業日を他の作業と区分して設定し，十分な管理が行えるようにする．特に，強度が十分に発現していない床スラブに作業荷重が載ると，床スラブにはひび割れが生じる場合が多い．したがって，作業荷重を床に作用させるまでの養生期間を確保できる工程を計画する．

2.4.3 工区分割計画

建築物の規模が大きい場合には，いくつかの工区に分割することにより，労務や資材の転用を図ることができるようになり，労務量の平準化（山くずし）や資材の準備数を少なくすることができる．工事工程や作業員数の合理化を進めると工区を分割する機会が多くなる．型枠工事計画は，あくまでコンクリートの品質確保が第一の目的であるので，1日の打込み数量に基づく無理のない打込み計画や打継ぎ部でのコンクリートの構造性能の確保，敷地や立地条件を考慮して立案する必要がある．したがって，コンクリートの打継ぎ位置や仕切り方法，打継ぎ部の補強方法など，施工面での検討および型枠労務，資材の転用計画などの検討が必要となる．

2.4.4 材料の転用計画

型枠工事に使用する材料の転用をうまく行えるかどうかは，工事の経済性に大きな影響を及ぼす．材料の転用計画の立案にあたっては，以下の事項を考慮する．

（1） 型枠の転用を積極的に図るには，型枠の標準化が必要である．通常，外壁型枠はパネル化などにより標準型枠の採用が容易であるが，柱，内壁，梁，床などは各所で寸法が違ってくるので標準型枠方式による転用は困難であり，せき板，根太，端太材などを解体した形での転用を図ることになる．この場合にも材料別，部位別に転用計画を立てて転用先を明確にし，だめ穴を設ける場合は，位置や補強方法，敷き桟などの処理について検討するとともに，材料の小運搬のための労務や揚重機なども確保しておくことが大切である．

（2） 合板などの木製品は，鋼製品と比較して転用していく間に損耗しやすい．あらかじめ計画した転用回数を確保できるような材料の選定や型枠解体時の作業手順等を計画するとともに，常に材料の損耗の程度を確認し，新品の購入時期を検討して資材の不足や剰余を避ける必要がある．また，転用回数が相当に多く取れる計画の場合には，メタルフォームやアルミ合金パネルなどの耐久性のある材料を選択する方が，多少イニシャルコストが高くても工事全体としては経済的となり，材料の管理も楽になる．

（3） せき板の存置期間や大梁下，スラブ下の支保工の取外し時期については，コンクリートおよび躯体の品質確保の面から，国土交通省告示やJASS 5で規定を設けている（規定の内容については8章「存置期間」で詳しく説明する）．また，材料の転用率を上げるあまり，コンクリートや躯体の品質を損なう過ちを犯さないことが肝要である．

（4） 型枠の準備数を以下の手順で決定する．

　① 型枠の使用期間（T_f）の設定

　　型枠組立て開始から取外しまでの期間である．JASS 5に規定されているせき板の存置期間，

あるいは型枠の取外しまでの期間は，コンクリート打込み後のコンクリートの材齢をいうものであり，その期間に，型枠組立て開始からコンクリート打込みまでの期間を加えた日数を算定する．

② コンクリートの工期（T_o）の設定

型枠転用を計画している建物の型枠工事開始時から終了時までの指定工期（日数）である．

③ 最多転用回数（R_{max}）の算定

最多転用回数 R_{max} は下式により算定できる．

$$R_{max} = \frac{コンクリートの工期（日）}{型枠の使用期間（日）} = \frac{T_o}{T_f} \text{（回）}$$

④ 型枠の転用寿命回数（L_p）の設定

型枠の材質や建築物の部位の寸法・形状の標準化の程度により，型枠の転用寿命回数が定まる．通常の場合，合板せき板の寿命回数は，表単板がはがれるまで使用すると5～6回以上転用できるが，切断などの加工が加わると2～3回で転用できなくなる．塗装合板のパネル化や日常的な補修を綿密に行うと，10～20回の転用も可能となる．また，メタルフォーム・アルミ合金パネルを採用する場合は，転用寿命回数も当然多くなる．採用する材料や転用の形態を考慮して，型枠の転用寿命回数を設定する．次に最多転用回数（R_{max}）と転用寿命回数（L_p）とを比較し，小さいほうを転用回数（R）とする．

⑤ 工区数（W_a）の設定

一般の建築工事では，1階1工区としている場合が多いが，工事の合理化を検討して労務や資材の平準化（山くずし）を図るために，1階を数工区に分割することもある．工区数の設定にあたっては，建築物のプランの類似性，投入資材や労務のバランスおよび物量・工期などを考慮する．

工区数（W_a）＝標準階の工区数×型枠の転用を計画している回数

⑥ 最小型枠準備数（M_{min}）の算定

最小型枠準備数は，型枠の転用回数（R）および工区数（W_a）から算定する．

$$M_{min} = \frac{工区数}{転用回数} = \frac{W_a}{R}$$

⑦ 型枠準備数（M）の設定

型枠の準備数は，最小型枠準備数（M_{min}）を基本に支保工の存置階数（梁底や床の型枠は，通常，支保工を取外しするまで脱型できない．したがって，型枠の準備数も支保工を何層置くかによって定まる）や型枠補修のための準備数を考慮して決定する．

⑧ 実用転用回数（R_o）の算定

実用の転用回数は，工区数 W_a と型枠準備数 M から算定する．

2.4.5 型枠精度検査計画

型枠工事では，材料の品質管理・検査から組立ての管理・検査，コンクリート打込み時の管理・

検査，型枠取外しの管理・検査まで，検査項目が多岐に渡る．この中で，型枠組立て時の管理・検査はコンクリート躯体の位置・寸法精度と直接的に関わる重要な行為である．コンクリート部材の位置および断面寸法の許容差の標準値，仕上がりの平たんさの標準値等は，7章「管理と検査」を参照し，部材の位置・寸法精度がこれらの標準値の範囲内となるような型枠の建入れ精度の目標値を設定して，組立ての途中段階および組立て後に検査を実施する必要がある．

2.5 コンクリート躯体図の作成

2.5.1 躯体図の目的

コンクリート躯体図は，設計図とタイル割付図，サッシ図などの仕上工事の施工図と，エレベータ施工図などの設備工事の施工図との調整を行って決定した躯体寸法を図面として表したものである．設計図は，ほとんどが建築確認申請書に添付された図面であり，枚数も少なく，その設計の全容を十分に反映しているとは限らない．設計図には次のような問題点がある場合が多い．

① 設計図は，代表的な部分を表現しているので，他の部分は打合せをして決める必要がある．
② 設計図は，特定な箇所の納まりが詳細図として書かれているので，細部の寸法や各種部品の納まりはそれによって決める必要がある．
③ 意匠図・構造図・設備図はその整合性を確認する必要がある．
④ 設計図を基に，施工性の検討をする必要がある．

以上のような点は，躯体図を作成すると明らかになる場合が多く，重要な点は工事関係者（設計事務所と総合工事業者（ゼネコン），場合によっては施主，専門工事業者）の間の調整を行って明確にする．

躯体図は，躯体工事を行ううえでの基本であり，設計図と各種工事の橋渡しの役割をするものであり，設計の意図を実現するように考慮してまとめる必要がある．

2.5.2 躯体図の必要条件

コンクリート躯体図は，これを基本にして各種の図面が作成されていくので，躯体図を利用する人が誤読や勘違いを起こさないように，標準的な表現方法で作成されなければならない．躯体図に表記しなければならない項目は表2.2に示すとおりである．

表 2.2 躯体図に表記する項目[6]

表記内容	・図面名 ・縮尺 ・通り心(通り真) ・柱寸法と通り心との関係 ・梁寸法と通り心との関係 ・基礎寸法と通り心との関係 ・床板厚・FL(フロアレベル)面からの下がり寸法 ・FL と階高 ・階段の寸法・段鼻位置 ・壁開口(窓・ドア・シャッター・点検口など)寸法と位置 ・床開口(便器・スリーブ・マシンハッチなど)寸法と位置 ・柱,梁,壁,床のふかし寸法 ・パラペットの寸法と位置 ・目地の寸法と位置 ・打放し仕上げ面 ・バルコニー床,手すり寸法と位置 ・煙突寸法と位置 ・地下二重壁内の排水管寸法と位置 ・水槽類の大きさ ・機器の基礎寸法と位置 ・ボックス類用の欠込み寸法と位置 ・梁貫通スリーブの寸法と位置 ・防水立上り用の欠込み寸法と位置 ・シャッターレール埋込み用などの防水立上り用の欠込み寸法と位置 ・ブロック壁の位置,厚さ,高さ ・ブロック壁の基礎 ・名称,記号類 　ELV シャフト,DS,PS,EPS,マシンハッチ,スラブ記号, 　梁記号,柱記号,建具記号,こう配矢印,断面位置
関連図書	・意匠図(一般図) ・構造図 ・設備図 ・仕様書 ・仕上表 ・施工図 　建具図 　シャッター図 　タイル割付図 　石割付図 　PC 板割付図 　設備施工図 　便所仕上図 　湯沸室仕上図 　浴室仕上図 　エレベータ施工図 　エスカレータ施工図 　屋上防水施工図 　木工事施工図 　天井伏図 　各所鉄筋の納まり図 　各所仕上収まり図
参考資料	・日本建築学会標準仕様書 ・日本建築学会施工指針 ・ゼネコンの社内標準 ・施工業者の社内標準 ・参考書 ・事例

[注] この表は文献6)に基づいて作成

2.5.3 躯体図作成上の注意事項

躯体図作成上の注意事項は以下のとおりである．

① 設計図書（意匠図・構造図・設備図）は変更されることが多いので，これらの図面は最新版を用いる．

② 設計図以外の特記仕様書，質疑応答書などは重要な情報があるので参考にする．

③ 設計図書の食違いは早急に是正する．

④ 躯体図は，基礎伏図・床伏図・屋上伏図・階段詳細図を除いて見上げ図で描く．これは，コンクリートの打込区画が，たとえば2階の柱と壁，3階のスラブと梁を同時に施工するので，これを1枚の図面として表すほうが都合がよいためである．

⑤ 縮尺は1/50を基本とするが，建物の規模が大きく簡単な構造の場合には1/100としてもよい．部分的な詳細は1/30，1/20，1/10，…とする．

⑥ 基準線（通り心と基準床レベル）は必ず記入し，その記号は設計図のものと同じとする．

⑦ 寸法線と寸法は誤読を避けるため明確に記入する．寸法はミリメートル（mm）単位とするが，できれば5mm単位ぐらいに丸めるとよい．

⑧ 構造部材の記号は，構造図のそれと一致させる．

⑨ 一般に梁は位置レベル・せい・幅を，スラブは位置レベル・厚さを記号で表現するが，その記号の意味は凡例として記入する．

⑩ 平面図は原則として1枚の図面に納める．平面図は建物の規模が大きくて1枚の図面の中に納められない場合もあるが，キープランを記入して位置を明確にする．

⑪ 設計変更などによる躯体図の変更は，図面に訂正年月日を記入して古いものは破棄するとよい．

⑫ 複雑な納まりで平面図だけで表現できない場合，できれば同一図面内に断面図などの詳細図を書く．

集合住宅の意匠図と躯体図の例を図 2.11（a）および図 2.11（b）に，事務所ビルの意匠図と躯体図の例を図 2.12（a）および図 2.12（b）に示す．

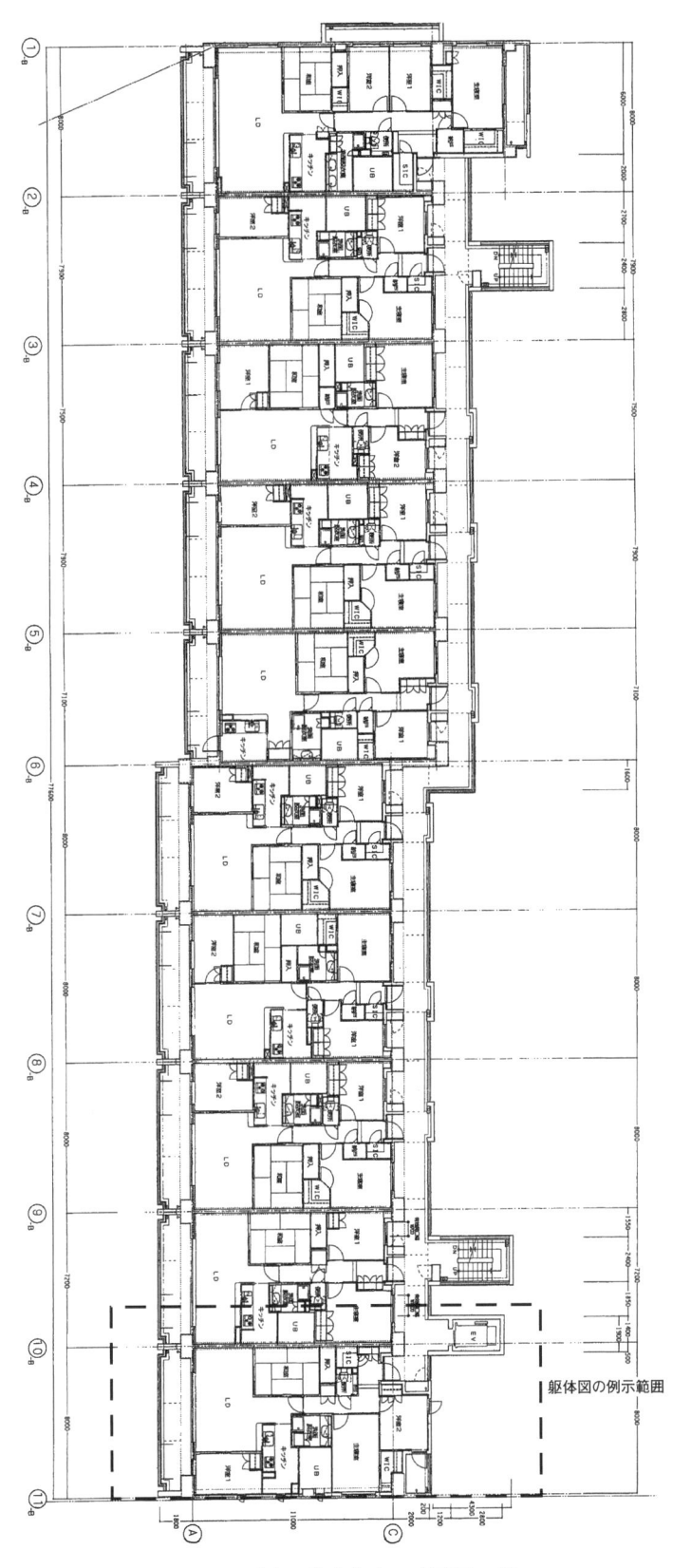

図 2.11 (a) 集合住宅の意匠図の例

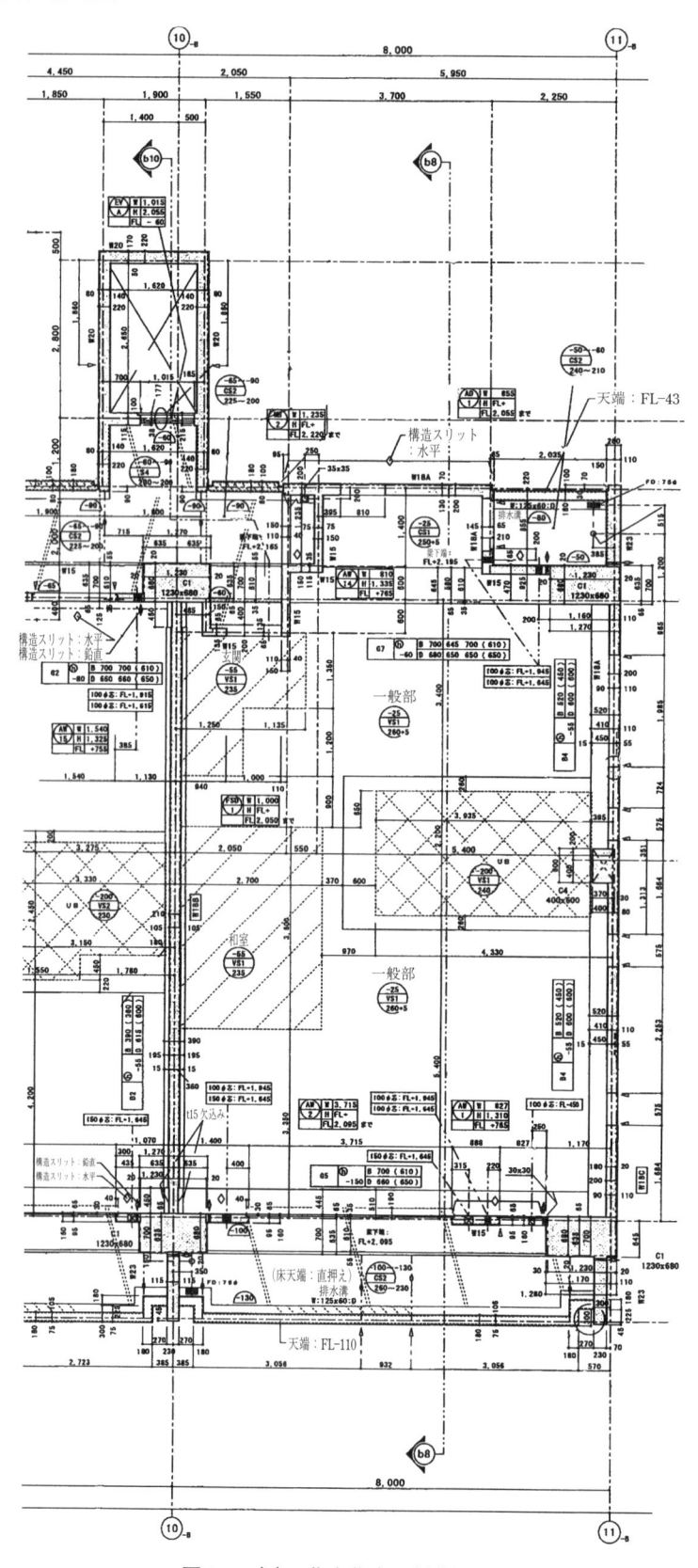

図 2.11 (b) 集合住宅の躯体図の例

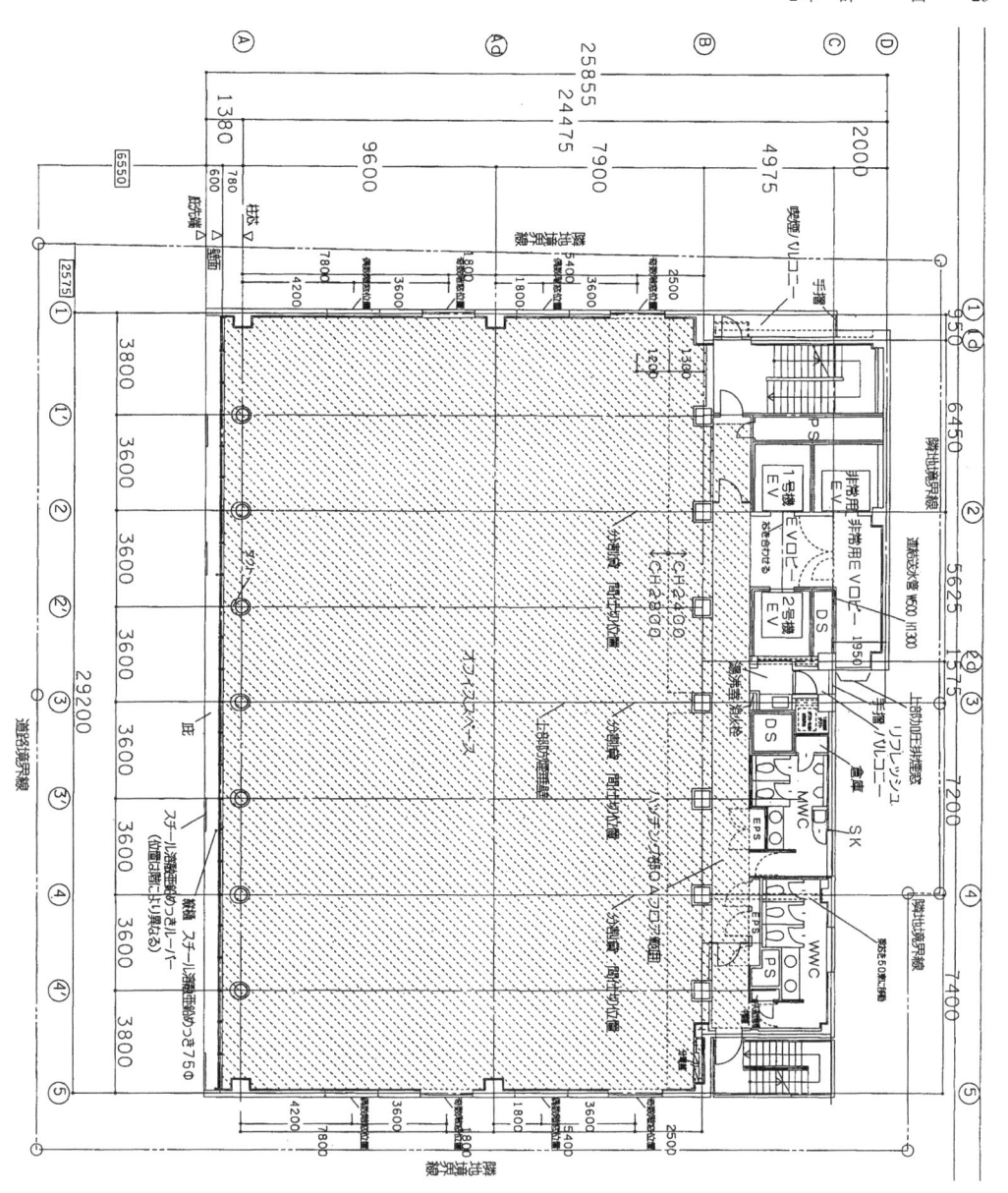

図 2.12 (a) 事務所ビルの意匠図の例

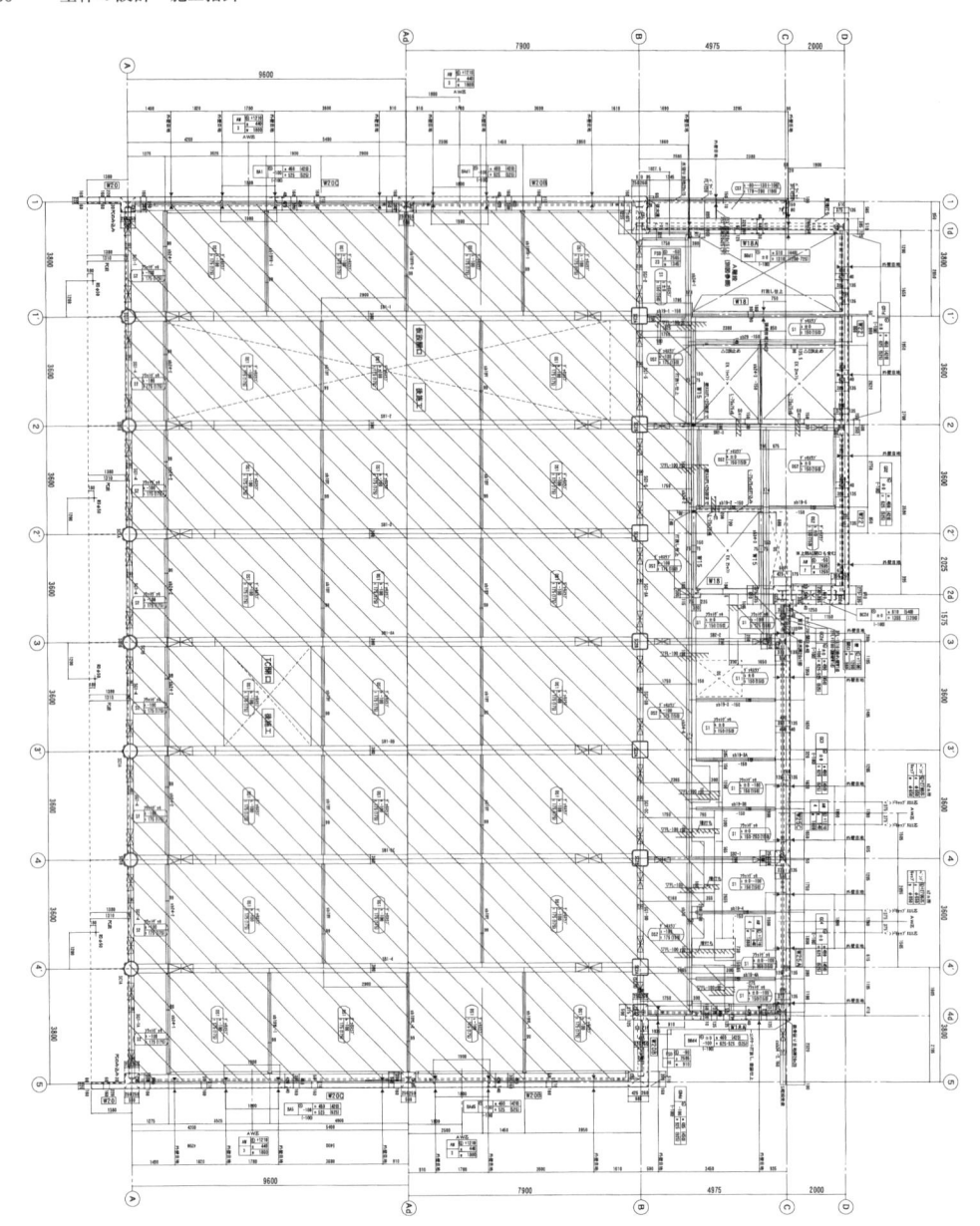

図 2.12 (b) 事務所ビルの躯体図の例

2.6 型枠作業計画
2.6.1 型枠組立図

　コンクリート躯体図を検討し，おのおのの施工場所の特徴を把握しながら型枠組立図を作成する．内端太，外端太，支保工および緊結材などの配置を記入し，最後に型枠組立て全体のバランスを考慮しながら補強方法を記入する．柱・壁・梁・床部位などで通常のものは，標準型枠組立図があればよいが，階段やバルコニー，特殊な形状をもつ部位については，施工部位ごとに型枠組立図を作成する必要がある．なお，支柱の高さ3.5m以上の支保工の組立てについては，型枠組立図など（建築物・機械等設置届）を労働基準監督署長へ提出することが義務づけられているので注意する．型枠組立図を作成する際は，できるだけ型枠工事の合理化を考慮しておくことが大切である．以下に，型枠組立図を作成するときの留意点を示す．

（1）　使用する材料の種類をなるべく少なくして，互換性や融通性を高めるように工夫する．せき板の形状・寸法や厚さ，あるいは大型パネルとした際の形状・寸法，支保工の種類，関連する材料などはなるべく統一し，標準化を行うほうがよい．それにより，せき板・支保工の転用を計画する際，不必要な小運搬を避けて工事の円滑な進展を図ることができ，さらに工事の合理化も図りやすくなる．

（2）　単純な構造形式に努める．せき板・支保工は繰返し転用しながら使用する．その間，多少の施工精度の悪さや計画以上の外力の発生，あるいは雨水などによる材料の耐力低下なども考慮しておく必要がある．したがって，なるべく複合した応力がせき板・支保工に生じない構造形式にして，管理が簡便に行えるようにしておく．また，構造形式を単純化することにより，作業に伴う人為的なミスを少なくすることもできる．

（3）　材料の移動，揚重方法を検討しておく．せき板組立図の作成にあたっては，型枠の構造計算が必要となるが，これについては5章で記述しているので参照されたい．

2.6.2 パネル割り図

　型枠のパネル割りは，材料の転用を効率化するうえで大切な計画である．パネル割り図の作成にあたっては，次の点を考慮する．

（1）　合板・アルミ合金パネルなどは寸法が規格化されている〔3章参照〕．できるだけ加工材を使用しないように計画する．

（2）　合板などをあらかじめ組み立ててパネル型枠とする場合には，転用効率を考慮して標準パネルを多く使用できるように計画する．

（3）　床・壁と柱・梁とでは，型枠の加工度が違う．床では規格寸法の合板をなるべく多く転用するようにし，柱・梁ではパネル化された型枠の転用を計画する．

（4）　凹凸模様をもつ外壁仕上げの型枠については，模様の連続性に対応できるパネル割りを考慮しておく．

2.6.3 組立要領図

　型枠組立作業において，打継ぎ部や付属設備との取合いなどについては，具体的な組立要領図・組立詳細図を作成し，型枠の組立不良を防止する．

2.6.4 下ごしらえ（材料置き場）

　設計図およびコンクリート躯体図をもとに，下ごしらえ図，原寸図および矩計図を作成し，これらの図面により合板に墨付けし，切断加工を行い，下ごしらえの組立てを行う．次いで，おのおのの下ごしらえの型枠に作業場所および部位の記号を記入し，はく離剤を塗布し，必要な時期まで保管しておき，作業場所へ持ち込む．

（1）　下ごしらえ図，原寸図および矩計図

　コンクリート躯体図を見ながら直接型枠を組み立てることは困難であり，また，寸法の誤りや加工不良などを招きやすい．

　そこで，コンクリート躯体図から型枠パネルの下ごしらえ図（加工図）を作成することになる．通常は，型枠パネルの下ごしらえ図からただちに合板の墨付け，加工へと移ることができるが，階段・パラペット・斜路・曲面壁などについては，さらに原寸図を作成して，実寸法を合板に墨付けして加工することになる．矩計図は，型枠の加工・組立てにあたって，高さの間違いを防止する意味もあり，柱，梁，床，壁を含む主要部位や高さ寸法が複雑な部位などについて作成することが多い．なお，下ごしらえ図には加工を要するすべての事項（セパレータ用孔あけ・差し筋用孔あけ・面取り・目地棒・欠込みなど）を落ちのないように記入しておく．

（2）　墨付け，加工，下ごしらえの組立て

　下ごしらえ図を基に合板に墨を打ち，寸法取りを行う．合板の歩留りをよくするために，墨付けの前に1枚の合板の切り方を検討する．また，墨付けは寸法精度確保の第一歩であり，これをおろそかにしないよう型枠工を指導する．墨付けした合板を墨に沿って切断する．切断した合板には部位名を記入し，切断片は整理して補助板として使用できるようにしておく．加工した合板と桟木とを組み合わせて，下ごしらえの組立てを行う．組立ては下ごしらえ図に沿って，桟木間隔を正確に釘打ちする．面木，目地棒および孔あけ加工を要するものについても，下ごしらえ図により正確に行う．型枠と型枠の接合部，各部位の取合い部，とくにコンクリート壁の接合部や出隅・入隅部などについては，下ごしらえの組立て時に点検・確認しておくことが大切である．また，下ごしらえ型枠の長さや幅，合板せき板のすき間や目違い，板割りの目通りの統一などについても点検・確認する．最後に，下ごしらえした各組立型枠について，記号の有無を確認する．

（3）　はく離剤の塗布および保管

　下ごしらえの組立て終了後，ただちにはく離剤を塗布することが望ましい．はく離剤は，せき板とコンクリートとのはく離性，コンクリートの硬化不良，コンクリート表面への着色，コンクリート表面へのはく離剤の残留度，合板のプライ間の接着材への副作用などの点で不都合のない材料を選定する．保管にあたっては，使用順序に従い，すぐに使用する材料を上に置くようにする．また，直射日光・雨水および急激な乾燥などを防止するために，シートで覆うなどの対策をとる．

2.6.5 揚重および小運搬

　型枠工事では多種類，かつ大量の材料を使用する．柱，壁，梁，床および階段やパイプシャフトなど，現場打ちでコンクリート躯体を構築するために必要な型枠の重量は，概算で見積もっても，床面積あたり $0.4 \sim 1.5 \, \text{kN/m}^2$ 以上となる．そして，これらの組立て，取外しの繰返しに要する作業量は，鉄筋工事を超え，コンクリート工事にも相当するものである．さらに，型枠に使用する材料は鉄筋やコンクリートとは異なり，転用を重んじるために複雑な運搬フローを通ることになるし，その多くは人手を要する作業であるために，型枠工事費の 20～40％ を小運搬のための労務費が占めることになる．揚重および小運搬計画にあたっては，材料の量的把握を行うとともに，その材料の水平搬路の単純化・短縮化，垂直搬路の方法，揚重機の選択，材料の搬入・搬出，構台の設置場所，規模，さらに運搬作業の安全対策について検討する必要がある．

2.6.6 配員計画

　工期の調整が終了し，工程が決定したら，作業計画・配員計画を作成する．労務の急激な増減は労務の手配も困難であるし，ちょっとした手配の誤りから全体の工期に影響を与える可能性もある．したがって，毎日一定員数の労務量を確保しつつ，無理・無駄のない作業計画・配員計画を練る．クルーバランスチャートやマルチアクティビティチャートを利用する．型枠工事の経済性を労務の面から検討した場合には，歩掛りが大きな要因となっていることがわかる．したがって，繰返し作業を多くして習熟効果を積極的に活用することや，習熟効果の高い（取扱い，作業内容の容易な）型枠工法の採用を心掛ける．さらに，日常から正確な歩掛りの把握に努めて無理や無駄のない工程計画・配員計画を作成することが重要である．

参考文献

1) 日本建築学会：コンクリートポンプ工法施工指針・同解説，2009
2) 日本建築学会：鉄筋コンクリート造建築物の環境配慮施工指針（案）・同解説，2008
3) 日本建築学会：建築工事標準仕様書・同解説 JASS 19 陶磁器質タイル張り工事，2005
4) 塚田茂・平田智也：躯体工事の仮設計画，施工，No. 220，1984.5
5) 計画届作成の手引き，建設業労働災害防止協会東京支部，2001.4
6) 岡田哲：躯体図について，施工，No. 220，1984.5

3章 構 成 材 料

3.1 一般事項

　型枠は，コンクリートに直接接するせき板とせき板を支える支保工およびせき板と支保工を緊結する締付け金物から構成される．せき板には，通常，脱型を容易にするため，はく離剤が塗布されている．支保工は，せき板を支保するかまち材・桟木・端太材，鉛直荷重を支える支柱や支保梁，水平荷重を支え座屈を防止する水平つなぎなどから構成される．

　図3.1は，在来の一般的な型枠工法の組立て例である．この工法では，支柱を梁下およびスラブ下に設けて鉛直荷重を支持している．この工法では，スラブ下の空間が煩雑になるため，スラブ下の支柱を減らす工法が考案されている．図3.2, 3.3に示した工法はその一例である．

　本章では，型枠の構成材料として，せき板，支保工，締付け金物およびはく離剤を取り上げる．このうち，せき板とはく離剤は，コンクリートに直接接するため，コンクリートの硬化不良や着色の原因とならないようにしなければならない．また，支保工は，使用回数が増すと局部的な損傷や劣化が生じる場合があるので，使用の際には十分に整備点検して用いなければならない．このほか，型枠の一般的な材料で本章で扱っていないものについてもコンクリートの品質に対する影響や工事の安全性については十分に注意する必要がある．

　従来用いられてきた一般的な型枠工法に対して，最近では種々の特殊な型枠工法が開発され実用

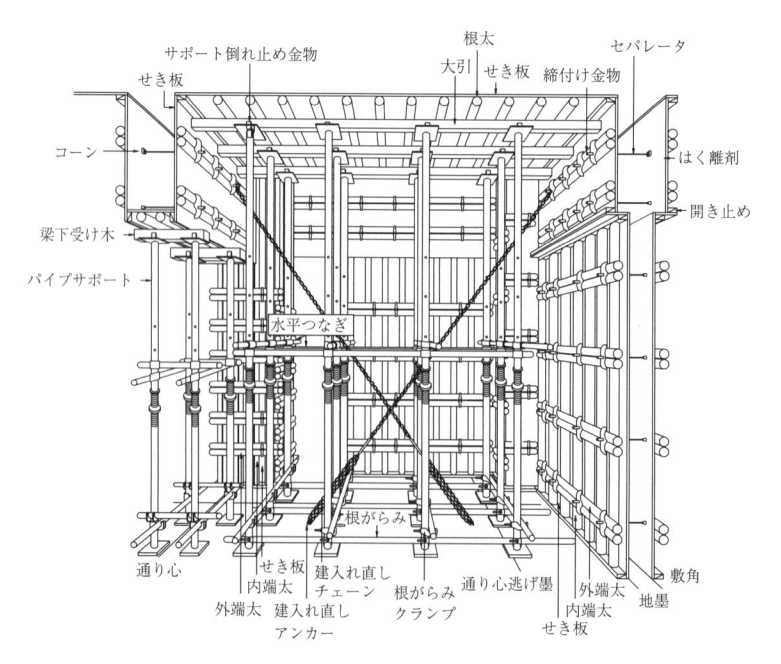

図3.1 在来の一般的な型枠工法における組立て例

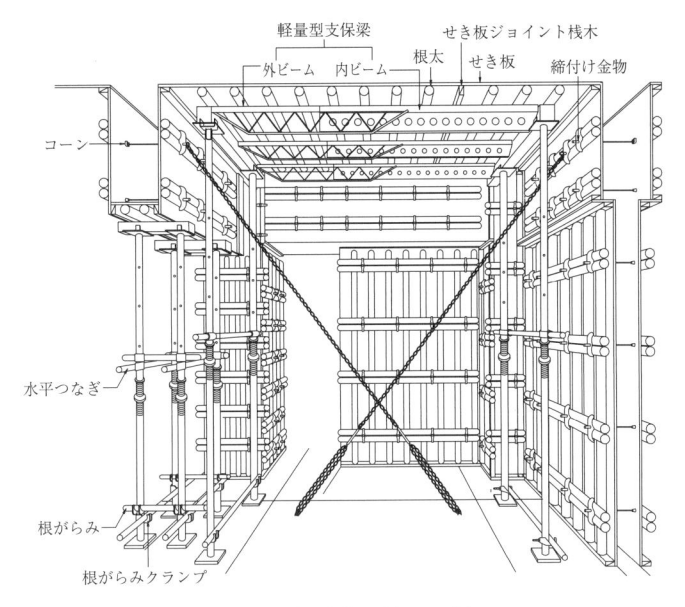

図 3.2 無支柱工法の一例

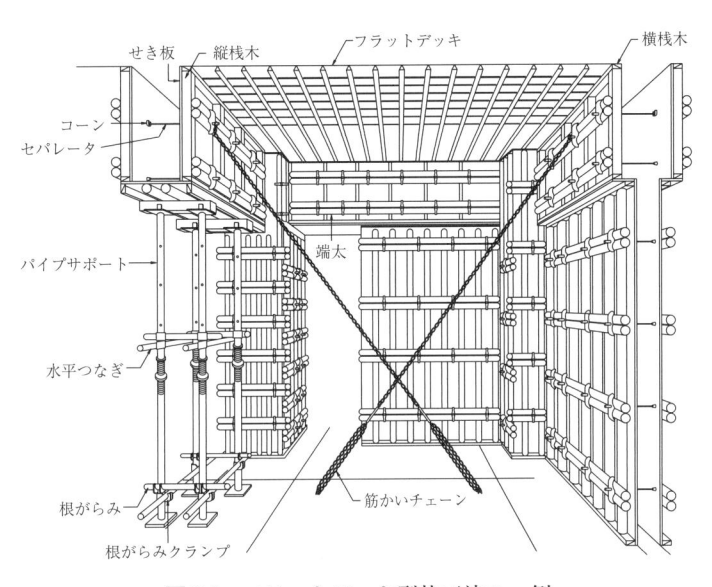

図 3.3 フラットデッキ型枠工法の一例

されている．これらの工法で用いられている型枠は，4 章「一般型枠工法」を参照されたい．

3.2 せ き 板

3.2.1 せき板の種類

せき板として用いられる材料は，さまざまであり，木材，金属，プラスチックおよびコンクリートなどに分類される．表 3.1 に主なせき板の分類を示す．

表3.1 主なせき板材料

せき板の種類		規格・規準類
木材	製材 合板	JAS「製材の日本農林規格」 （平成19年8月農林水産省告示1083号） JAS「素材の日本農林規格」 （平成19年8月農林水産省告示1052号） JAS「合板の日本農林規格」 （平成20年12月農林水産省告示1751号）
金属	金属製型枠パネル 鋼板 デッキ型枠 メッシュ型枠	JIS A 8652「金属製型わくパネル」 JIS G 3352「デッキプレート」， 「床型枠用鋼製デッキプレート（フラットデッキ）設計・施工指針」（2006年）
プラスチック	プラスチックパネル	—
コンクリート	ハーフプレキャスト コンクリート	「プレキャスト複合コンクリート施工指針」（案）（2004年）
紙	紙製パイプ	—

せき板の本来の機能は，フレッシュコンクリートの鋳型として，コンクリート部材を成形することである．せき板材料として最も一般的に使用されているのは合板である．他に鋼製，プラスチック製，コンクリート製，紙製などのせき板が使われている．従来は，加工が容易な木材をせき板として使用することが圧倒的に多く，コンクリートを打ち込んで所定の期間が経過した後にせき板を取外す使い方が一般的であった．最近では，型枠工法の合理化が進み，デッキプレートやハーフプレキャストコンクリート板など，コンクリートを打ち込んだ後にせき板を取外さない工法が多く採用されるようになった．また，合板が南洋材を原料としており，熱帯雨林の乱伐に繋がるため，環境配慮の観点から南洋材合板に代わる材料の使用が増加した．

3.2.2 木材製せき板

木材は，軽量で強度が高く，加工性が良く，さらに適度な吸水性と保温性があり，値段も安いなどの特徴を有するため，せき板に最も適した材料として長年使用されてきた．現在では，木材の素材を板材として使用することが少なくなっており，大部分は合板として使用されている．

型枠用合板の材料となる原木は，マレーシア・フィリピンなどからの輸入材であり，いわゆるラワン材と称する南洋材が圧倒的に多い．これらの樹種の中には，耐アルカリ性に劣るもの，コンクリートの硬化不良を起こすものがあり，せき板の材料として不適当なものも含まれている．しかし，輸入されている樹種がきわめて多く，かつ，樹種の名称が産地や市場によって異なるため，実際に使用されているせき板材の樹種は必ずしも明確ではない．本項ではできるだけ代表的な樹種を選び，代表的な呼称により分類し，それぞれの樹種の化学的性質・物理的性質および力学的性質を示す．

（1） 化学的性質

　耐アルカリ性に劣る樹種をせき板として使用すると，コンクリートのアルカリにより色素が抽出されてコンクリートが赤色あるいは黄色に着色してしまう場合や，1～2回の使用によってせき板の表面割れあるいはむしれを生じる場合などがある．

　また，木材が先天的に有するリグニン・タンニン・糖類など固有の成分によりコンクリート表面の硬化不良を起こす場合，あるいは被光・腐朽など後天的要因による成分の変質によりコンクリート表面の硬化不良を起こす場合がある[1]-[7]．

　硬化不良を起こしたコンクリートの表面は，暗黒色になりざらついた状態になったり，極端な硬化不良の場合は，表面の数ミリメートルが硬化しないで触れると粉状にはく落したり，板状にはく離することがある．

　コンクリート表面の着色および硬化不良の観点から，せき板材料としての適性を分類すると表3.2のようになる．

　硬化不良を起こしやすいせき板を現場で見分ける簡便な方法として，せき板表面にセメントペーストを塗り付け2～3日後にはがして，その表面状態を調べる方法などがある．

（2） 物理的・力学的性質

　木材は，樹幹形態に応じて，繊維方向（木理方向 L），半径方向（透心方向 R），接線方向（年輪方向 T）の3方向をもち，方向によって物理的性質や力学的性質が異なる異方性がある．板材として使用する場合は，この異方性を十分考慮しなければならない．表3.3に木材素材の方向別の力学的性質を示す．

表3.2　せき板用材料としての適性[7],[8],[9]

樹木の種類	判定	樹　種　名　称
針葉樹	適	カラマツ，ヒノキ，クロマツ，ヒバ，エゾマツ，モミ，トド，マツ，ツガ，ベイマツ，ベイヒ
	不適	－
	不可	ベイスギ
国産広葉樹	適	－
	不適	アカガシ，シナノキ，カツラ，ブナ，マカンバ，ニレ，シオジ，ナラ，ホオノキ，セン
	不可	－
フタバガキ科	適	クルイン，アピトン，カプール，レッドラワン，アルモン
	不適	タンギール，マヤピス
	不可	イエロセラヤ，イエロメランチ，バンキライ，ダグラスファ メルサワ，パロサビス，メラピ，マンガシノロ，ギアム，レサク
その他の南洋材	適	アガチス，カナリウム，ターミナリア，エリマ，マラス，リツェア，インツァイ，カメレレ，ナトー
	不適	ジェルトン，アルストニア，ラミン，セプター，ジョンコン，ケラット，タウン，カラス，セルディス
	不可	セプターバヤ

※判定
　光を当てない場合および40時間光に当てた場合に硬化
　不良を起こす深さより適，不適，不可を分類した．

　　適　：0.3 mm 以下
　　不適：0.3 mm 以上
　　不可：光の作用に関係なく 0.3 mm 以上

表3.3 素材の異方性[12]

樹種	ヤング係数 (kN/mm²)			引張強さ (N/mm²)			密度 (g/cm³)	平均年輪幅 (mm)
	E_L	E_R	E_T	σ_L	σ_R	σ_T		
すぎ	8.75	0.62	0.26	55.41	6.86	2.55	0.33	6.1
えぞまつ	10.89	0.84	0.47	108.36	7.94	3.53	0.39	1.6
あかまつ	9.90	1.20	0.62	131.41	9.41	3.73	0.46	1.7
ぶな	13.34	1.02	0.53	108.17	18.34	8.63	0.62	1.9
みずなら	10.69	1.24	0.51	134.45	13.63	10.30	0.65	1.3
けやき	10.98	2.19	1.41	118.86	16.77	12.36	0.71	6.7
アピトン	21.48	1.21	0.48	163.48	8.14	5.10	0.66	―

[注] 引用文献をSI単位に変換

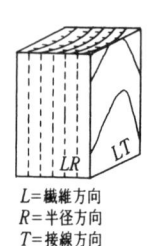

L=繊維方向
R=半径方向
T=接線方向

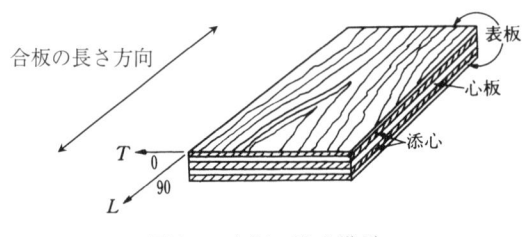

図3.4 合板の構成[10],[11]

　これに対し合板は，板目状に丸はぎした単板を交互に直交させながら奇数枚積層した表板と心板，添心板などで構成される材料であり，素材のもつ異方性が改善される．ただし，表板の繊維方向が合板の長さ方向になるように積層されるため，長さ方向のほうが幅方向より強度および剛性が高くなる．なお，直交積層のため，どの方向にも割裂しにくくなり，釘やボルトによるせん断耐力が増大する．図3.4に合板の構成を示す．

(3) 市販されている型枠用合板

　農林水産省告示1751号「合板の日本農林規格」（平成20年）では，合板のうちコンクリートを打ち込み，所定の形に成形するための型枠として使用する合板を「コンクリート型枠用合板」と定めている．コンクリート型枠用合板には，板面が素面のものと，表面または表裏面に塗装またはオーバーレイを施したもの（表面加工コンクリート型枠用合板）がある．

　日本農林規格では，板面の品質基準，接着の程度，含水率，曲げ剛性および寸法精度などを規定しているほか，ホルムアルデヒド放散量を表示するように規定している．曲げ剛性の適合基準を表3.4に，ホルムアルデヒド放散量の適合基準を表3.5に示す．

　上記「日本農林規格」は，単板の厚さ，積層数，構成比率および曲げ剛性の適合を規定しており，最低の品質が確保されている．ただし，日本農林規格に示された曲げ剛性の適合基準となるたわみ量は気乾状態の合板についての数値であるため，型枠として使用する場合には，湿潤による強度および剛性の低下を考慮しなければならない．表3.6に南洋材を原木として，通称「ラワン合板」として市販されている合板の気乾状態および湿潤状態の力学的性質を示す．湿潤状態では気乾状態の70〜90%の曲げ強度および曲げ剛性となっている．

表3.4 曲げ剛性の適合基準（日本農林規格）

表示厚さ (mm)	曲げヤング係数（GPa 又は 10^3 N/mm^2）	
	長さ方向	幅方向
12	7.0	5.5
15	6.5	5.0
18	6.0	4.5
21	5.5	4.0
24	5.0	3.5

表3.5 ホルムアルデヒド放散量の適合基準（日本農林規格）

単位：mg/l

表示区分	平均値	最大値
F☆☆☆	0.5 以下	0.7 以下
F☆☆	1.5 以下	2.1 以下
F☆	5.0 以下	7.0 以下

表3.6 気乾状態（A.D.）と湿潤状態（W）における強度の比較[10]

試験項目	厚さ (mm)	荷重方向								
		0°(∥)			90°(⊥)			45°		
		A.D	W	W/A.D	A.D	W	W/A.D	A.D	W	W/A.D
引張強さ (N/mm^2)	12	55.1	45.9	0.83	40.6	34.5	0.85	8.6	6.9	0.80
	15	42.6	37.6	0.88	40.4	32.6	0.81	6.7	5.3	0.79
	18	46.9	38.6	0.82	40.9	29.9	0.73	8.1	7.0	0.86
静的曲げ強さ (N/mm^2)	12	53.3	41.2	0.77	28.0	24.0	0.86	9.7	10.6	1.09
	15	44.3	31.6	0.71	33.3	22.5	0.67	9.4	8.7	0.93
	18	46.7	35.6	0.76	34.7	26.6	0.77	11.0	10.8	0.98
圧縮強さ (N/mm^2)	12	26.6	17.5	0.66	21.1	15.8	0.75	10.6	8.6	0.81
	15	22.6	12.5	0.55	25.2	14.1	0.56	9.1	6.7	0.73
	18	25.8	16.9	0.65	24.7	16.3	0.66	10.4	8.3	0.80
部分圧縮比例限度 (N/mm^2)	12	4.2	2.6	0.63	3.8	2.6	0.68	4.0	2.6	0.64
	15	4.0	2.6	0.63	3.8	2.3	0.60	3.9	2.5	0.64
	18	4.5	2.5	0.56	4.2	2.5	0.58	4.3	2.4	0.56
ボルト耐力 (N/mm^2)	12	14.5	10.7	0.74	10.7	10.1	0.94	11.6	10.6	0.92
	15	14.5	7.7	0.53	13.1	8.5	0.65	13.9	7.9	0.57
	18	14.7	9.5	0.65	13.7	10.7	0.78	14.2	9.3	0.66
曲げヤング係数 50 mm 幅試験体 (kN/mm^2)	12	9.5	8.5	0.89	3.0	2.8	0.96	1.2	1.0	0.86
	15	7.4	7.1	0.96	3.7	3.1	0.84	1.2	1.0	0.85
	18	7.5	6.4	0.85	4.1	3.3	0.81	1.4	1.1	0.81

［注］ W：14日間浸水
　　　引用文献をSI単位に変換

（4） 合板パネル

合板は，桟木などの枠材に合板を接合した合板パネルとして使用される場合が多い．合板パネルは，せき板である合板と内端太である桟木が一体となった材料である．従来は現場で加工して合板パネルにすることが多かったが，最近では工場で合板パネルに加工して現場に搬入することが多くなった．

合板パネルの強度的性質は，合板の種類，枠の種類および合板と枠の接合方法によって異なる．最も一般的と思われる桟木と合板の組合せによる合板パネルの曲げ強度は，合板パネルに取り付けた同じ数量の桟木単独の合計より増加するが，剛性は桟木の剛性和にほぼ等しくなる．合板パネルのたわみ実験の結果を図3.5に示す．実験結果[13]によれば，桟木4本と合板で構成される合板パネルの剛性は，桟木4本の剛性と等しいと見なすことができる．

合板パネルをせき板とする場合，その剛性は合板パネルの幅を桟木の本数で除した間隔を単位幅として配置したものと見なすことができる．

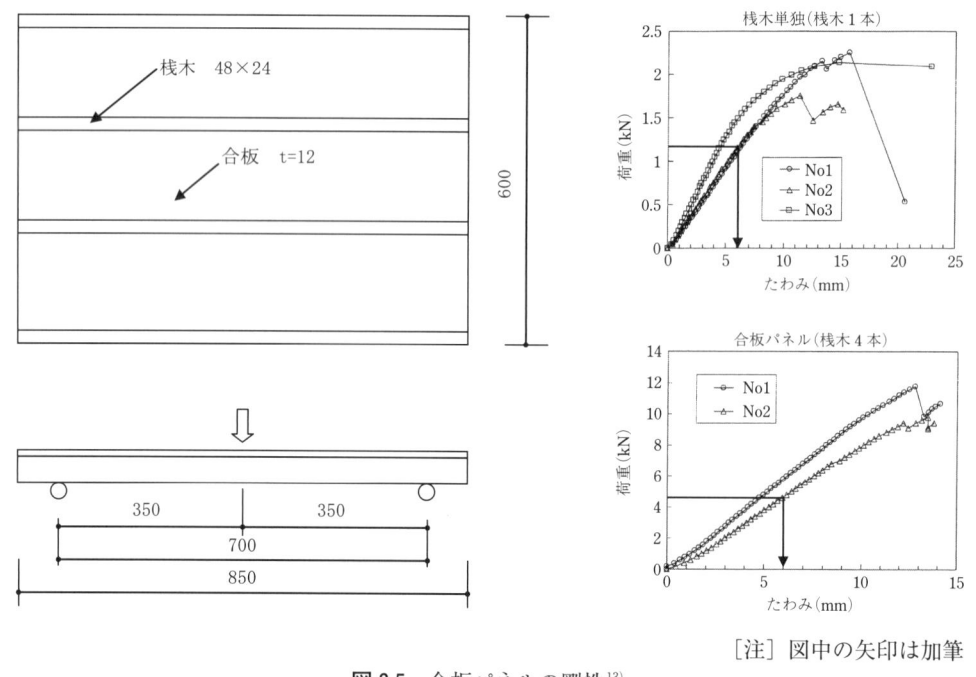

図3.5 合板パネルの剛性[13]

[注] 図中の矢印は加筆

3.2.3 金属製せき板

金属製のせき板として金属製型枠パネル（JIS A 8652），デッキ型枠が広く使われているほか，鉄板やメッシュがせき板として用いられている．

① 金属製型枠パネル

金属製型枠パネルは，金属製の面材と枠組材を組み合わせたもので，剛性が高く，耐久性に優れるとともに，コンクリート表面の仕上がりが平滑で，組立て・解体が容易などの特徴を有している．その反面，重量が大きい，保温性に欠ける，現場加工ができないため定尺ものに寸

法が合わないと使いにくいなどの欠点があり，使用にあたっては注意が必要である．

パネルに使用される金属の種類は鋼およびアルミニウム合金が主であるが，ステンレス鋼製のパネルも市販されている．アルミニウム合金製のパネルは，鋼製またはステンレス鋼製のパネルに比べ比強度が高く，同程度の剛性では重量は約半分である．パネルは平面用パネルとコーナー用パネルなどがあり，これらを組み合わせ，クリップ，ピンなどの金物類で固定して型枠を構成する．

市販されている金属製型枠パネルの外観の一例を図3.6に，面板の厚さとその許容差を表

表3.7　面板の厚さとその許容差

単位：mm

種類	面板の厚さとその許容差
鋼	2.0±0.2
アルミニウム合金	3.5±0.2

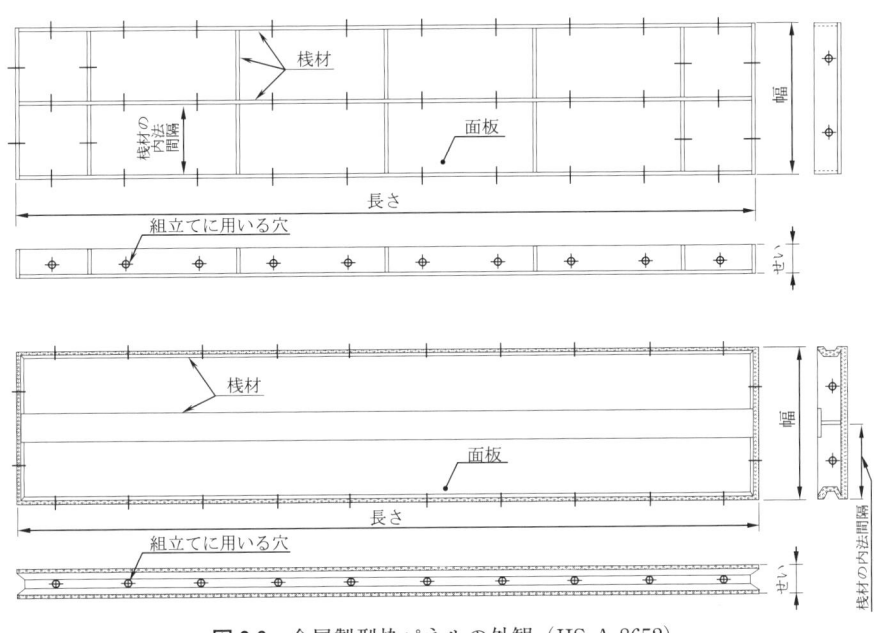

図3.6　金属製型枠パネルの外観（JIS A 8652）

表3.8　金属製型枠パネルの呼び方および寸法（JIS A 8652）　（単位：mm）

呼び方	幅×長さ×せい	呼び方	幅×長さ×せい	呼び方	幅×長さ×せい	呼び方	幅×長さ×せい
3018	300×1800×55	2018	200×1800×55	1518	150×1800×55	1018	100×1800×55
3015	300×1500×55	2015	200×1500×55	1515	150×1500×55	1015	100×1500×55
3012	300×1200×55	2012	200×1200×55	1512	150×1200×55	1012	100×1200×55
3009	300×900×55	2009	200×900×55	1509	150×900×55	1009	100×900×55
3006	300×600×55	2006	200×600×55	1506	150×600×55	1006	100×600×55

3.7 に,呼び方および寸法を表 3.8 示す.

② デッキプレート型枠

　床スラブ用の型枠では,支柱を使わずに施工できるデッキプレートが広く用いられている.デッキプレート型枠は薄鋼板を折曲げ加工して面外剛性を高めたもので,コンクリートと一体となって床スラブ構造体を構成する合成スラブ用デッキプレート,薄鋼板に浅い溝を付け鉄筋トラスと一体化した鉄筋付きデッキ,従来から使用されてきたデッキプレートの溝に配筋してデッキプレートと鉄筋コンクリートの曲げ耐力による複合スラブとして使えるデッキプレート,合板型枠代用として開発された上面が平らなフラットタイプのデッキプレート(フラットデッキ)がある.

　デッキ型枠は,支柱を大幅に減らすことができるなどの長所があり,床の型枠として急速に普及してきた.デッキ型枠については4章「一般型枠工法」で詳しく紹介する.

③ メッシュ型枠

　メッシュ型枠は,エキスパンドメタルなど金網をせき板として使用するものである.金網の目の大きさを工夫することでコンクリートの漏出を防ぎ,せき板として使用されている.基礎や地中梁など地下部分に使われるほか,打継ぎ部分のせき板としても採用されている〔写真 3.1,写真 3.2〕.

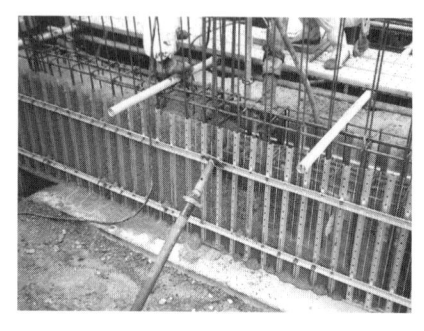

写真 3.1 メッシュ型枠(左:コンクリート打設時,右:コンクリート打設後)[14]

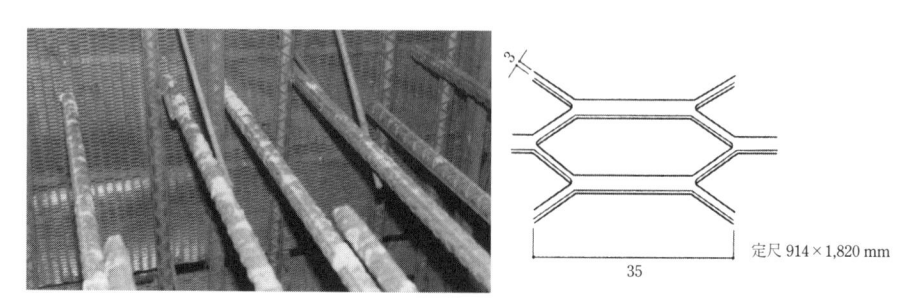

写真 3.2 メッシュ型枠の例(打継ぎ部分に使用した例)[14]

3.2.4 紙製せき板

円形のコンクリート構造物の型枠として使用する場合と，コンクリート構造物に円形の空洞を作る場合の2通りの使い方を目的とした紙製パイプが市販されている．ポリエチレンフィルムなどにより，パイプの内側に防水加工をしてあるタイプと外側に防水加工をしてあるタイプがある．

紙製せき板は，軽量，加工性が良いなどの特徴を有し，木材と同様に切断，釘打ちができる．市販されている紙製パイプの寸法，重量の一例を表 3.9 に示し，納まり例を図 3.7 に示す．

表 3.9 市販されている紙製パイプの寸法・重量の例[15] （定尺：4 m）

内 径 (mm)	50	75	90	100	125	150	175	200	250	300	350	400	450
外 径 (mm)	55	80	96	106	131	157	182	208	259	311	362	413	464
肉 厚 (mm)	2.3	2.6	3.0	3.0	3.2	3.5	3.5	4.0	4.5	5.3	5.8	6.3	6.8
重 量 (kg/4 m)	1.1	2.0	2.4	2.6	3.7	5.1	6.0	7.7	9.7	15	18	23	27

内 径 (mm)	500	550	600	650	700	750	800	850	900	950	1000	1100	1200
外 径 (mm)	514	565	616	666	718	769	819	870	920	970	1020	1126	1228
肉 厚 (mm)	7.7	7.7	8.0	8.0	9.0	9.3	9.5	10.2	10.2	10.2	10.2	13.0	14.0
重 量 (kg/4 m)	33	38	45	48	55	63	67	79	83	88	92	126	147

［注］ 内径 250 mm 以上は内面にフィルム加工

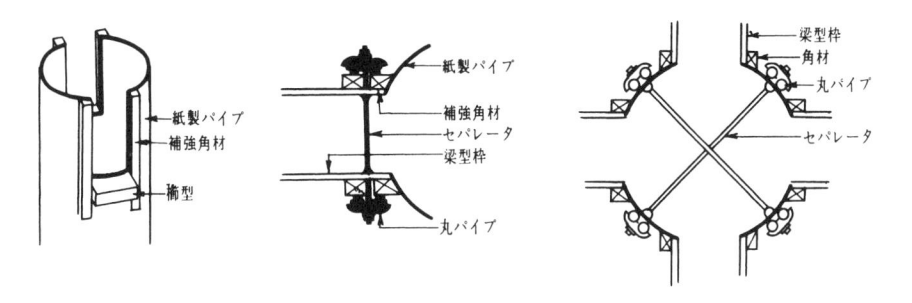

図 3.7 円形柱と梁との取合い部の紙製型枠の納まり例[15]

3.2.5 その他のせき板

型枠材料には，単にコンクリートを成形するためだけでなく，別の付加価値を得ることが要求されている．そのため，鋳型としての機能ばかりでなく，他の機能も合わせて具備している型枠が出現している．

コンクリートの表面に凹凸の模様を付けるためせき板にあらかじめ凹凸模様を付けたタイプ，コンクリート表面に凹凸をつけることでタイルのはく離防止を図るタイプ，断熱材とせき板を兼用したタイプ，吸水布などでコンクリートの余剰水を吸い取りコンクリートの表面性状およびち密性などを改善するタイプ，せき板にスリット・穴などを設け，余剰水を排出するタイプなどがある．タイルのはく離防止を図るものは MCR 工法と呼ばれ，せき板に凹凸のついた専用シートを取り付けておき，コンクリートを打ち込むことによりコンクリート表面に多数の蟻状の凹凸を設け，コンクリートの上に塗るモルタルとコンクリートとを機械的にかみ合わせることで，タイルのはく離を防止する工法である．

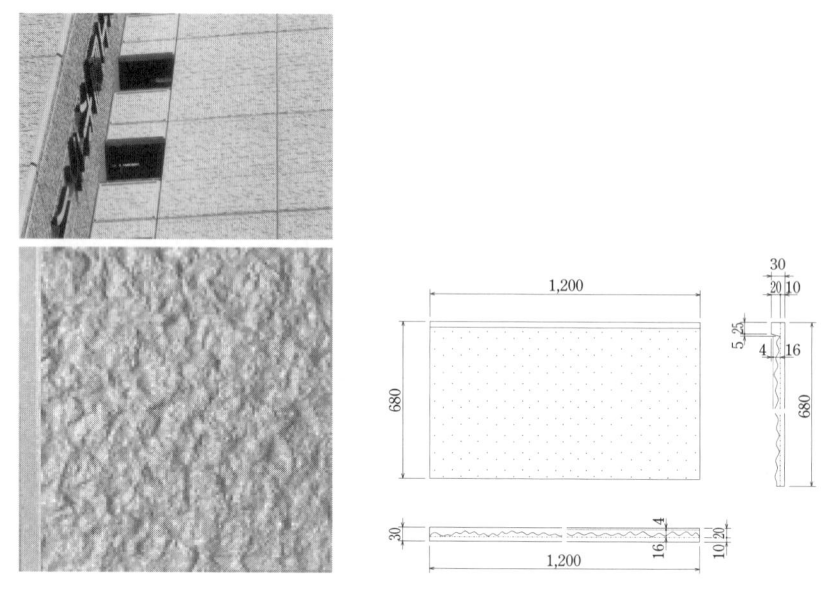

写真 3.3 樹脂化粧型枠の例[14]

図（イ）コンクリート打込み前
空気を内包した専用のシートを
型枠に取り付ける

図（ロ）コンクリート打込み後
コンクリートの側圧により凸部
がへこみ、蟻状の穴ができる

図（ハ）下地モルタル塗り後
下地モルタルがコンクリートと
機械的にかみ合う

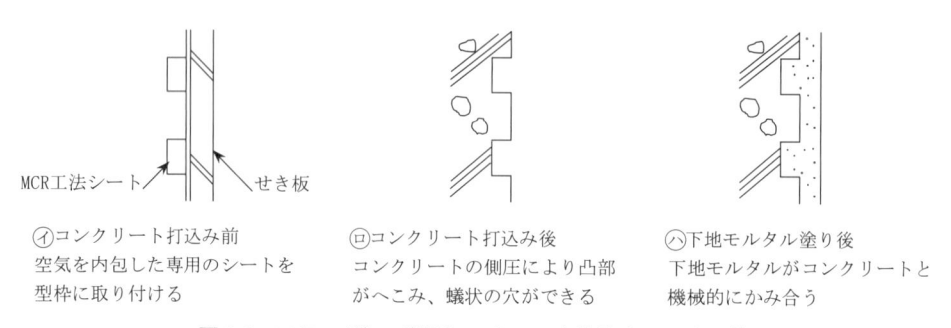

図 3.8 MCR 工法の手順とタイルはく離防止のしくみ[16]

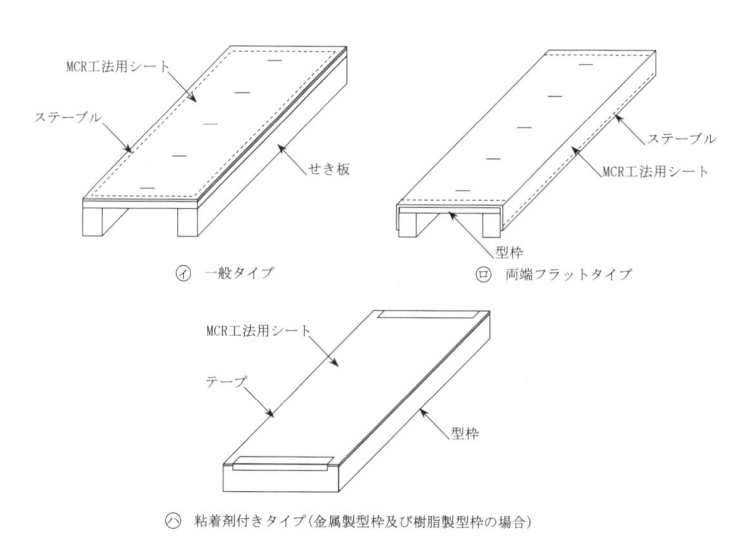

（イ）一般タイプ

（ロ）両端フラットタイプ

（ハ）粘着剤付きタイプ（金属製型枠及び樹脂製型枠の場合）

図 3.9 MCR 専用シートを合板パネルに取り付けた状態[16]

断熱材とせき板を兼用したタイプの型枠は，断熱材兼用型枠工法として，建設技術評価規定（昭和53年建設省告示第976号）に基づき国土交通大臣が評価した工法である．

また，型枠内の配筋状況の確認や打ち込まれるコンクリートの状況などが観察できるようにアクリル樹脂など透明な材料を用いたせき板や，明かり取りを目的とした半透明の材料を用いたせき板がある．

樹脂で本物の石材の表面の型取りを行い，これをせき板とすることでコンクリート表面に石材の表面の模様を再現する化粧型枠の例を写真3.3に，MCR工法によりタイルはく離を防止する仕組みを図3.8に，MCR専用シートの取付け例を図3.9に，断熱材兼用型枠工法を図3.10に，プラスチックを用いた型枠の例を写真3.4に示す．

さらに，マットスラブなど耐圧盤の上に敷き並べ，地下から染み出る湧水を流す空間を設けるために設置する湧水処理型枠の例を写真3.5に，コンクリートの打継ぎ部に設置する打継ぎ用エアチューブ型枠の例を写真3.6に示す．

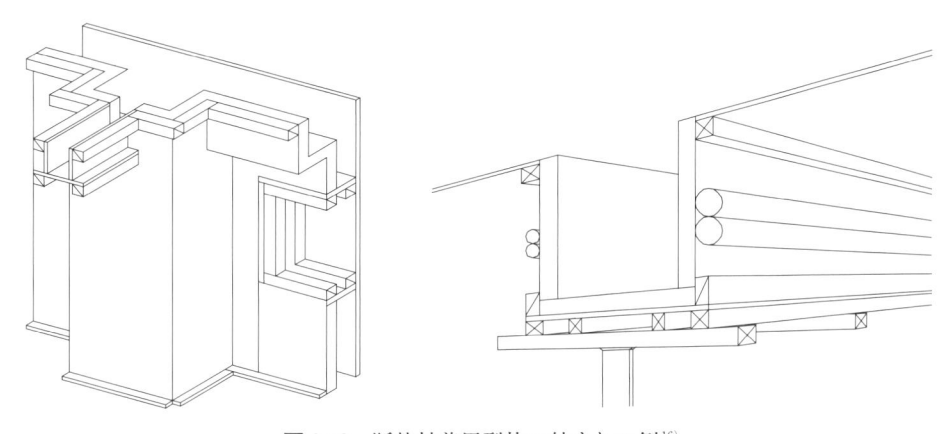

図3.10 断熱材兼用型枠の納まりの例[16]

写真3.4 プラスチック型枠の使用例

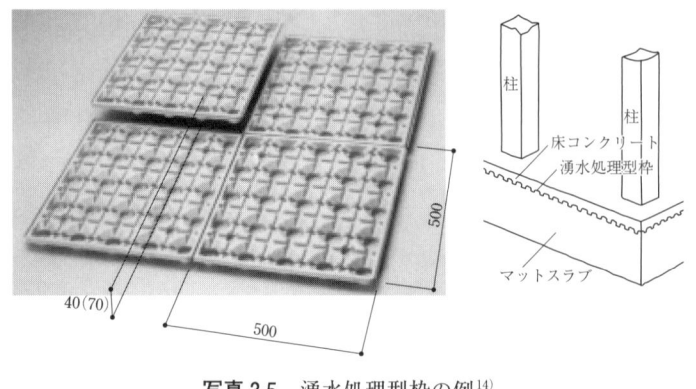

写真 3.5 湧水処理型枠の例[14]

写真 3.6 打継ぎ用エアチューブ型枠の例[14]

3.3 支保工

　支保工は，せき板を所定の位置に保持するための重要な機材である．現在の型枠工事は，軽量のものから重量のものまで，非常に多種多様な支保工を使い分けることによって進められている．梁や柱のせき板を固定する支保工としてコラムクランプやビームホルダーなどがある．型枠工事で使用される一般的な支保工を用途，性能，諸規準によって分類すると，図3.11のようになる．

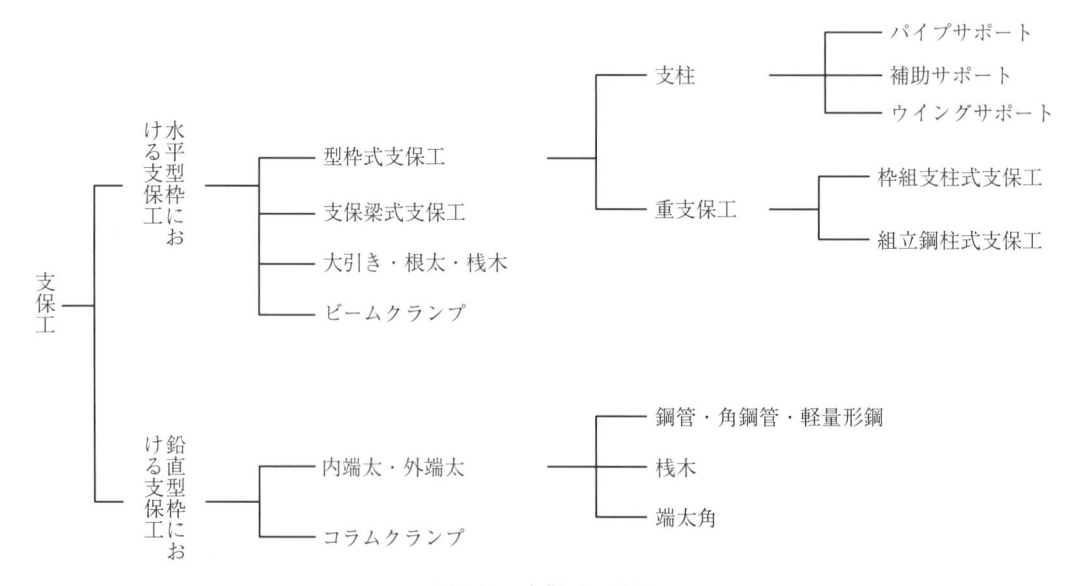

図 3.11 支保工の分類

3.3.1 支柱式支保工

（1） 支柱

　支柱は，支保工の中で重要な要素であり，コンクリート構造物の床板や梁底などに用いられていて，すべての鉛直荷重を支える役目を果たし，コンクリート部材が荷重に耐えられるようになるまで使用される．

　① パイプサポート

　　パイプサポートは，最も一般的な支柱で，差込管，腰管，ねじ管から構成され，比較的小さな鉛直荷重を支える場合に使用される．一般的形状を図 3.12 に，種類を表 3.10 に，パイプサ

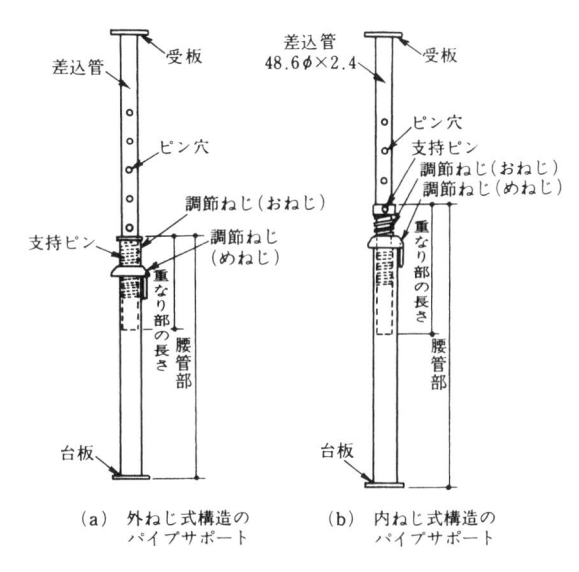

図 3.12　パイプサポートの形状[17]

表 3.10　パイプサポートの種類[17]

1. 最大使用長による種別区分	（単位：mm）
1 種	3850 以上 4000 未満
2 種	3350 以上 3500 未満
3 種	2950 以上 3100 未満
4 種	2550 以上 2700 未満
5 種	2200 以下

2. 構造
（1） 最大使用長＜4000 mm
（2） 腰管部の長さ≧最大使用長/2，該当式で計算し得られた値が 1600 mm を超えるときは，その長さは 1600 mm でもよい．
（3） 最大使用長における差込管と腰管部とが重なる部分の長さ
　　1） 最大使用長≧2500 mm のものは 280 mm 以上
　　2） 最大使用長＜2500 mm のものは 150 mm 以上
（4） 腰管：外径≧60.2 mm　肉厚≧2.0 mm
（5） 差込み管：外径≧48.3 mm　肉厚≧2.2 mm
（6） 支持ピンの直径≧11 mm

ポートの最大使用長と振幅の関係を図3.13に示す．パイプサポートの許容支持力は，水平つなぎの有無および材端条件により，表3.11のようになる．また，パイプサポートの組立てと補強の例を図3.14に示す．

水平つなぎを設け，有効な拘束が行われている場合の許容支持力は，パイプサポートの使用高さに関係なく，19.6 kNとすることができる．

ここでいう有効な拘束とは，高さ2m以内ごとに水平つなぎを二方向に設け，かつ，水平つなぎの変位を防止することをいう．

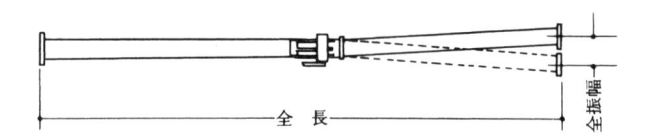

パイプサポートは，腰管部を固定して最大使用長の長さに伸ばした場合における受板の上端部の中心の全振幅の最大値が，最大使用長の55分の1以下の値となるものとする．

図3.13　パイプサポートの最大使用長と振幅の関係[17]

表3.11　パイプサポートの許容支持力　　　　単位：kN

材端条件	連係あり	連係なし 使用高さ（m）			
		2以下	2～2.5	2.5～3	3～3.4
上下端　木材	19.6	19.6	17.6	13.7	9.8
上　端　木材 下　端　仕上げコンクリート	19.6	19.6	18.6	16.6	14.7

［注］　上表中「連係あり」とは，パイプサポートについて高さ2m以内ごとに水平2方向に水平つなぎを緊結金具で取り付けることをいう．

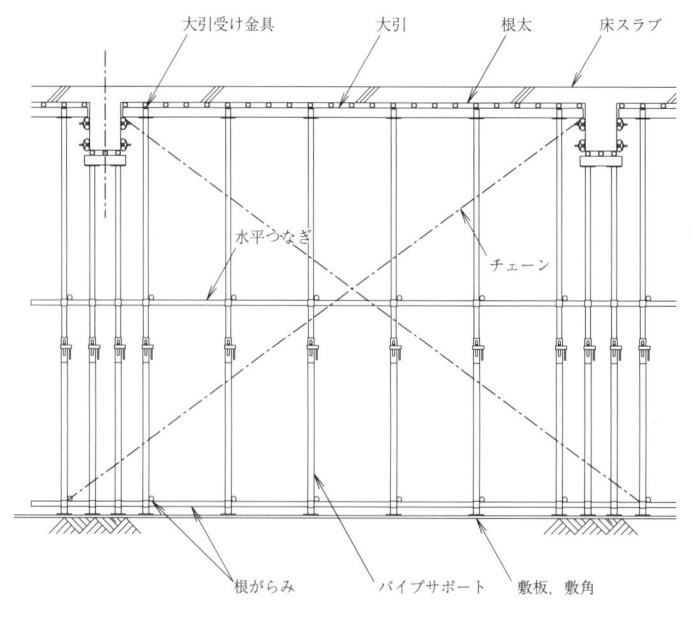

図3.14　パイプサポートの組立てと補強例

パイプサポートなどの構造・性能などについては，厚生労働大臣の定める規格（平成12年労働省告示第120号）があり，この規格に適合したものでないと，譲渡，貸与または設置してはならないとされている（労働安全衛生法第42条）．

しかし，いずれのメーカーもJIS認定工場にはなっていないのが現状であり，JIS製品そのものは市販されていない．一方，(社)仮設工業会ではパイプサポートに関する認定規準を設け，労働大臣の定める規格に製品が適合しているかどうかについて検査を行い，適合品については，製品に認定マークを貼り付けたものが市販品として流通している．そのため，JASS 5では，「(社)仮設工業会の定めた『仮設機材の認定基準』に適合するものを用いる」となっている．また，支持荷重が大きいサポートとして強力サポートがある．強力サポートは高抗張力鋼管製の支柱であり，主として建築地下工事および重量物運搬仮設通路下の支柱，地下鉄工事等の支柱，下水工事などの切梁，山留部材の仮設支柱等として利用される．一般の支保工におけるべた支柱として利用される例は少ない．

強力サポートの概観および断面性能を図3.15に，種類および許容荷重の例を表3.12に示す．(社)仮設工業会では「経年仮設機材の管理に関する技術基準」を定めており，パイプサポート，補助サポート，ウィングサポートなどは経年仮設機材として管理しなければならない．

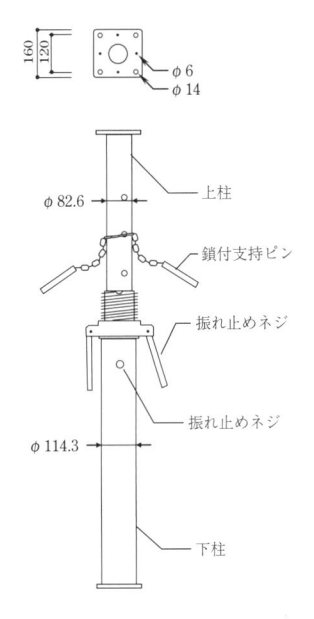

諸性能	上柱 $\phi 82.6 \times 6$ mm	下柱 $\phi 114.3 \times 3.5$ mm
断面積 A (cm^2)	12.04	12.18
断面二次モーメント (cm^4)	71.30	187.10
断面係数 (cm^3)	17.26	32.75
断面二次半径 (cm)	2.44	3.92

図 3.15 強力サポートの概観・断面性能

表 3.12 強力サポートの種類と許容耐力の例

記号	寸法 (mm)	質量 (kg)	許容荷重 (kN)
CH-50	3655〜5070	69.3	98
CH-40	2665〜4070	58.0	127
CH-32	1865〜3270	49.0	147
CH-24	1815〜2470	40.1	147

② 補助サポート

補助サポートは，パイプサポートに継ぎ足し，それを長くして使用する場合に用いる．補助サポートには，図 3.16 に示すように，パイプサポートの差込管に差し込むためのほぞをもった差込式とボルト・ナットでパイプサポートの受板に取り付けるための台板をもった台板式の 2 種類がある．パイプサポートと補助サポート併用の例を図 3.17 に，補助サポートの区分を表 3.13 に示す．

補助サポートの単体強度は大きいが，継ぎ足して使用する場合は，必ず規定どおりの水平つなぎをとらなければならない．補助サポートの材料・構造・強度などに関しては，労働省告示第 120 号「型わく支保工用パイプサポート等の規格第 7 条～第 11 条」（平成 12 年）が適用される．

補助サポートをパイプサポートに継ぎ足して使用する場合は，高さが 3.5 m を超えるため，水平つなぎを設ける．有効な拘束が行われている場合，その許容支持力は 19.6 kN とすることができる．

なお，パイプサポート等を継ぎ足して使用する場合は，労働安全衛生規則第 242 条の規定により 2 本までとし，継ぎ足し方法は，4 本以上のボルトまたは専用の金具を用いてつなぐこと

図 3.16 補助サポートの形状[17]

図 3.17 補助サポート併用の例

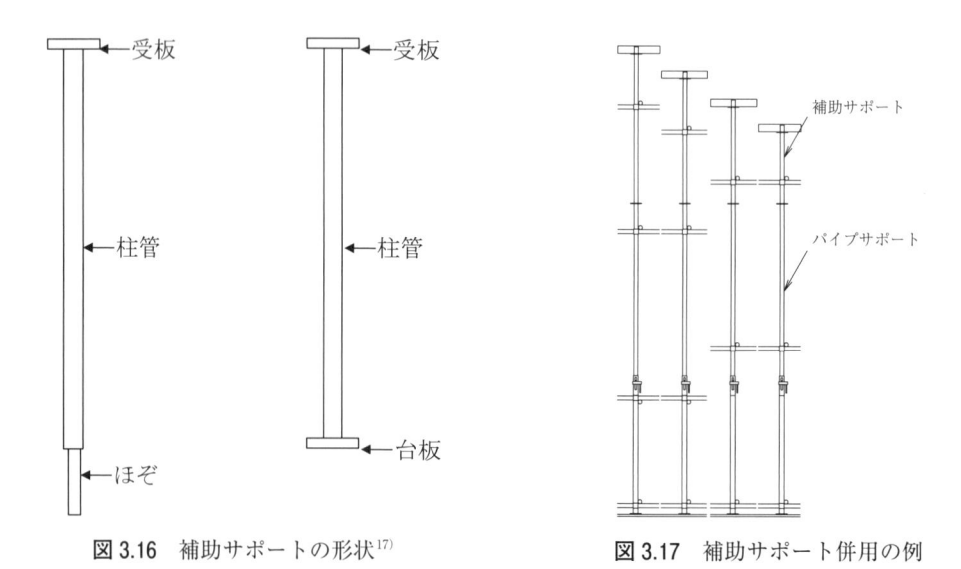

表 3.13 補助サポートの種類[17]

1. 使用長別種別区分	（単位：mm）
1 型	1750 以上 1800 以下
2 型	1450 以上 1500 以下
3 型	1150 以上 1200 以下

2. 構造
（1） 使用長＜1800 mm
（2） 主管：外径≧48.3 mm 肉厚≧2.2 mm

になっている．

③ サポート斜め受け部材

　屋根など斜めに設置される部材をパイプサポートで受ける場合，サポート斜め受け部材をパイプサポートに継ぎ足して使用する．サポート斜め受け材には，写真 3.7 に示すタイプのものと，ピボット型ベース金具がある．ピボット型ベース金具は，(社)仮設工業会の認定基準に適合するものを用いる．

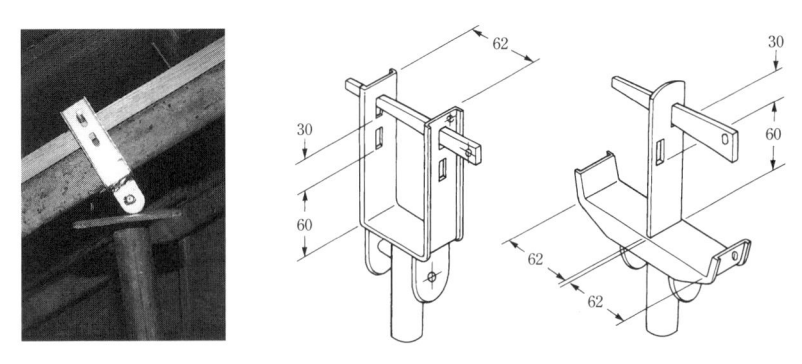

写真 3.7 サポート斜め受け部材の例

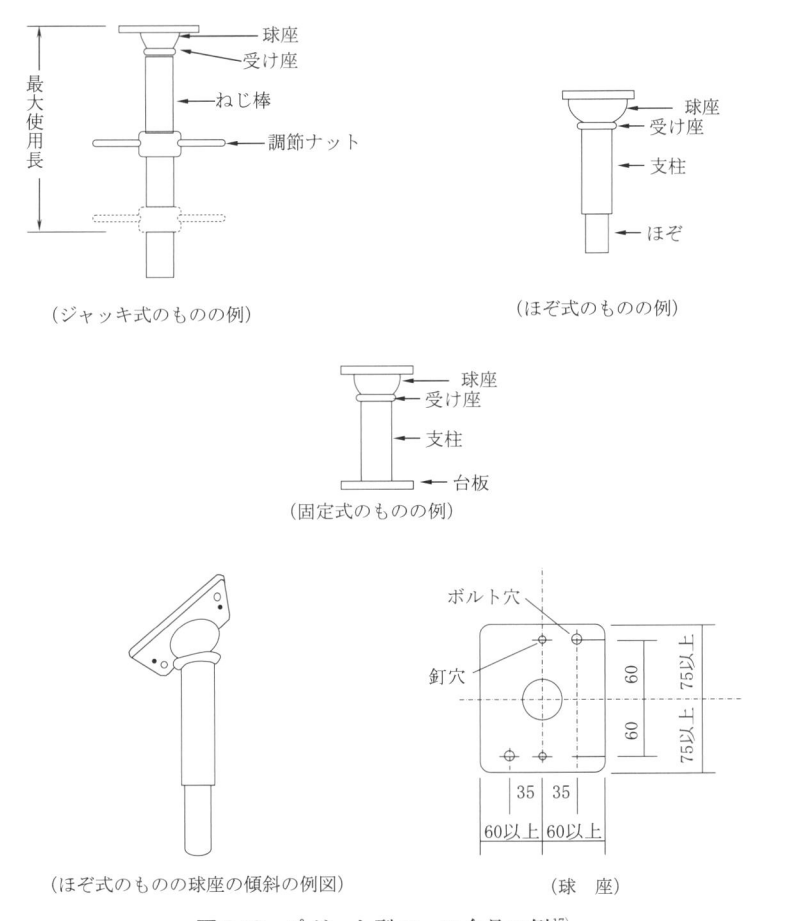

図 3.18 ピボット型ベース金具の例[17]

ピボット型ベース金具は，球座，受座およびこれらに接続された支柱，ねじ棒などから構成されている．ピボット型ベース金具の取付方法によって，ジャッキ式，ほぞ式および固定式の3タイプがある．図3.18にピボット型ベース金具の例を示す．

(2) 重支保工

① 枠組支柱式支保工

枠組支柱式支保工は，枠組足場用の建枠を組み，それを型枠支柱とするものである．組立て解体が容易で，迅速，安全性および作業バランスに優れ，しかも，支持力が大きく経済的であるなどの利点を有するが，小刻みな高さ調整には便利にできておらず，他の支保工との併用が多い．注意事項としては，脚部への配慮，脚柱上端の固定を確実に行うことや，根がらみや筋かい，水平つなぎの十分な配置〔図3.19, 図3.20〕などがあげられる．

② 組立鋼柱式支保工

組立鋼柱式型枠支保工は，支柱板までの高さが一般構造物より高く，かつ，大きい荷重を支持する場合の方式として使用される．鋼柱の構成は4本以上の柱で四構面を形成しており，高さの異なるユニットを次々に組み上げていくものであり，本体が軽量のわりには大きい荷重を支持することができる．根がらみ，首がらみ，中間水平つなぎ（高さ4m以内ごとに直角二方向）を設け，筋かいを配置し，柱脚部の安定性，支柱相互の連携，柱脚部の安定な固定，部材の強度の安全性とバランスなどにも十分に配慮して施工計画を立てなければならない．表3.14は組立鋼柱式支保工の部品名と形状，表3.15は試験結果，表3.16は断面性能を示したものである．図3.21, 図3.22 (a), (b) に水平つなぎ，筋かい，根がらみおよび首がらみを用いたねじれ防止のための水平筋かいの配置の例を示す．

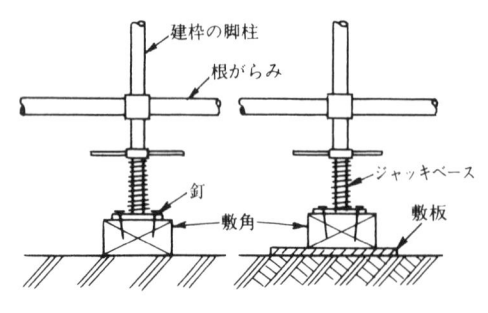

図3.19 枠組支保工の脚部の施工例[18]

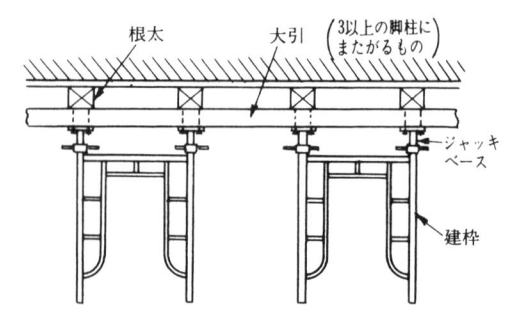

図3.20 枠組支保工の脚部上端の接合例[18]

表 3.14 組立鋼柱式支保工の部品名と形状

部 品 名	形状・寸法	備 考
ユニット柱 SHH-300 54.4 kg SSH-225 45.2 kg SSH-200 41.1 kg SSH-125 20.9 kg	2 000 (650, 1 250, 2 250, 3 000) 300	各寸法に合わせ，本体，ジャッキを組み合わせて使用する
ジャッキ SSJ-58 32.6 kg	280～580 300 305	調整範囲 280～580 mm
はり受金具 SSU-31 11.0 kg	305 150	ジャッキ頭部にセットする． 12°傾斜できるベースもある

表 3.15 組立鋼柱式支保工の試験結果[19]

試験体 \ 分類	降伏点 (kN)	最大荷重 (kN)	荷重 196.1 kN 時の たわみ量（mm）
図 (a)	441	575	1.23
図 (b)	422	561	1.37
図 (c)	402	553	1.50
図 (d)	294	504	2.53

［注］ 引用文献を SI 単位に変換

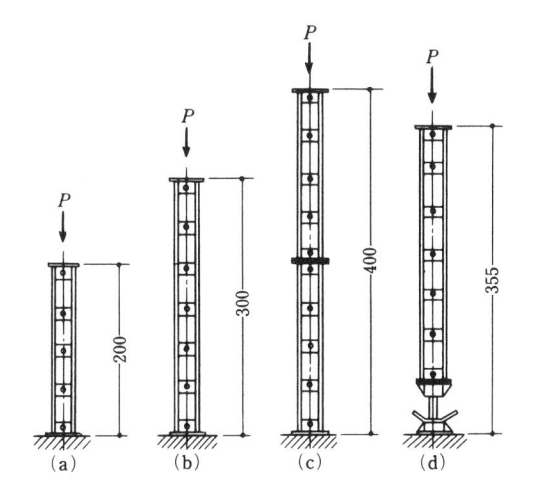

図 (a)：主柱 SS11-200 1 層
図 (b)：主柱 SS11-300 1 層
図 (c)：主柱 SS11-200 2 層
図 (d)：主柱 SS11-300 1 層

表3.16 組立鋼柱式支保工の断面性能[19]

断面積	1 393.2	(mm²)
断面2次半径	101.3	(mm)
断面係数	141.21	(×10³ mm³)
断面2次モーメント	1 430.50	(×10⁴ mm⁴)

[注] 引用文献の cm を mm に換算

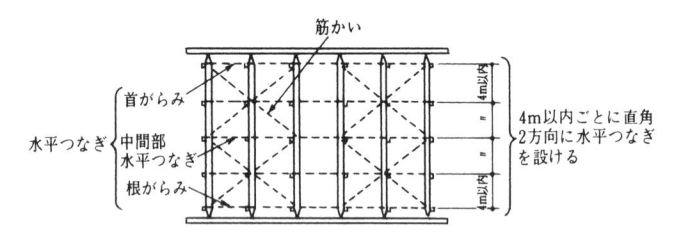

図3.21 組立鋼柱式支保工の水平つなぎの配置[19]

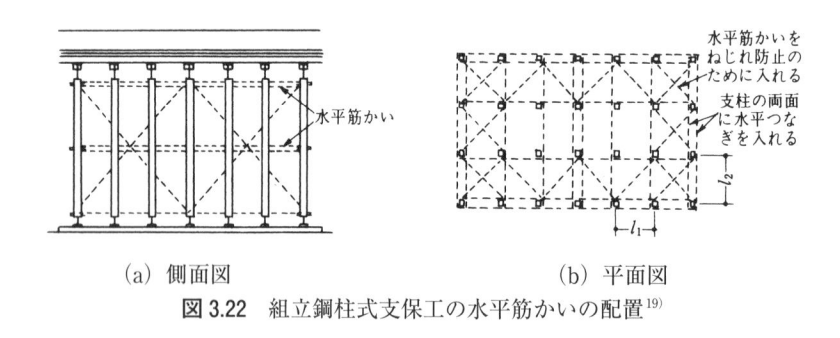

(a) 側面図　　(b) 平面図

図3.22 組立鋼柱式支保工の水平筋かいの配置[19]

3.3.2 支保梁式支保工

　支保梁式支保工は，支保梁の両端部を支柱で支持し，中間部の荷重を支保梁で受け，中間部の支柱を必要としないものである．スラブ下の中間部に支柱がないため，片付け清掃や墨出しなどのスラブ下の空間を利用した作業をコンクリートの養生期間に先行させることができる．鋼製支保梁

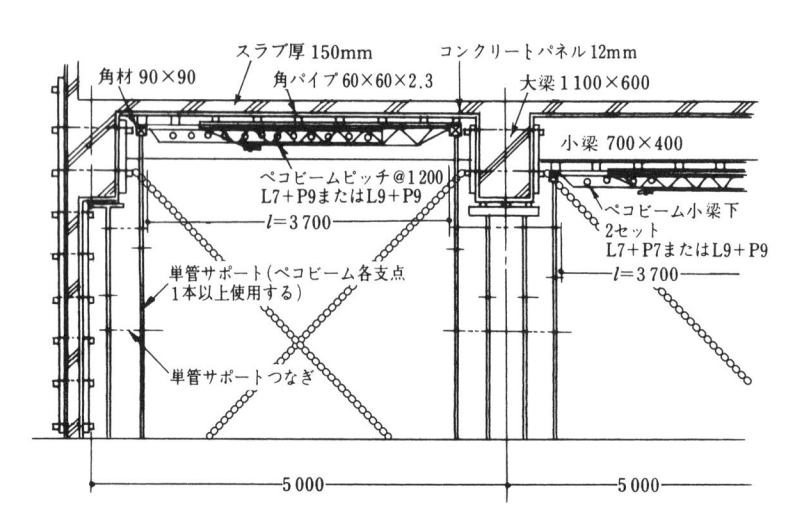

図3.23 軽量型支保梁によるスラブと小梁受けの施工例[19]

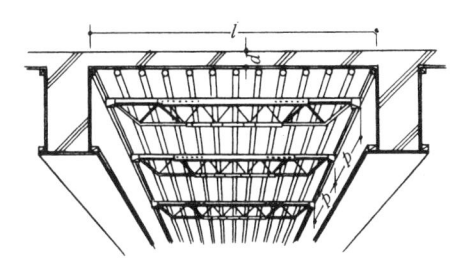

図 3.24 軽便型支保梁の施工例

は，スパンに対する寸法調整が可能であり，とくに階高の高い場合は有利である．種類としては，軽量支保梁と重量支保梁が主流であるが，このほか軽便型支保梁として数種類のものが市販されている．図 3.23 に軽量型支保梁による施工例を，図 3.24 に軽便型支保梁の施工例を示す．

最近では，フラットデッキ型枠の使用が増え，支保梁式支保工の使用は減少している．

3.3.3 大引・根太・桟木

大引・根太は，軽量で断面性能に優れた部材が使用され，鋼管または軽量溝形鋼，アルミ製大引

写真 3.8 アルミ製大引の例

表 3.17 各種端太材の寸法および断面性能（大引・根太共通）[20]

名　称	寸　法 (mm)	断面積 (mm^2)	単位質量 (kg/m)	断面2次モーメント $I_x(\times 10^4$ mm$^4)$	$I_y(\times 10^4$ mm$^4)$	断面係数 $Z_x(\times 10^3$ mm$^3)$	$Z_y(\times 10^3$ mm$^3)$	ヤング係数 (kN/mm^2)
丸パイプ	48.6×2.3	334.5	3.63	8.99	8.99	3.70	3.70	20.59
角パイプ	60×60×2.3	517.2	4.06	28.3	28.3	9.44	9.44	
角パイプ	50×50×2.3	425.2	3.34	15.9	15.9	6.34	6.34	
軽量溝形鋼	60×60×2.3	258.8	2.00	14.2	2.27	4.72	1.06	
リップ溝形鋼	60×30×10×2.3	287.2	2.25	15.6	3.32	5.2	1.71	
アングル	50×50×6	564.4	4.43	12.8	12.8	3.55	3.55	
角材	100×100	10000.0	8.00	833	83.3	167	167	6.86
二つ割端太	100×100/2	5000.0	3.00	417	104	83.3	41.7	
桟木	50×25	1250.0	0.75	26.0	6.5	10.0	5.0	
桟木	60×30	1800.0	1.08	54.0	14.0	18.0	9.0	

[注] 引用文献を SI 単位に変換

および木製角材などが使用されている．鋼管には，丸パイプと角パイプがある．丸パイプと角パイプの使用には地域性があり，丸パイプは主として関東を中心に，角パイプは主として関西を中心にそれぞれ使われている．また，合板パネルの補強材として桟木が使用されている．桟木の断面は，根太に合わせて，50 mm×25 mm または 60 mm×30 mm が一般的である〔表 3.17〕．

3.3.4 鉛直部材の型枠における支保工

鉛直部材の型枠は，コンクリートの側圧に抵抗して設計どおりの躯体形状を維持する器，すなわち鋳型であり，せき板，桟木あるいはフレーム，内端太，外端太および締付け金物などによって構成されている．

独立柱の場合は，クランプの使用などもあるが，一般的には，せき板と端太材から構成されている．

鉛直部材の型枠は，側圧の大小によって支保工のスパン，間隔，断面性能，精度および経済性の面から施工計画や設計が異なってくる．この項では，大型型枠やシステム型枠のように多くの部材を一体化した型枠を除いた，建築における鉛直部材の一般型枠について述べる．

（1） 内端太・外端太

壁型枠，柱型枠および梁型枠における端太材は，床板工法における根太・大引にあたる支保材であり，一般に内端太と外端太により構成される．端太材の方向により縦端太または横端太と呼ばれるが，壁型枠および柱型枠では，内端太が縦方向（縦端太）になり，外端太が横方向（横端太）になることが多い．内端太は，パネルの桟木，フレームおよびかまち（框）などが兼用される場合や丸パイプや角パイプなどの鋼製縦端太が使用される場合がある．最近では，壁型枠において図 3.25 に示すように人力で運搬可能な重量の範囲内で，階高に合わせた桟木付きパネル，フレーム付きパネルなどを使用し，必要となる剛性に応じて鋼製縦端太で補強するケースが多い．あらかじめ合板

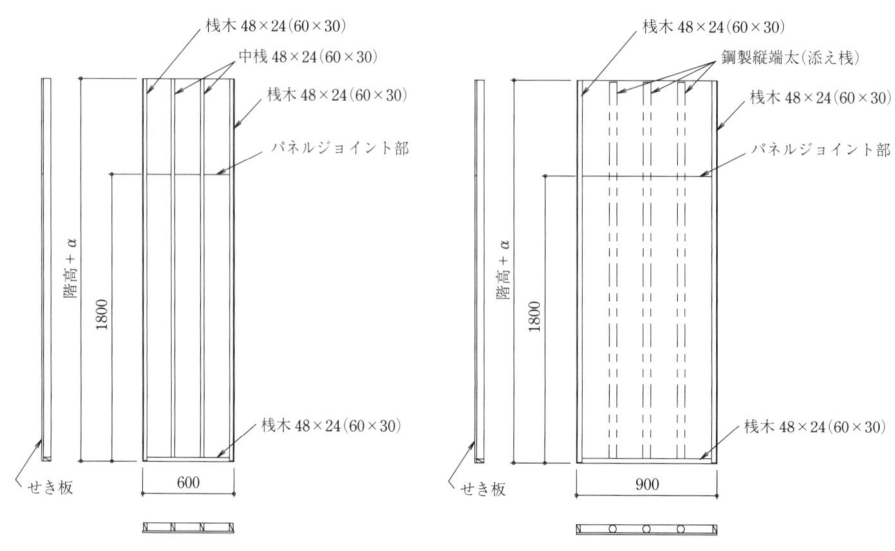

（a） 合板と桟木が一体となったパネル　　　（b） 合板と桟木フレームを鋼製縦端太で補強するパネル

図 3.25　パネル式型枠の例（外壁）

と内端太が一体化された合板パネルを使用する場合，特に外壁の場合などは，合板パネルを横並びに建て込むだけでせき板と内端太が設置された状態となり，外端太を添えて締付け金物で締め付けるだけで建込み完了となるので省力的であり，精度や転用率の向上につながり，工期の短縮，経済性の面で有効である．鉛直部材の型枠の支保工は，コンクリートの側圧の増減によって部材の断面を変えていくことはほとんどなく，一般に，端太材や締付け金物の間隔の調整によって組み立てられている．

(2) 独立柱用の支保工

独立柱の支保工としてコラムクランプ等がある．剛性の高い鋼材を使って柱の4辺を押える支保工であり，柱角部の開き防止にも有効である〔図3.26〕．

背の高い独立柱などでは，コラムクランプと柱のせき板を一体化した大型ユニットコラムクランプが採用されている〔写真3.9，写真3.10〕．

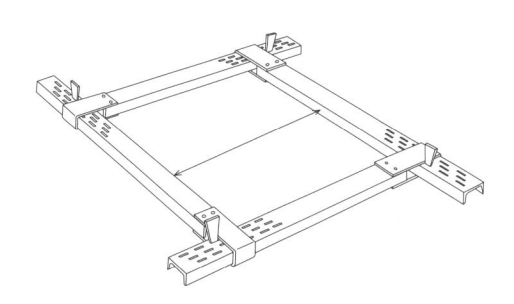

図3.26 コラムクランプの例[14]

写真3.9 コラムクランプの使用例

写真3.10 大型ユニットコラムクランプの使用例

(3) その他の支保工

その他の支保工としては標準化されたものは少なく,建入れ直しのためのサポートやチェーン,パット支保座,合板足場板を利用した支保座工法,端太材としてアングル鋼材を使用した工法などがある〔写真 3.11〕.

写真 3.11 建入れ直し用サポート

3.3.5 梁側用の支保工

梁の側面のせき板を固定する支保工としては,梁型枠傾倒防止金物がある.梁側のせき板の開き止めとして有効に働くので,デッキプレート型枠を採用する場合など梁側にスラブの荷重が作用する型枠には,より安全性が高い支保工として採用されている〔写真 3.12,写真 3.13〕.

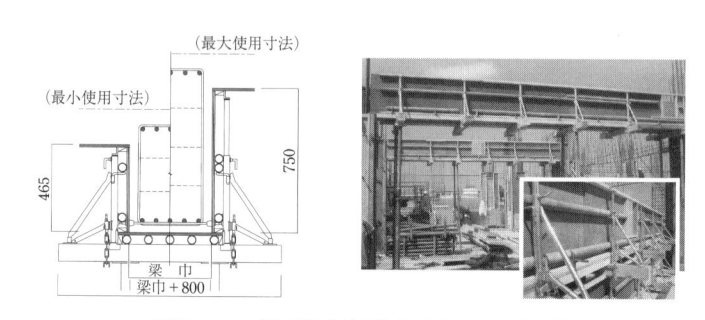

写真 3.12 梁型枠傾倒防止金物の例(1)[14]

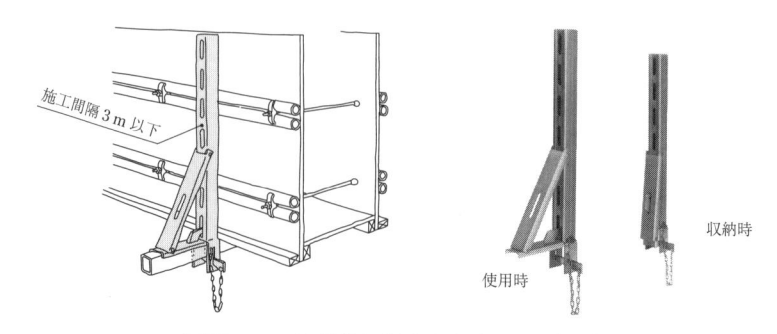

写真 3.13 梁型枠傾倒防止金物の例(2)[14]

3.3.6 大型型枠工法およびシステム型枠工法

大型型枠工法は，せき板と支保工を一体化して型枠の組立て・取外し作業の合理化を図った工法であり，転用性に優れている．柱や壁など垂直部材の大型型枠工法では，せき板，支保工に加えて足場も一体化したものがある．床スラブの型枠では，せき板，根太，大引および支柱を一体化し，さらに横移動を容易にするための車輪が組み込まれているものがある．これらの型枠工法をシステム型枠工法と総称している〔図 3.27〕．

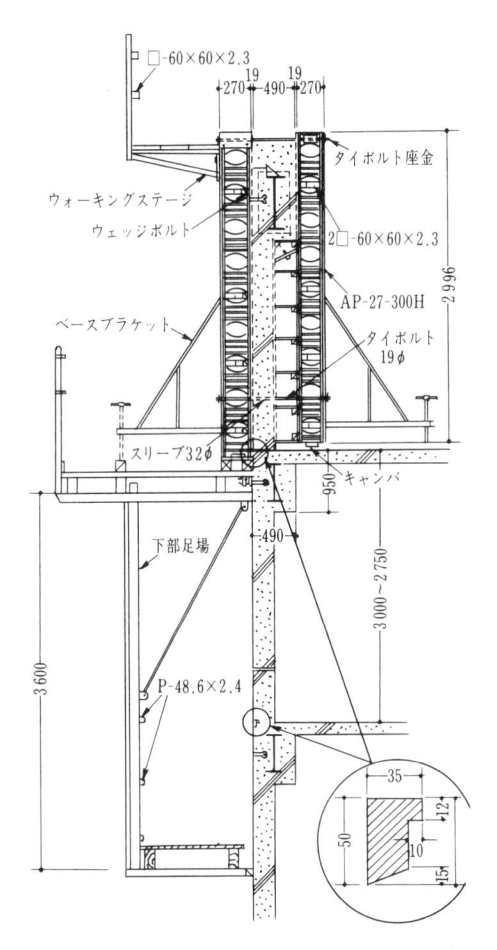

図 3.27 AP シャッタリング組立断面図[20]

(1) 柱用システム型枠工法

せき板，縦端太，横端太と斜めサポートを一体化し，さらにコンクリート打込み用のステージ足場を一体化した柱用システム型枠の例を写真 3.14，写真 3.15 に示す．このシステム型枠のせき板は特殊コーティングされた合板が使用されており，200 回程度の転用が可能であるとされている．さらに，大きな側圧に対応できる剛性を有し，50 mm 単位で柱サイズの変更に対応できること，組みばらしが容易で転用性に優れるなどの特徴がある．

写真 3.14 柱用システム型枠の例 (1)[21]

写真 3.15 柱用システム型枠の例 (2)[21]

(2) 壁用システム型枠工法

壁用システム型枠工法は，パネル，横桟（横端太）および縦桟（縦端太）に作業足場と養生手すりを取り付けて一体化した標準タイプのものがあり，標準化された建物で繰返し転用の利く場合などに採用されている．このような工法の場合，型枠全体の剛性を高めるために一体化されているので，せき板を除けば全て支保工と考えられる．写真 3.16 に壁用システム型枠の例を示す．この工法は非常に剛性が高く，締付け金物も上下2段だけになっており，外壁と内壁の区別なく同時施工できるシステムであり，精度が高くかつ転用率も高いという特徴があり，量産を目標とした型枠工法である．また，スラブ後打ちの VH 工法などを前提として計画されている．ただし，重量が大きいため，揚重機計画との密接な連携が必要である．このような型枠工法の目的は，省力化，量産化，経済性，安全性および高品質化などであるが，反面，建物の標準化が必要であり，小回りが利かず，入り組んだ作業には不向きである．

(3) 床スラブ用システム型枠

床スラブ用システム型枠は，基本的には，支柱やジャッキに支えられたスラブ型枠で，ジャッキアップあるいはジャッキダウンさせて，最終的に全装置をキャスターやローラーに託して引き出すことができ，クレーンなどにより運搬し，上階など次の工区への転用を考えた工法である．この工

写真 3.16 壁用システム型枠の例[21]

写真 3.17 床スラブ用システム型枠の例[21]

法は，フライングショアとか○○式ショアと呼ばれ，住宅都市整備公団（現　都市再生機構）では，RMF 工法と称して量産集合住宅用の工法として一般化が進められていた．フライングショアなど大型の床スラブ用システム型枠は，9 章「各種型枠工法」を参照されたい．

また，倉庫や配送センターなど階高が高く，空間が大きな建物用として各種の床スラブ用のシステム型枠が採用されている．床スラブ用のシステム型枠の例を写真 3.17 に示す．

（4）特殊型枠工法（機械式移動型枠工法）の支保工

型枠が高さ方向に対して連続的に移動し，コンクリートを連続的に打ち込む工法として滑動型枠工法や滑揚型枠工法などがある〔表 3.18，図 3.28～3.31〕．トンネルの巻立てなど長さに対する機械的移動型枠は，一般にトラベリング工法と呼ばれている．移動のメカニズムは各社各様である．工法の発祥当時はすべて手動式，人力式で，施工の速度も現在と比較にならないものであった．それが，機械化による自動化と油圧装置の進歩などにより，また，コンクリートの運搬技術，管理技術により，施工の速度は格段に速くなった．主に，サイロ，タワー，記念塔，給水塔類およびその他貯蔵施設などの建設に利用されている．こうした装置全体の中で支保工に相当するものはどれかということになるが，ヨーク，デッキ，足場など全て一体化の中で進められているので，型枠ユニット全体が支保工の役目を果たしている．そのうえ，形状・規模により設計も各様となるから，各部材の断面設計に関しては慎重の上にも慎重を期する必要がある．

表 3.18 滑動型枠工法の例[20]

建設会社名	工法名称	導入元
K 社	AHL・KELLOGG・SYSTEM	ドイツ，アメリカ
O 社	SVETHO-SYSTEM	スウェーデン，ハンガリー
T 社	G. S. B-SYSTEM	ドイツ
H 社	SIEMCRETE-SYSTEM	ドイツ
S 社	FLECLIP-SYSTEM	国産

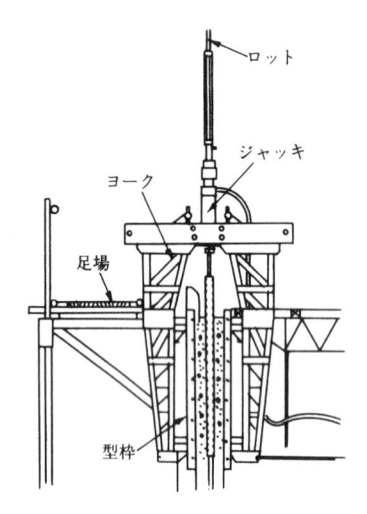

図 3.28 滑動型枠工法装置（例1）[22]

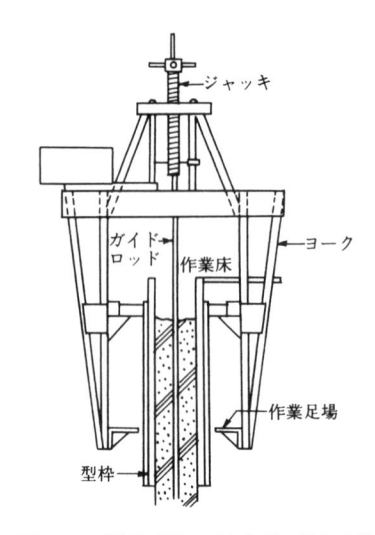

図 3.29 滑動型枠工法装置（例2）[20]

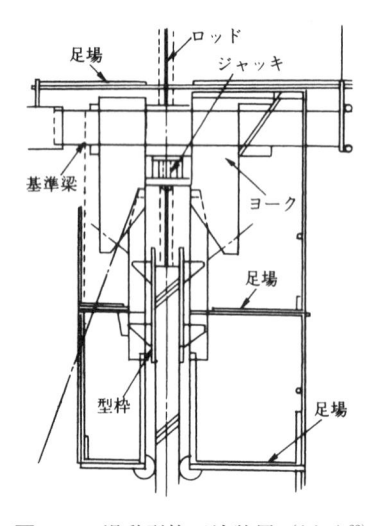

図 3.30 滑動型枠工法装置（例3）[22]

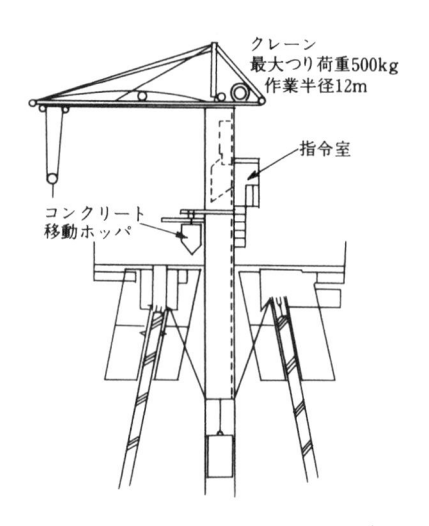

図 3.31 滑揚型枠工法装置の例[20]

3.4 締付け金物

　型枠の締付け金物は，本体，座金，コーンおよびセパレータからなり，その形状は端太材および締付け方法によりそれぞれ2種類がある．また，コンクリート面の仕上げの種類により打放し用とその他の用途に分けられる．図3.32に締付け金物本体，座金，コーンおよびセパレータの組合せを示す．

　締付け金物は，コンクリートの側圧を支え，かつ，型枠の精度を確保する機能が要求されることに加え，作業性が良いことが要求される．そのため，取付け，取外しが容易にできるようさまざまな工夫がされている．

　セパレータは，コンクリート打込み後にコンクリート中に残存するので，なるべく断面が小さく，構造物に悪影響を及ぼさない材料が要求される．

3章 構成材料 — 63 —

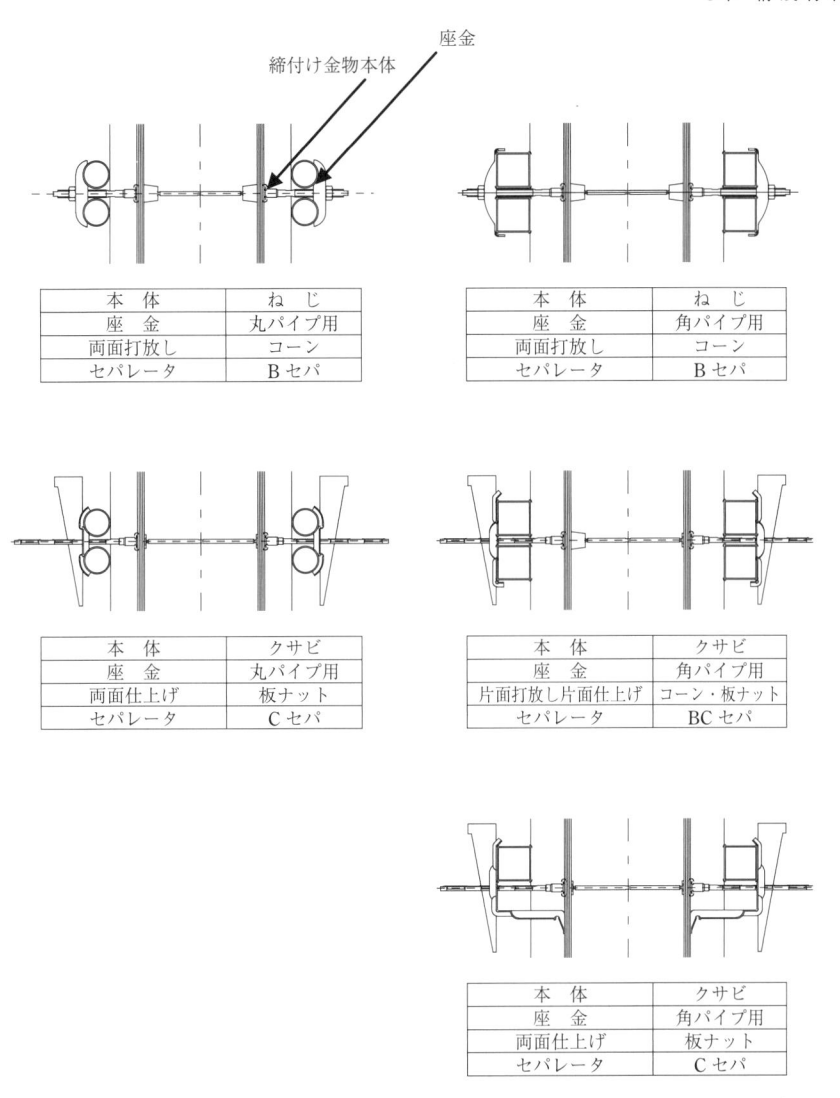

本　体	ねじ
座　金	丸パイプ用
両面打放し	コーン
セパレータ	Bセパ

本　体	ねじ
座　金	角パイプ用
両面打放し	コーン
セパレータ	Bセパ

本　体	クサビ
座　金	丸パイプ用
両面仕上げ	板ナット
セパレータ	Cセパ

本　体	クサビ
座　金	角パイプ用
片面打放し片面仕上げ	コーン・板ナット
セパレータ	BCセパ

本　体	クサビ
座　金	角パイプ用
両面仕上げ	板ナット
セパレータ	Cセパ

図 3.32　締付け金物の種類（本体，座金，コーンおよびセパレータの組合せ）

　また，締付け金物は，常水面下に使われる場合，受水槽や高架水槽などに使われる場合など，使用場所によっては，止水性能を求められる場合がある．セパレータの周囲が水道となり漏水につながるので，丸セパレータの中間に膨潤性のゴムによる止水板を設ける対策をとり，コーン抜取り後にシール材やプラスチックプラグを用いて機械的に止水するもの，コンクリートとの親和性の高い非加硫ゴムを用いて丸セパレータの中間の止水板と一体化させて止水するものなど，種々の工夫がされている．

3.4.1　締付け金物本体

　本体の種類はねじ式とクサビ式の2種類である．セパレータの太さに応じてW5/16とW3/8がある．締付け金物本体の種類を表3.19，図3.33に示す．
　また，型枠パネルに締付け金物の本体，座金を設置した状態でせき板の取外しができるよう工夫

表 3.19　締付け金物本体の種類

締付け方式	サイズ	呼　称	端太種類	本体長さ (mm)	座　金
ねじ式	W5/16 W3/8	2分5厘（φ7） 3分（φ9）	丸パイプ 角パイプ その他	150, 180, 210, 250, 310	ねじ式丸パイプ座金 ねじ式角パイプ座金 木製端太座金，ライトゲージ用座金
クサビ式	W5/16 W3/8	2分5厘（φ7） 3分（φ9）	丸パイプ 角パイプ	140, 160, 220	クサビ式丸パイプ座金 クサビ式角パイプ座金

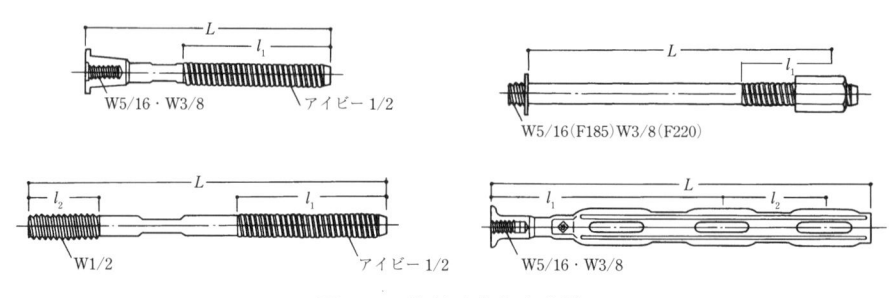

図 3.33　締付け金物本体[14]

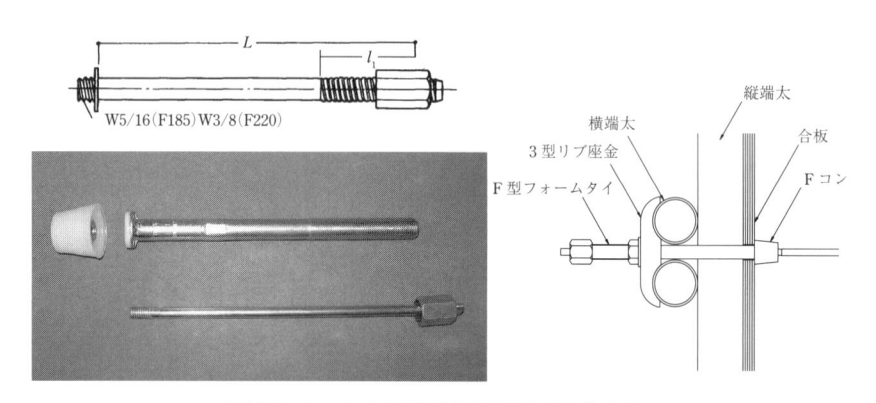

写真 3.18　在来大型型枠用締付け金物本体

された締付け金物本体を写真 3.18 に示す．この締付け金物本体は，主として大型型枠等に使用されている．

3.4.2　座　　金

座金の種類は丸パイプ用と角パイプ用の 2 種類が一般的である．また，締付け金物本体がねじ式とクサビ式の 2 種類あるのに対応した座金がある．特殊な座金として木材用やリップ溝形鋼用などがある〔写真 3.19〜3.21〕．

3章 構成材料 —65—

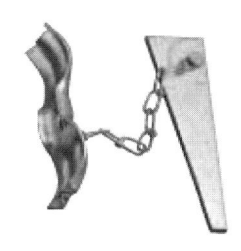

写真 3.19 丸パイプ用座金（左：ねじ式　右：クサビ式）

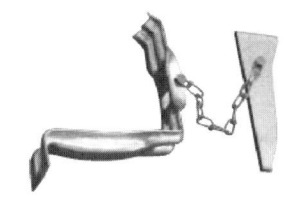

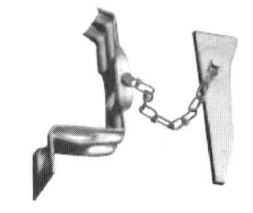

写真 3.20 角パイプ用座金　　写真 3.21 特殊な座金（左：木材用　右：リップ溝形鋼用）

3.4.3 コーン

コーンはコンクリート表面が打放し仕上げの場合に，セパレータ端部に取り付け，コンクリート打設後に除去・穴埋めすることによりセパレータ端部がコンクリート面に露出するのを防ぐための部材である．コンクリート表面からセパレータ端部までの所要のかぶり厚さに応じて，コーン高さ

表 3.20 コーンの種類の例[14]

コーンの種類	形状	寸法（mm）				かぶり厚さ（mm）
		D1	D2	L1	L2	
プラスチックコーン		24	30	25	15	25
					25	
					29	
					36	
		24	38	50	24	35
				65	25	50
				85	24	70
		32	50	70	—	50
				90		70
高強度タイプ プラスチックコーン		24	30	25	25	25
テーパ付き プラスチックコーン		24	—	—	—	25

写真 3.22 既成モルタルコーン[14]

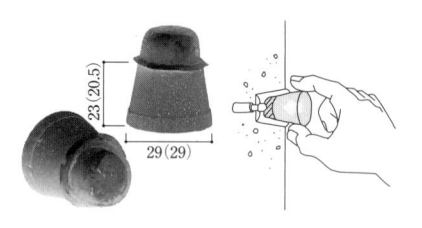

写真 3.23 接着剤付きコーンの例[14]

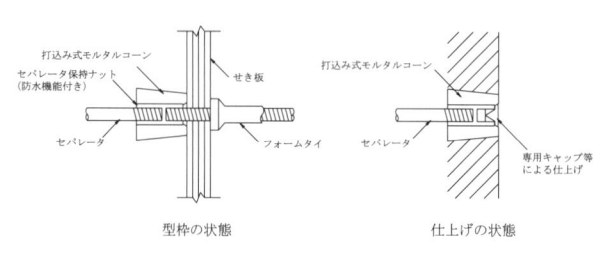

図 3.34 打込み式コーンの例[16]

の種類が多く品揃えされている．コーンの種類の例を表 3.20 に示す．また，締付け金物を躯体に対して斜めに配置する時に用いるテーパー型コーンがある．

これらのコーンはせき板を取り外した後に取り外し，穴をモルタルなどで埋める．穴埋めの簡便性を高めるために接着剤で固定するタイプの既成モルタルコーン，接着剤付きモルタルコーンや止水性を高めるための打込みコーンなどの製品もある．

写真 3.22 に既成モルタルコーンを，写真 3.23 に接着剤付きコーンを，図 3.34 に打込み式コーンを示す．

3.4.4 セパレータ

セパレータは，相対する 2 面のせき板の距離を一定に保つために設置されるボルトである．コンクリート表面の仕上げに応じて，打放し用（B 型）および仕上げ用（C 型）がある．B 型は，ボルトの両側にコーンを取り付けて使用する．C 型は，ボルトの両側に座金を取り付けて使用する．片面が打放し面で他面が仕上げ面の場合には，B 型と C 型を片側ずつ用いる BC 型を用いる．ボルトの直径は 7 mm（W5/16）と 9 mm（W3/8）の 2 種類がある．セパレータに使用する材料は，一般的には SS450 相当の材料であるが，高強度タイプのセパレータとして $\phi 7$ mm の太さで $\phi 9$ mm の太さ相当の強度を有するものがある．いずれも伸線加工を行い高強度で伸びが少ない．ねじ部の加工は，ねじ部の強度が安定していて断面性状が良い転造ねじで加工している．セパレータとコーンを組み合わせて使用する際，セパレータの強度で全体の耐力が決まるのが望ましいが，使用する材料によってはコーンの耐力が小さくなってしまう場合がある．セパレータとコーンを選定する場合，おのおのの引張強度を確認して使用する．

セパレータ，コーンおよび座金との組合せを表 3.21 に，セパレータの引張強度を表 3.22 に示す．また，市販されているコーンの引張強度を試験した結果を表 3.23 に示す．

表3.21 セパレータ，コーンおよび座金との組合せ

セパレータの種類	
打放し＋打放し B型	打放し　　打放し
仕上げ＋仕上げ C型	仕上げ　　仕上げ
打放し＋仕上げ BC型	打放し　　仕上げ

表3.22 セパレータの引張強度

規格サイズ	最大引張強度 (kN)	許容引張強度 (kN)
φ7 (W5/16)	20 以上	14
高強度 φ7 (W5/16)	30 以上	21
φ9 (W3/8)	30 以上	21

表3.23 コーンの引張強度 (W5/16)[13]

プラスチックコーンの種類	引張強度 (kN)
O社製	24.70
B社製	24.13
C社製	22.60
高強度タイプ　O社製	32.77

3.5 その他の材料

(1) 梁型枠用セパレータ

梁の型枠は，図3.35に示すように，梁のせき板を組み立てた後に先組みした梁筋を型枠内に降ろして設置するのが一般的である．その際，梁側のせき板を留めるためのセパレータが先に付いていると梁筋とセパレータが干渉して梁筋を降ろすことができない．そのため，梁筋を設置した後に簡便にセパレータを取り付けられるように工夫された梁型枠用セパレータがある．また，外周梁と外周壁型枠の最上段のセパレータはスラブ型枠と干渉する．スラブ型枠上にスラブ引き金物を釘止めしてセパレータを取り付ける．

(2) セパレータ締めすぎ防止具

セパレータを締めすぎるとせき板が内側に変形して部材の断面寸法が不足することがある．セパレータの締めすぎを防止するため，せき板と横端太の間に挟むセパレータ締めすぎ防止具がある．写真3.24にセパレータ締めすぎ防止具の例を示す．

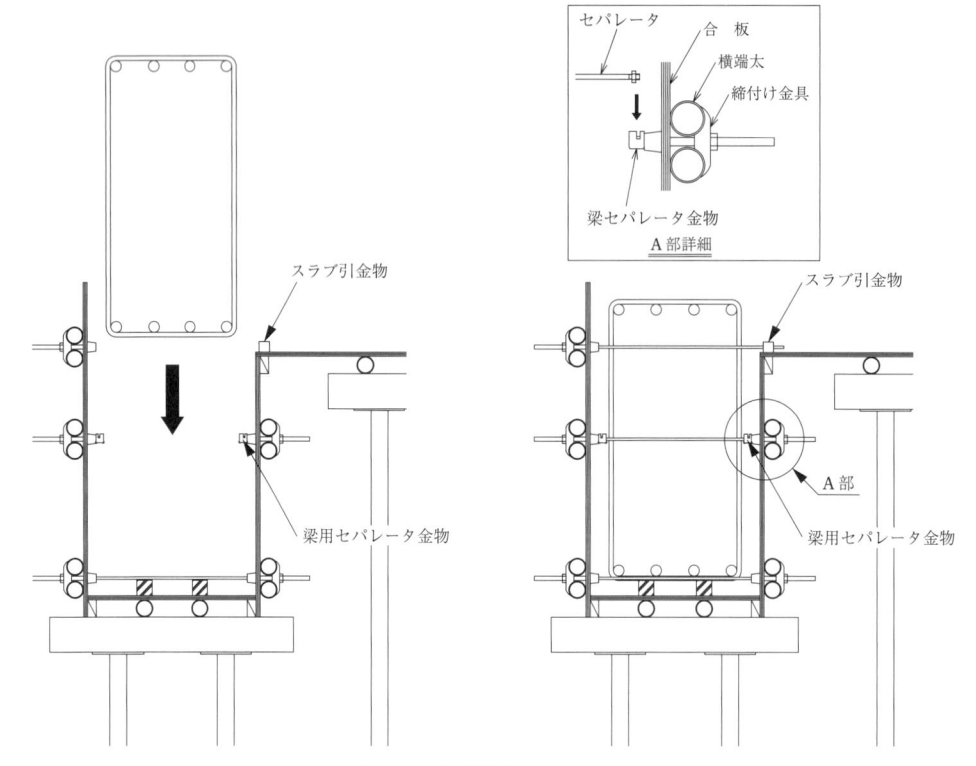

図 3.35 梁型枠用セパレータ

写真 3.24 セパレータ締めすぎ防止具[14]

(3) セパレータ用止水板

コンクリートに打ち込まれたセパレータの下面にすき間が生じて漏水の原因になることがある．セパレータの中間に挟んで漏水を防止するためのセパレータ用止水板がある．水に触れると膨潤す

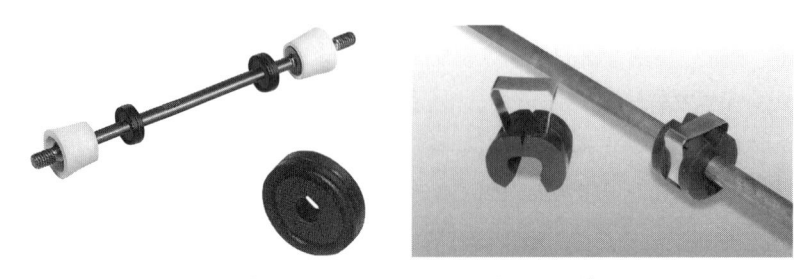

写真 3.25 セパレータ用止水板の例[14]

る水膨潤ゴムが使われている．写真 3.25 にセパレータ用止水板の例を示す．

（4） 浮き型枠支持金物

　パラペットやバルコニー手すり壁など床スラブから立ち上がる部材のコンクリートを床スラブと同時に打ち込む場合に，浮き型枠として型枠を組み立てる．その場合に使われるのが浮き型枠支持金物である．写真 3.26 に浮き型枠支持金物の例を示す．

（5） 構造スリット用材料

　構造スリットを設ける際に，コンクリート躯体に埋め込む材料として構造スリット用材料がある．これは，せき板に固定された目地棒に嵌合する力骨部と，ロックウールやフェノールフォームなどの耐火材で構成されるスリット材からなる．構造スリットに要求される性能としては，層間変形性能，耐火性能，防水性能および遮音性能などがあり，これらの要求性能に応じて適切なタイプの構造スリット用材料を選定する．

　構造スリット用材料には，両側に目地棒が設置されるタイプと片側にのみ目地棒が設置されるタイプがある．片側に目地が設置されるタイプは，外壁側に防水性能が要求され，内壁側はそのまま仕上げ下地となる場合に使用される．図 3.36 に垂直スリット用材料の例を，図 3.37 に水平スリットの例を示す．水平スリット用材料には，使用される部位の雨掛りの条件などに応じて一般タイプと段差タイプがある．

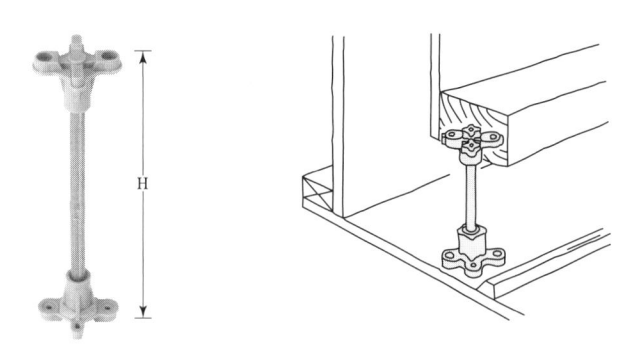

写真 3.26 浮き型枠支持金物の例[14]

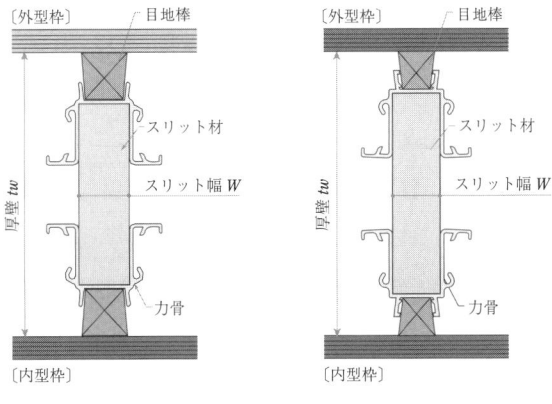

(a) 両側目地タイプ　　　(b) 片側目地タイプ

図 3.36 垂直スリットの例[14]

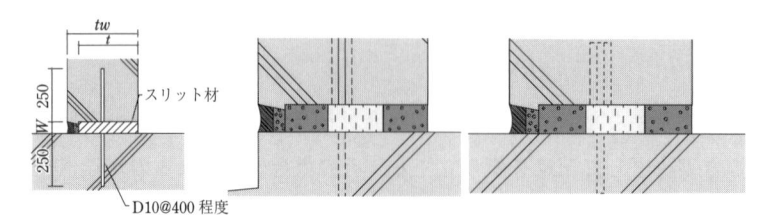

(a) 一般タイプ
　　片側にバルコニーがある外壁などに使用されるスリット用材料

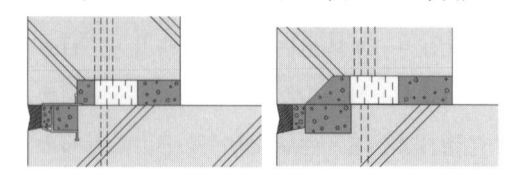

(b) 段差タイプ
　　雨掛りの外壁などに使用されるスリット用材料

図 3.37 水平スリット用材料の例[14]

3.6 はく離剤

　はく離剤は，せき板とコンクリートの付着力を減少させ，脱型時にコンクリート表面や型枠の損傷を少なくし，脱型後のせき板の清掃（けれん）を容易にするため，せき板の使用のたびに，せき板がコンクリートに接する面に塗布する材料である．はく離剤は脱型および清掃を容易にし，かつ，コンクリートの品質および仕上材の付着に有害な影響を与えないものとする．また，はく離剤は，型枠の洗浄や雨水によって流出することがあるが，土壌など周辺環境への影響を少なくするものとして，生分解性があることを特徴としているものがある．はく離剤の種類は豊富であるが，主成分によって分類すると油性系・樹脂系・ワックス系などに大別される．使用実績では油性系が大部分を占めているのが現状である．油性系のはく離剤の主成分は鉱物油または動植物油であるが，

表 3.24 はく離剤の分類

分類		用途および目的	適用型枠				
			鋼製	合板	塗装合板	アルミ・ステンレス	二次製品
油性系	原液使用	万能型（普及型より防錆・脱型力が優れる）	◎	◎	◎	○	○
		普及型	◎	◎	◎	○	○
	水溶性（水で希釈）	合板型		◎	○	○	
		発砲スチロール型		○			
ワックス系	原液使用	鋼製・アルミ・ステンレス用	○		○	◎	
		二次製品用	○		○	○	◎
樹脂系	原液使用	合板用（コート剤）		◎			

［凡例］ ◎：最も適している，○：適している

原液を使用するタイプと水で希釈して使用する水溶性のタイプに分類される．

ワックス系のはく離剤は速乾性でダレが少ないため金属系のせき板に適している．

樹脂系のはく離剤は，合板の表面に樹脂皮膜を形成するタイプのもので，合板の転用性を著しく向上させる場合に使用される．

はく離剤の種類によっては，コンクリートの変色・硬化遅延・硬化不良，仕上材の付着不良，表面に気泡などをもたらすことがある．使用に際しては，製造業者が品質を保証した，実績が豊富でコンクリートに悪影響を及ぼさないことが確認されているものを用いるとよい．

主に使用されているはく離剤の分類を表3.24に示す．

参考文献

1) 近藤基樹：型枠用合板の問題点とこれを用いる場合の諸注意，セメントコンクリート，No.277, 1970.3
2) 亀田泰弘監修：新版合板型枠工法，建築技術，No.177, 1968.2
3) 高橋久雄・青木一郎：合板型枠による硬化不良の検討，施工，1969.11
4) 近藤基樹・宮本惣一：木製型枠によるコンクリート表面の硬化不良現象における紫外線の影響について，日本建築学会論文報告集，69号，pp.185-188, 1961.10,
5) 南亨二・近藤基樹ほか：シナ材などによる打ち放し表面の硬化不良現象について，日本建築学会論文報告集，66号，pp.173-176, 1960.10
6) 善本知孝・南亨二：木材の光分解，木材学会誌，pp.376-379, Vol.22.6, 1976
7) 善本知孝・南亨二：熱帯50種のセメント硬化阻害作用，木材工業，Vol.30.1, 1975
8) 今村博之ほか：木材利用の化学，共立出版，1983
9) 善本知孝：木質セメント板に適する材の簡単な選別方法，木材工業，Vol.33.1, 1978
10) 山井良三郎：型枠用標準合板の強度的性質，建築技術，No.177, 1966.4
11) 平井信二，福岡邦典ほか：新版合板，日本合板工業組合連合会，1967
12) 山井良三郎：素材および合板の強度的性質について，コンクリートジャーナル，Vol.4, No.5, 1966.5
13) 小柳光生ほか：合板パネルとセパレータの強度に関する一考察，日本建築学会関東支部研究報告集，pp.9-12, 2008.3
14) 岡部株式会社：カタログ
15) フジモリ産業株式会社：カタログ
16) 公共建築協会，建築工事監理指針，2010
17) 仮設工業会：仮設機材構造基準とその解説（労働大臣が定める規格と認定基準），2007
18) 内藤静夫・永見恵二：わかりやすい建築技術―型枠の材料と合理化工法，鹿島出版社，1985
19) 仮設工業会：型わく．支保工工事実務マニュアル，1977
20) 高橋昌：建築型枠工法マニュアル，建築技術，1981.6
21) Doka Japan株式会社：カタログ
22) 彰国社編：建築生産技術辞典，施工，1987

4章　一般型枠工法

4.1　一般事項

　型枠は，コンクリート構築物の形状・寸法の保持およびコンクリートが流体から固体に至る反応のプロセス時に作用する内的・外的環境から保護するためのせき板と，せき板を所定の位置，形状および寸法に確保するための支保工からなる．したがって，型枠工事で採用するせき板や支保工，あるいはそれらを工事合理化のために組み合わせた工法の選定に誤りがあると，型枠崩壊といった事故のみならず，コンクリート構築物の品質低下をきたすことになる．そのため労働安全衛生規則では，「第2編第3章　型わく支保工」において，型枠支保工の材料，構造，許容応力値，組立ておよびコンクリート打込みなどについて，第237条～第247条で具体的注意事項を列挙している．また，建築基準法施行令に基づく建設省告示においては，型枠および支柱の取外しに関する基準が定められているので，工事にあたってはこれらを遵守しなければならない．

　このほか，支保工以外の型枠材料の許容応力度については，建築基準法施行令あるいは本会の各種の設計規準も参考となる．

　型枠工法は，材料や機能および形態などにより分類されるが，本章では，せき板に合板，支保工に鋼管やビーム，デッキ材などの最も一般的に用いられている資材を用いた在来工法について，部位ごとに分類して紹介する〔写真4.1，写真4.2〕．

写真4.1　在来型枠工法　　　　　　　　**写真4.2**　スラブ下支保工設置

4.2　基礎型枠[1]

（1）　工法概要

　建築構造物の基礎は，一般に地下部分となるため竣工後は埋設されてしまい，文字どおり"縁の下の力持ち"といった大変重要ではあるが人目に付かない存在である．したがって，基礎に用いられる型枠も仕上げの程度や仕上がり精度といった外観よりも，所定の厚さや断面寸法が確保されて

いるか，打ち込んだコンクリートが完全に充填されているか，鉄筋のかぶり厚さは十分か，といった構造物本来の品質に重点がおかれることになる．

基礎の一般型枠に用いられる材料は，合板が大部分で桟木で枠を作り合板を張ってパネル化して用いることが多い．基礎立上り部分の型枠は，先に打設された捨コンクリートや耐圧盤等の上に型枠を固定する．

基礎梁型枠は，写真4.3に示すように一般部分の梁型枠と似ている部分もあるが，大きく異なるのは捨コンクリート下面とするため支柱がほとんどないことと，根切りおよび埋戻しの工程と関連することである．基礎床型枠は，一般部分については一般床型枠工法がそのまま適用されるが，梁底などに支保工がある場合は取外しをしないまま，埋戻しを先行する場合もある．

また，立上り部分についても，せき板の取外しを省略するため，合板の代わりに9.2.1項で取り扱うラス型枠工法などが適用されるケースもある．

（2）施工方法
① 基礎立上り型枠：捨コンクリートの不陸を敷桟（敷角，根巻き）等でレベル調整し，建て込む．
② 基礎梁型枠：梁底が浮いている場合は，梁底型枠および支柱を取り外すか埋殺しにするかは，工程上の問題や施工条件等，型枠工事以外の要素から判断される場合が多い．なお，梁底型枠を支柱とともに埋殺しにする場合は，埋戻し作業で存置期間中の支柱が倒れたり傾いたり等しないよう，十分な配慮が必要である．
③ 基礎床型枠：型枠材料の取外し搬出が必要な一般型枠工法を採用する場合は，型枠材料搬出用の仮設開口を設け，設置位置や寸法，後処理等についてあらかじめ十分考慮しておく．

写真 4.3 基礎梁型枠組立て

4.3 地下外壁型枠

（1）工法概要

親杭横矢板やシートパイル，地下連壁など仮設の山留め壁の内側に地下壁を設ける場合は，仮設の山留め壁を外側の型枠として利用することが可能である．この場合，内型枠のみを組み立てる片側型枠となるため，型枠を選定する場合に特別の配慮が必要となる．図4.1は地下連壁にアンカー

を打ち込み，セパレータを設け，途中の調整ナットで長さを調整できるようにしたものである．写真 4.4 に示す親杭横矢板の場合も基本的には地下連壁の場合と同じで，セパレータを固定する方法がアンカー方式でなく，親杭に溶接あるいは金具で固定する点が異なるだけである．図 4.2 は，セパレータを使用せず型枠を斜め支柱で突っ張る方式で，セパレータのアンカーが設けにくい場合などに使用される．壁の高さが高い場合には斜め支柱の代わりに本格的にトラスを組むこともある．

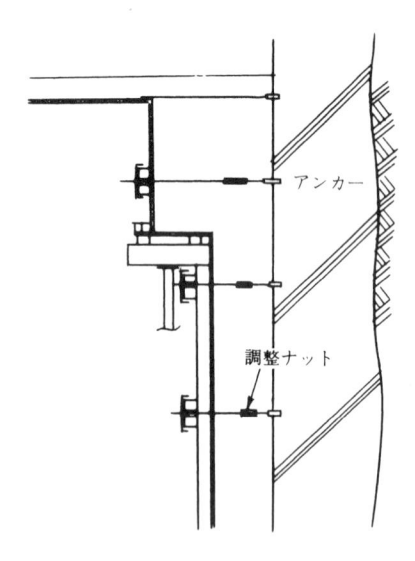

図 4.1　セパレータアンカー方式　　　　　**図 4.2　斜め支柱方式**

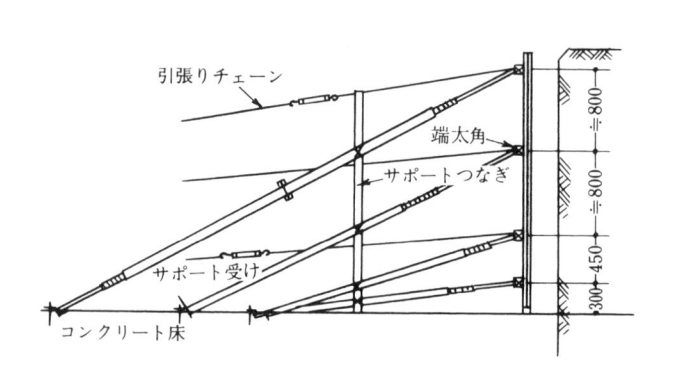

写真 4.4　親杭（H 鋼）用セパレータ引金物

（2）　施工方法

① 　セパレータアンカー方式

山留め壁面からアンカーや引金物等を介してセパレータを取り付け，内型枠を建て込む．

② 　斜め支柱方式

内部鉄筋コンクリート床スラブにアンカーボルトなどで支柱受けを固定し，押し引き可能な斜め支柱で内型枠を突っ張る．壁の高さが斜め支柱で突っ張るには高すぎるような場合，斜め

支柱の代わりにトラスを組んで内型枠を支えることもある．

（3） 施工上の留意点

山留め壁面の位置は，土圧による変形で地下外壁躯体の断面が欠損することのないように，余裕をもった位置に計画する．また，地下外壁に止水性能が必要で，外部側に防水層を設けない場合は，セパレータに止水リング等を取り付け，セパレータに起因する漏水を防止する．

① セパレータアンカー方式

アンカーに側圧のすべてが加わるので，アンカーを打ち込む地下連壁のコンクリート強度などのアンカーの設計・施工は，十分に注意を払う必要がある．H形鋼の親杭に長ナットを溶接してセパレータを取り付けるような場合は，溶接は完全に行われるよう十分に施工管理を行う．また，矢板に金物を介してセパレータを取り付ける場合は，矢板の強度や固定具合も確認しておく．

② 斜め支柱方式

床スラブの支柱受けの固定は，十分に安全を考慮する．斜め支柱が座屈しないよう支柱の中間につなぎを設ける．斜め支柱の代わりにトラスを組んで支える場合もトラスの水平つなぎを十分に設けるよう留意する．

4.4 柱型枠[2]

（1） 工法概要

合板型枠に用いるせき板には，普通の型枠用合板と樹脂塗装を施した塗装合板がある．塗装合板は従来，合板打放しなど主に高級な仕様に使われてきたが，型枠の加工や組立てなど労務費の上昇に比較し材料費が割安であること，および合板の品質が低下して塗装を施さないと転用が難しくなってきたことなどから，最近では一般型枠でも塗装合板を使用するのが普通になってきた〔図4.3，写真4.5〕．ただし，タイル張り仕上げの場合，付着性の観点から，塗装合板を使用する場合は超高圧洗浄や研磨等による下地処理またはMCR工法の採用等，はく落防止のためのしかるべき処置を行う．

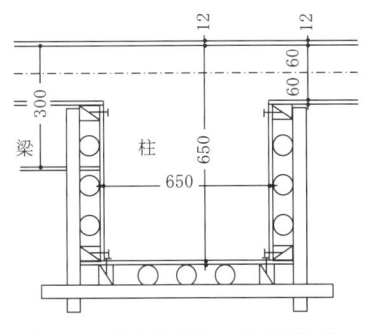

図 4.3 柱合板型枠（水平断面）

写真 4.5 柱型枠

（2）施工方法

定尺合板（幅 900 mm，長さ 1800 mm，厚さ 12 mm）をできるだけ無駄が出ないように所定の寸法に切断加工し，桟木を打ち付けてパネル化し建て込むのが普通である．このパネルの締付け方法として，セパレータ・コラムクランプなどがある．

（3）施工上の留意点

① 合板型枠

合板は使用する前に表面の状態を確認する．

② セパレータの位置

柱筋の外側にセパレータを配置する場合はセパレータのかぶり厚さも確保するよう留意する必要がある〔写真 4.6〕．

写真 4.6 セパレータのかぶり厚さが確保されていない例

③ 出隅からのペースト漏れ

出隅部は型枠パネルのジョイントからペーストが漏れやすいため，チェーンや金物等により密着させる〔写真 4.7〕．

写真 4.7 角締め金物

④ 打込み速さ

独立柱などでは打設リフトが高くなるため,側圧が大きくなる傾向にある.型枠の設計ではコンクリートの打込み速さと打込み高さの設定に留意するとともに,打込み高さを低く抑えて側圧を小さくする方法をとることが望ましい.

4.5 梁型枠[3]

(1) 工法概要

通常,底板と側板とに分けて,加工場で下ごしらえしたものを,現場へ搬入し組み立てる〔写真4.8〕.型枠の組立方法は,大別すると次の2通りである.

① 梁底型枠を,できるだけ定尺のまま使用し,側板を梁せいと同じにする〔図4.4〕.
② 梁底型枠を,梁幅と同じ寸法にし,側板を定尺のまま使用する〔図4.5〕.

(2) 施工方法

一般的に梁型枠は,階が上層になるにつれて,せいと幅が小さくスパンが大きくなるため,型枠割付けにあたっては,型枠転用を考え,できるだけ定尺ものを使用するとともに,小梁部や両端部には,補助パネルを入れ調整できるようにする.

写真 4.8 梁型枠組立状況

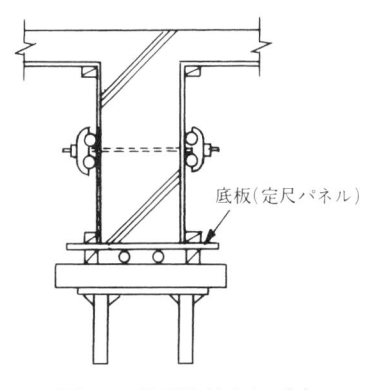

図 4.4 梁型枠納まり (1)　　　　**図 4.5** 梁型枠納まり (2)

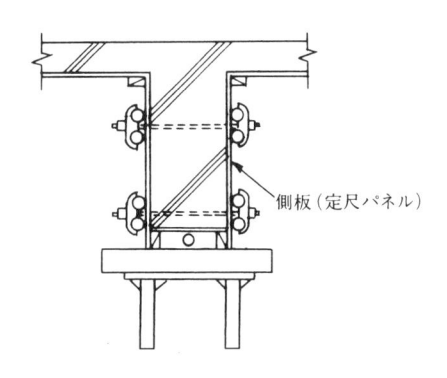

通常は梁底型枠のみを先にかけ渡し，その後側板を取り付ける．階高が高い場合などは，梁底と梁側型枠を作業床で一体で先組みし，揚重機などを用いて所定の位置へ設置する〔写真4.9〕．

（3） 施工上の留意点

① 梁型枠の解体は，一般的に側板のほうが底板より型枠存置日数が短いので，転用等のため側板を先に解体する場合は，それを考慮した納まりとする．

② 型枠の長さは，柱と柱のコンクリート内法寸法とし，両端部は，柱のせき板の上にのせる．

③ 梁せい・幅が大きい場合はサポートを鳥居形とし，梁型枠の要所には，桟木などにより，振れ止めを入れる．

④ 梁側型枠にかかるコンクリートの側圧により，型枠がはらまないよう横端太やフォームタイ取付け位置を決める．また，梁せいが大きく梁側にパネルジョイントが出てくるときには，縦端太を入れる〔写真4.10〕．

写真4.9　先組みした梁型枠

写真4.10　梁下へのサポートの仮設置状況

4.6 壁型枠[4]

（1） 工法概要

　壁の在来型枠工法は，せき板として合板を用い，支保工として緊結材および内端太・外端太を使用する方法であるが，適用する部位が外壁か内壁かで施工計画のねらいが異なっているため，型枠工法も違ってくる〔写真4.11〕．また，最近は地球環境保全の観点から転用性が高く，リサイクル可能な樹脂材をせき板として用いる場合もある〔写真4.12〕．

　一般に，外壁型枠は施工階で最も早く作業を開始し，施工階の安全養生囲いとなる．また外壁は，内壁と異なり広い平面であることが多い．したがって，型枠は大組しコンクリートの養生期間後，クレーンや人力で一気に下階より転用する場合が多い．一方，内壁は通常柱や梁・床で周囲を囲われている場合が多く，工場加工等によりパネル化され，仮設の床開口などから人力で上階に揚げられている．

　壁面の仕上げがタイル張りとなる場合の留意事項は柱型枠の項を参照されたい．

写真 4.11　大組した外壁型枠

写真 4.12　樹脂材をせき板とした型枠工法

（2） 施工方法
① 外壁型枠工法

　通常，合板をパネル化し，根固めの敷材には一般に端太角や角パイプなどが使用される．このパネルを緊結材・単管・専用端太材などで組み立て，解体も容易にできるようにする〔写真4.13，図4.6，写真4.14〕．

② 内壁型枠工法

　合板に桟木を回してパネル化し，不陸調整した敷桟（敷角，根巻き）の上に緊結材・単管などで組み立てる〔写真4.15〕．

写真 4.13 外壁型枠組立状況

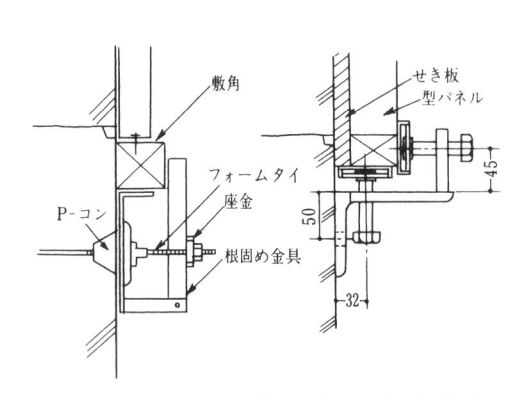

図 4.6 外壁の根固め方法（例）

写真 4.14 外壁の根固め状況

写真 4.15 桟木を用いた敷材

写真 4.16 内壁型枠の建込み

(3) 施工上の留意点

① 壁型枠は地墨から建込位置を正確に出して壁厚を確保する．次に型枠の根固めを確実に行い，ペーストなどの漏れ，外壁では目違いなどを防止する．根固めの方法は一般に薄ベニヤなどで床の不陸を調整した後，敷桟として桟木を設置し，その上にパネルを建て込む〔写真4.16〕．

② 型枠は，垂直に精度良く組み上げる．倒れなどがあると柱・梁・床などとの取合いが困難となり，また，内・外装材との納まりが悪く手戻りも多くなる．次に壁型枠の水平の通りを良くする．壁型枠の高さが高い場合や幅が広い場合には，通し端太材で固めてもぶれが生じやすい．ピアノ線・水糸を張って出入を調べ，チェーンブロック・斜めサポートなどで通りを出す．

③ 鉄筋工事との輻輳作業を整理し，手順よく作業を進める．壁型枠組立て，鉄筋組立ておよび返し壁型枠組立ての作業工程や手順を整理して，型枠組立てと鉄筋組立てが同一作業場所でかち合わないように作業エリアを工区分けするとよい．

また，電気・設備工事の配管や貫通孔の設置についても工事に入る時期・場所などをよく調整する．

④ サッシなど開口部，構造スリットなどは，納まり図を作成のうえ確実に施工する．
⑤ 外壁に入れる打継目地・誘発目地は位置・寸法を点検・確認する．とくに目地部分のかぶり厚さについては，建築基準法施行令に規定する数値を満足するとともに，構造耐力上必要な断面を確保できるよう，適切な管理値を設け，細心の注意で施工に当たる．

4.7 床型枠[5)6)]

4.7.1 在来型枠工法

(1) 工法概要

一般的な床型枠工法は，土間あるいはすでに打ち込んだ床の上にパイプサポートで支持させて型枠を組み立て，その型枠にコンクリートを打ち込んでいく工法である〔図4.7〕．通常，せき板には合板を用い，根太には鋼管あるいは角パイプを用い，さらに，大引には鋼管・角パイプあるいは端太角を用いる．型枠の支持にはパイプサポートを用いるが，階高が高い場合は，補助サポートを併用する．これよりさらに階高が高い場合は，枠組などによって構台を組み，その上にサポートを設置する．組み立てられた床は，コンクリート打込みまでの鉄筋組立てや設備配管作業のための仮設床にもなる．また，最近は遮音性能を向上させるため，床せき板の上にボイドや特殊形状のスチロール材を敷き並べ，コンクリートに打ち込む，中空ボイドスラブとする場合がある．

(2) 施工方法

型枠の構造計算により，根太間隔・大引間隔およびサポート間隔を決定し，これに基づいて施工を行う．

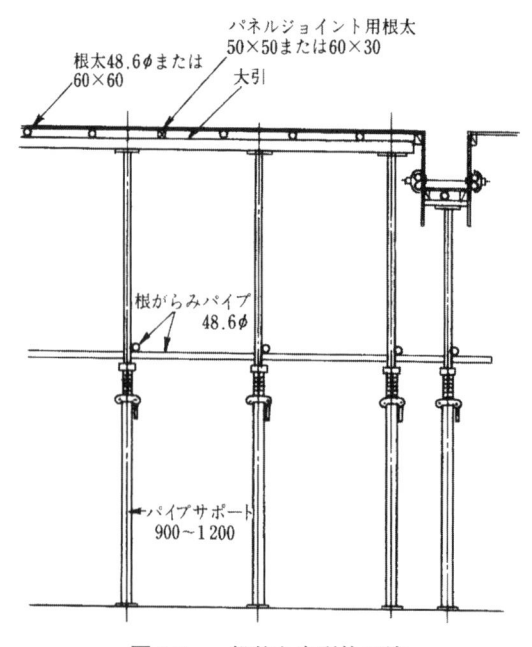

図4.7 一般的な床型枠工法

写真 4.17 スラブ型枠設置状況

① パイプサポートを建て込む.
② 大引・根太を取り付ける.
③ 床せき板を敷き並べる〔写真 4.17〕.
④ 配筋・設備配管作業を行う.
⑤ 水湿しを行う.
⑥ コンクリートを打ち込む.
⑦ 型枠を除去（解体）する.

(3) 施工上の留意点
① パイプサポートは，倒壊が生じないように，がた・曲がり・へこみ・腐食などの欠陥の有無を組立て前に点検する.
② パイプサポートは，脚部の安定と上部の固定に特に注意する.
③ パイプサポートの高さが 3.5 m 以上の場合は，水平つなぎを高さ 2 m 以内ごとにかつ 2 方向に専用の金具を用いて緊結する.
④ パイプサポートを継ぎ足す場合は 2 本までとし，これを超える場合は枠組などによる構台を利用する.
⑤ 構台に枠組を利用する場合は，5 段以内ごとおよび最上段には，布枠および水平つなぎを直角 2 方向に設け，筋かいや突張りなどで補強する．水平つなぎおよび筋かいは，専用の金具で建枠に緊結する.
⑥ スロープ，ハンチおよび階段などの部分で，サポートを斜めにして建て込む場合は，キャンバ，根がらみ，筋かいおよび固定物からの突張りなどにより，変位を防止する.
⑦ 上部に鉄筋等の重量物を載せる場合は位置を定め，そのスパンは支柱を増やす等の補強を行う.
⑧ せき板ジョイント部分からのコンクリートののろ流出を防止する.
⑨ 支保工解体後のスラブのたわみを事前に十分配慮する.

⑩ ボイドスラブ等の場合は，打ち込む材料の固定方法や段差部分の納まり，浮き上がりを防止する打設方法等が各メーカーにより定められているので，これに習うようにする〔写真 4.18～写真 4.20〕．

写真 4.18　球体ボイドスラブ

写真 4.19　サイレントボイドスラブ

写真 4.20　中空ボイドスラブ

4.7.2 軽量型支保梁工法[7]

(1) 工法概要

軽量型支保梁工法は，専用の横架材を梁側または壁型枠の間に架け渡し，この梁間の支柱を減少あるいはなくした工法である〔写真4.21〕．また，設置間隔によっては根太を省略することも可能となる．床型枠下の空間を広くとることができ，その下を通路あるいは作業床として使うことができる．この工法は，とくに支持構台を必要とする階高の高い場合に有利である．専用の横架材は，スパン1.5～9m程度に対応し，製造メーカーにより多くの種類があり，転用が可能である．使用する横架材は，スラブ厚さ，スパン等により構造計算を行い，その設置間隔を決める．

写真4.21 軽量型支保梁を用いた例

(2) 施工方法

① 梁型枠の側板の高さが75cm以下の場合，側板のセパレータは垂直方向400mm，水平方向700mm以下の間隔で取り付け，上から1段目のセパレータは200～300mm，下段のセパレータは梁底から150mm以下とする．側板の高さが75cmを超える場合は，軽量支保梁の支持金物の取付け部に桟木の束等を設ける．

② 横架材の取付けはスパンを調整し，梁側や壁型枠間に架け渡し支持する．

③ 横架材に根太を取り付け，この上に床のせき板を敷き並べる．横架材のピッチを狭くすると根太が不要となる場合がある．せき板には一般に合板が用いられるが，キーストンプレートなどを使用する場合がある．

④ 配筋・設備配管作業

⑤ コンクリート打込み

⑥ コンクリートが所要強度に達した後，横架材を取り外す．

(3) 施工上の留意点

① 横架材は，使用前に点検・確認を行い，不良品を使用しないようにする．

② 横架材の割付けは，「足場・型枠支保工設計指針」（仮設工業会）の規定を遵守し，各メーカーの資料などを参考にして，施工時の荷重に対する安全性を検討する．また，横架材の型枠へ

のかかり代が確保できるようにする．

③ 梁せいによっては傾倒防止の縦桟木補強が必要になるので，各メーカーの資料や「足場・支保工設置指針」（仮設工業会）にならう．

④ 横架材は梁側等の型枠のみで支持されるので，材料の荷揚げ等の局部的に荷重が集中するスパンは，倒壊を防止するため，しかるべき補強を行う．

⑤ 横架材のかかり代部分は断面欠損と解釈される場合もあるので，増し打ちの要否，後処理方法等を事前に工事監理者に確認をしておく〔写真4.22，写真4.23〕．

⑥ 横架材の剛性は硬化したスラブに比べて小さいので，コンクリート打込み後の初期に重量物などを載せる場合は，たわみやひび割れについて事前に検討する．

⑦ コンクリート打込み時に1か所に集中荷重がかからないようにする．また，打込みは梁，スラブの順で行う．

⑧ 横架材を支持している梁側等のせき板を先に脱型する場合は，脱型後の支持点が梁側のせき板から，横架材の端部金物がのみ込んでいる躯体側に移動する．したがって，梁側の型枠は端部金物の支圧面積と横架材が負担する荷重から計算される圧縮強度以上，かつ $12\,\mathrm{N/mm^2}$ 以上を確保して脱型する．

写真 4.22 横架材端部金物ののみ込み

写真 4.23 のみ込み部を無収縮モルタルで充填した例

4.7.3 デッキプレート型枠工法

(1) 工法概要

床スラブを支保工なしで施工できることから，鋼製のデッキプレートを使った床スラブが広く普及している．現在使われているデッキプレートは図 4.8 に示す 4 種類で，いずれも溶融亜鉛めっき鋼板を使用するのが一般的である．

① デッキ複合スラブは，曲げ耐力ではデッキプレートを無視し，たわみはデッキプレートと鉄筋コンクリートの曲げ剛性の和とした重ね梁として設計されたスラブである．

② デッキ合成スラブはデッキプレートに溝や突起を付けてコンクリート部分と一体になるようにし，デッキ複合スラブの溝に配筋されている鉄筋を省略できるようにしたものである．

③ フラットデッキスラブは，合板型枠の代わりに上面が平らな床型枠専用の鋼製デッキデッキプレートを使ったスラブである．

④ 鉄筋組込みデッキスラブは，薄鋼板に鉄筋トラスを装着したデッキプレートを使うスラブで，鉄筋トラスの曲げ・せん断剛性がそのまま型枠としての剛性になり，鉄筋トラスの上・下弦材は床スラブの上端・下端筋となる．

フラットデッキは型枠専用のデッキなので施工後に外してもよいが，通常は解体を省略し，そのまま存置しておく場合が多い．したがって，デッキプレートはいずれも脱型や再利用をせず，永久に残す型枠となる．

複合，合成，フラットデッキプレートの溝方向，鉄筋組込みデッキの鉄筋トラス方向の剛性はこれに直交する方向の剛性に比べ格段に大きいので，いずれの工法もコンクリートおよびデッキプレート重量と施工時積載荷重（一般には労働安全衛生規則第 240 条第 3 項に規定されている 1470 N/m^2 としている）は，デッキプレート溝方向や鉄筋トラス方向で支持されるとして，コンクリート型枠の設計（施工時の設計）を行なう．

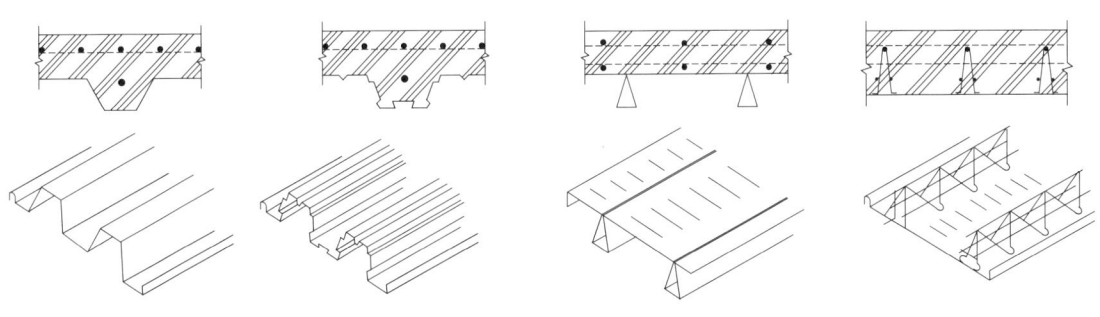

(1) デッキ複合スラブ　(2) デッキ合成スラブ　(3) フラットデッキスラブ　(4) 鉄筋組込みデッキスラブ

図 4.8　鋼製デッキプレートを使った床スラブ

写真 4.24　デッキ複合スラブ

写真 4.25　デッキ合成スラブ

写真 4.26　フラットデッキ

写真 4.27　鉄筋組込みデッキ

(2) 計画上の留意点

おのおののデッキプレート工法は，施工時（型枠機能時），完成時（床スラブ機能時）の設計，施工について記述された規準が整備されているので，これに基づいて設計・施工する．表 4.1 に各種デッキプレートに関する規準を示す．なお，(3) のフラットスラブのほかは，おおむねデッキプレートの溝，鉄筋トラス方向で床スラブの全荷重を支持する仕様になっているので，使用する工法を選定する際は，その特性を生かして設計することが重要である．

① 設計基準強度に達する以前に作業床として利用する場合は，あらかじめその材齢のコンクリート強度および荷重条件により，デッキプレート床スラブを設計する．

表 4.1　デッキプレートを使用した床スラブに関する規準

分　類	規　準	
複合，合成スラブ	(社)日本鉄鋼連盟	デッキプレート床設計・施工規準-2004
フラットデッキ	(社)公共建築協会	床型枠用鋼製デッキプレート設計施工指針・同解説
鉄筋組込みデッキを使った床スラブ	各メーカーの性能評価機関による性能評価書 (性能評価内容に基づき作成された技術資料を使う)	

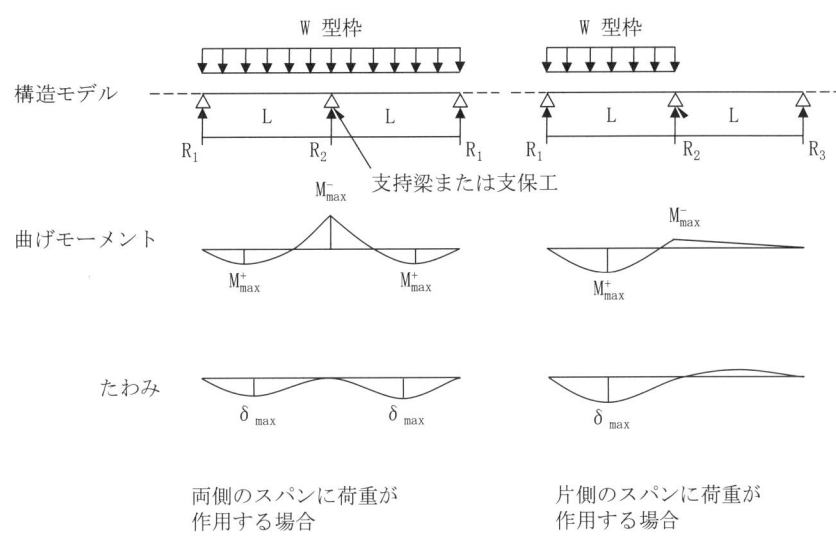

図 4.9 デッキプレートを2スパンで支持する場合の適用構造モデル

② 鉄筋コンクリート造では型枠でデッキプレートを支持するため，型枠の構造計算では安全に支持できるような計画とする．

③ デッキプレートの各種規準では，施工時のたわみはスパンの 1/180 かつ 20 mm 以下と規定されているため，計算結果からたわみを小さくしたい場合は，断面 2 次モーメントの大きなデッキプレートにする，スパンを小さくする，またはスパン中間に支保工を使用する等の方法を検討する．

④ デッキプレートを 2 スパン以上で支持する計画では，施工途中で一時的に片側スパンのみ打設が先行し，両側スパンに荷重が作用した場合に比べてたわみが大きくなるので，打設順序を考慮し，最も不利な条件下で安全性を確保するよう検討する．

(3) 施工方法
① 床スラブの構造設計に基づきデッキプレート割付図を作成する．
② 施工計画（躯体建方計画）に従い，デッキプレートを搬入，仮置き，揚重し，割付図に従いデッキプレートを敷き込む．
③ 型枠への固定はデッキのリブ間に少なくとも 1 本以上の釘打ち，鉄骨への固定は溶接等により行う
④ スラブ端部や開口部のコンクリート止め，小口塞ぎ等を取り付ける．
⑤ 配筋作業とともに開口部の処理，床に埋設する配管等を行ない，コンクリートを打設する．

(4) 施工上の留意点
① 納期を要する工場製作品であることから，早めに割付図等を作成する．
② 柱まわりの切欠き等の作業はできるだけ現場で行うように計画する．
③ 鉄骨造では柱まわりや梁継ぎ手部分等にはデッキプレートを取り付ける部材（デッキ受け）を前もって取り付けておく．
④ 束ねた鉄筋やスタッド等を仮置きするような局所集中荷重を支持する場合は，デッキプレー

トのウェブや鉄筋トラスのラチス筋に過大な負担がかからないように厚板を敷いて局所集中荷重の受圧面積を大きくし，支保工を設ける等の処置をする．

⑤ 打設時にデッキが不連続であると強度が低下するため，開口部は打設後にコンクリートの強度確認を行ってから切断する．

（5） 安全上の留意点

鉄筋コンクリート造の場合，一般にデッキプレートは在来工法と異なり，梁型枠のせき板のみで支持することになるので，デッキプレートに作用する荷重のほか，施工時に生ずる横力（一般に鉛直荷重の5%程度を見込む）を十分支持できるように梁型枠を設計し，傾倒防止材を使うなりして梁型枠をしっかり固め，横倒れ崩壊を防止する．

デッキプレートの端部は梁型枠の横桟木に釘打ちし，確実に固定する．デッキプレートから伝わる力を梁型枠せき板のみで支持することは危険なので，図4.11に示すように縦桟木を間隔600 mm以下で必ず入れる．

デッキプレートを梁型枠に取り付けた後，セパレータを一時的に外して梁鉄筋を型枠に入れる場合は，梁型枠に傾倒防止材を取り付け，梁せき板が崩れるのを防ぐと同時に全体崩壊を防止するため，チェーンで型枠全体が横力に抵抗できるようにしておく．

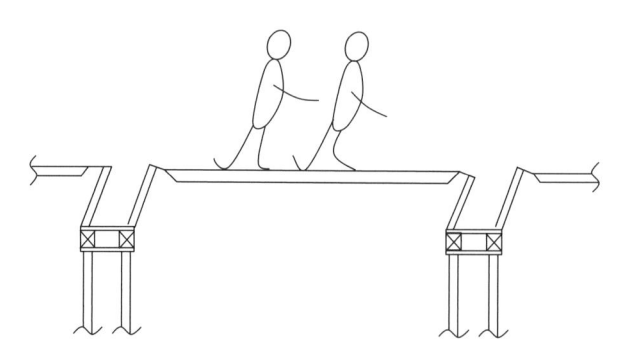

図4.10 デッキプレートの横倒れ崩壊

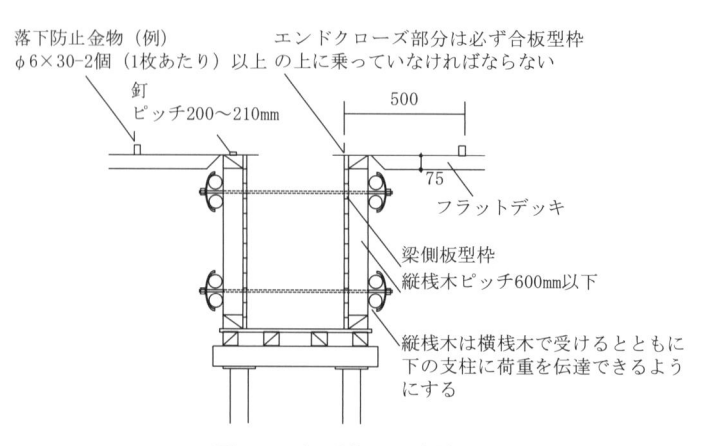

図4.11 梁型枠での支持例

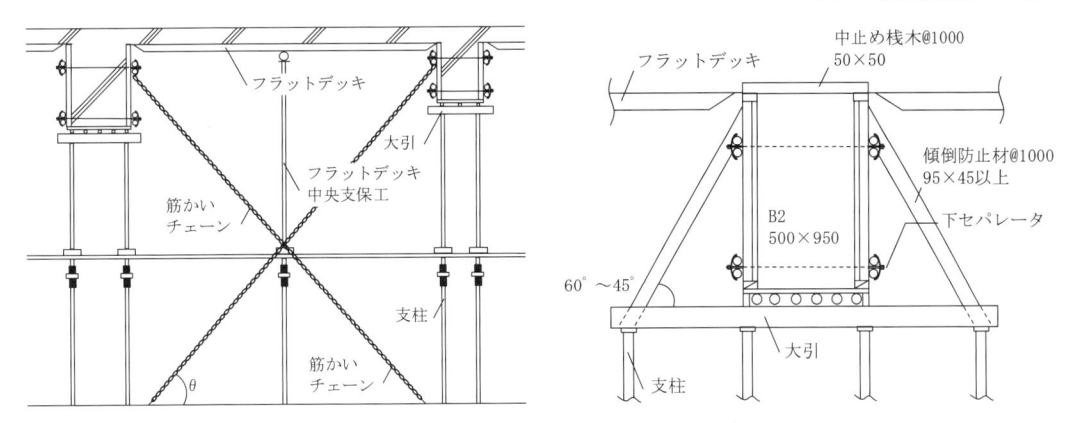

図 4.12 横倒れ防止，梁型枠の固定方法

4.8 階段型枠[8]

（1）工法概要

　型枠は，階段底板（斜めスラブ）と蹴上げおよび踏面用のあと上ぶたからなる．せき板にはほとんど合板が使用され，蹴上げおよび踏面用押え端太には角端太材が使用される．踏み面の上ぶた材には通常合板が用いられ，踊り場はふたを設けない場合が多い．

（2）施工方法

　階段型枠の組立ては，正確な原寸型枠の製作から始まる．

① 階段部分の壁型枠組立て後，踊り場の高さや，出入りを地墨から正確に出す．この際，斜めスラブの勾配が正規の寸法となっていることを確認する．

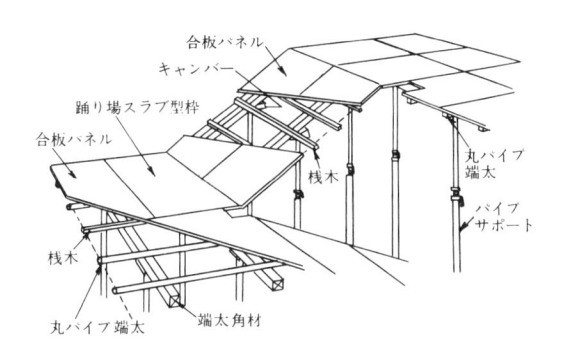

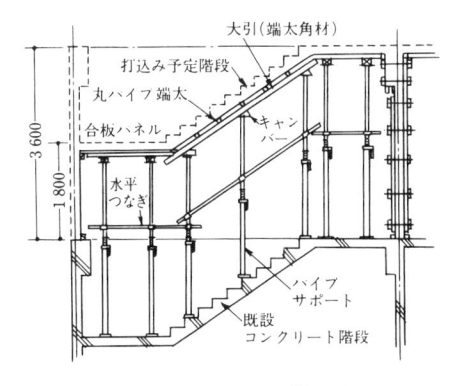

図 4.13　階段型枠工法

② 一段目の蹴上げ，踏面の位置を墨出し，正規の寸法で蹴上げ，踏面の位置を定め，蹴込み板を固定する．また，最後の蹴上げ位置が正確であることを確認する．
③ 最後に支保工で全体を補強する．

(3) 施工上の留意点
① 墨出しを正確に出す．階段踊り場の高さ・出入り，踏面，蹴上げの位置（ピッチ）・高さ・幅，手すりの位置・幅などを陸墨や地墨から求める．踏面，蹴上げの1段目，最終段が正規の寸法で納まっていること，階段や踊り場の幅，手すりの高さなどを点検・確認する．
② 型枠せき板のすき間がないように組み立てる．階段型枠はスラブや壁との取合いが複雑で，すき間が開きやすい．また，斜めスラブ下には木くずなども集まりやすいのでコンクリート打込み前に，すき間ふさぎ，くずの清掃に留意する．
③ 斜めスラブの支保工の建方，控えブレースやつなぎ補強を検討する．斜めスラブに支保工を

写真 4.28 階段型枠組立状況

写真 4.29 階段型枠の支保工設置状況

斜め（階段底板に対して垂直）に立てる場合と，一般スラブと同様に垂直に建て込む場合がある．いずれの場合もコンクリート打込み時の水平力に対して，大引と支保工間のすべりや，支保工全体の倒壊が起こらないように十分な補強を行う．

④ 踏面からコンクリートがこぼれないようにふた（蓋）を施工する場合は，充填確認と空気抜きを兼ねた空気孔を設ける．

⑤ 壁からの持出し式の階段で階段を後打ちとする場合には，壁体内に階段をのみ込ませるために，階段型枠に厚板などを張り，のみ込み代を作っておく．

参 考 文 献

1) 平賀謙一ほか：建築工事データブック，森北出版，1965
2) 亀田泰弘：新版合板型わく工法，建築技術，1968.2
3) 日本建設大工工事業協会：型わく施工必携，1985
4) 亀田泰弘：建築工事検査の実際，建築技術，1976
5) 日本建設大工工事業協会：型わく施工必携，1985
6) 高橋昌：建築型枠工法マニュアル，1981
7) 田中久雄：床仮設型枠工法，施工，1987.1
8) 畑中知穂：図説 建築の型わく工事，理工学社，2003

5章 構造計算

5.1 一般事項

　型枠に要求される機能は，打ち込まれたコンクリートの鋳型となることであり，コンクリートが十分に硬化するまでの間，その形状，寸法および位置を正確に保持していることである．構造体コンクリートは，壁，梁および柱部材などから構成されており，施工の合理化や打継ぎ面を避けるため，これらの部材を一度に打ち込むことも多い．この場合，コンクリート打込み中は，側圧やコンクリートポンプの脈動などの衝撃荷重によって，鉛直荷重のほか，水平荷重が発生するため，これらの荷重に対して型枠変形を防止する必要がある．また，不適切な型枠工事を行った場合，コンクリートの初期ひび割れを誘発するおそれがあるほか，コンクリートの漏出事故など大事故の原因にもなりやすい．

　その一方で，型枠は，一般には仮設物であり，工事の終了とともに撤去されるものである．したがって，過剰な性能を省き，経済性にも配慮し，安全性・品質確保と経済性のバランスのとれたものとすることが肝要である．型枠の設計に際しては，これらの機能を十分に発揮できるようにする．

　図5.1に型枠の構造計算の流れを示す．型枠の計画においては，工事の条件や型枠の転用性・コ

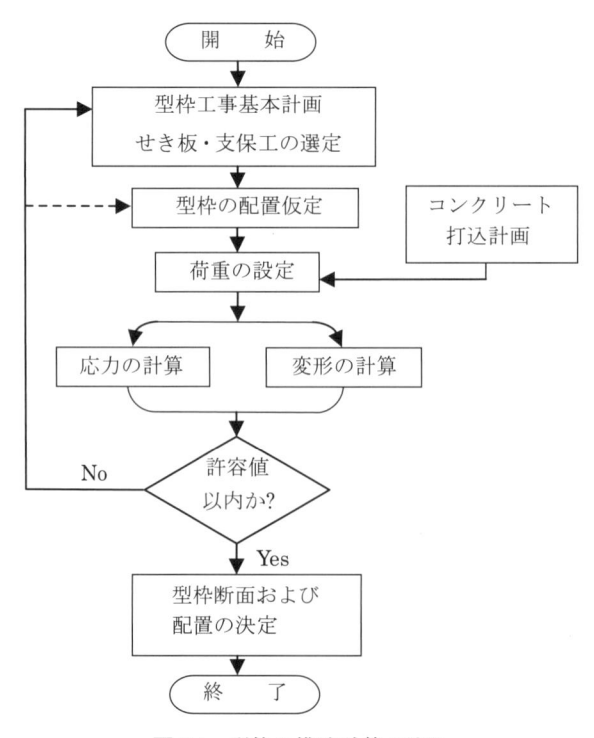

図 5.1　型枠の構造計算の流れ

ストなどの条件より，使用材料を広く内外に求めて使用目的に適するものを選定し，型枠の断面寸法・配置間隔・接合方法などを仮定しながら，安全かつ経済的な選択を行う．

型枠の構造計算は，基本的には建物の構造計算と同様であるが，型枠の場合はすでにコンクリートの形状・寸法は決定しており，これ以外に，外力と許容できる変形量および選定した材料によって定まる許容応力度が計算上の条件として与えられる．

型枠に外力として作用する荷重には，コンクリート・鉄筋・せき板や支保工の自重のほかに，コンクリートを打ち込むために必要な機械類や作業員の重量，さらに風圧や積雪あるいは地震などの自然条件によるものなどがある．これらの外力は，鉛直荷重と水平荷重とに分けて検討する．また，コンクリートを壁・柱などに打ち込んだときに型枠に働く側圧も検討する必要がある．

鉛直荷重には，固定荷重と積載荷重がある．固定荷重は，鉄筋，コンクリートおよび型枠の重量であり，積載荷重は，コンクリートの打込みを行う際の打込み機具・足場・作業員などの重量である．水平荷重は，コンクリート打込み時の偏心荷重，機械類の始動・停止などによりせき板や支保工の水平方向に加わる力および風圧力あるいは地震力である．

以上の荷重を計算で求めた後，これらの荷重が各型枠材料に作用したときの応力度と変形量を算出する．算出された応力度と選定した型枠材料の許容応力度を用いて，部材に対して安全であるかどうかを判断する．変形量においても，その変形量が許容できるものかどうかを判断する．それらの結果が不合格となった場合には，断面を大きくしたり支持間隔を狭くするなどの処置をして，再度計算を行い安全であることを確かめる．型枠の構造計算において安全であるということは，他の仮設工事のように単に強度が十分であるばかりでなく，変形についても許容値以下となるような剛性をもたせることにある．

型枠工事は，現場技術者や型枠大工の経験によって進められることが多いが，型枠工事は各現場で条件が異なるので，型枠の計画においてはそのつど強度を点検・確認するとともに，施工中の点検も実施し，つねに型枠工事の安全を確保することが大切である．

型枠の設計にあたり，「足場・型枠支保工設計指針」[1]が有効な資料としてあげられるので参考にされたい．

なお，本章では在来の型枠工法の取扱いについて述べることとし，各種省力化工法など特殊な型枠工法については，それぞれの型枠工法の設計・施工マニュアルに従うこととした．

5.2 荷重の計算
5.2.1 鉛直荷重

型枠の強度計算を行う場合の外力は，コンクリート施工時の鉛直荷重・水平荷重およびコンクリートの側圧が対象となる．

型枠に作用する鉛直荷重には次の種類がある．
① 打込み時の鉄筋，コンクリートおよび型枠の重量による荷重
② コンクリートの打込み時の打込み機具・足場・作業員などの重量による荷重
③ 資材の積上げや次工程に伴う施工荷重

④ コンクリートの打込みに伴う衝撃荷重

①の打込み時の鉄筋，コンクリートの重量および型枠の自重は固定荷重に相当する．型枠の計算に用いるコンクリートの重量は，骨材の密度や調合などによって異なるが，一般の場合，鉄筋を含んだ単位容積重量を，普通コンクリートで23.5 kN/m³，軽量コンクリート1種で19.6 kN/m³，軽量コンクリート2種で17.6 kN/m³ と考えてよい．また，鉄筋の単位容積重量は1.0 kN/m³，型枠の重量は0.4 kN/m² と考えてよい．

積載荷重は上記の②，③，④に相当し，②および③の項目は作業荷重に，④の項目が衝撃荷重に分類できる．積載荷重は工事の条件によって異なり一概には決められないが，労働安全衛生規則第240条においては，設計荷重として「型枠支保工が支える物の重量に相当する荷重に，型枠1平方メートルにつき150キログラム以上の荷重を加えた荷重」と定義されている．したがって，この規則では固定荷重のほかに積載荷重として，1.5 kN/m²（150 kg/m²）以上を考えている．一方，ACI 347[2]によれば，作業員・施工機械・コンクリート運搬車およびそれらの衝撃を含めて，約2.5 kN/m²（手押カート車を用いる場合）の積載荷重を規定している．

積載荷重に関する研究はきわめて少なく，具体的な数値を決めるのは難しいといえるが，(社)建築業協会で行われた現場実測例[3]が参考となろう．ここでは鉄筋コンクリート造のコンクリート工事において，在来の型枠工法で，かつポンプ工法によるコンクリート打込みの基準階における床スラブおよび梁の支柱に作用する鉛直荷重の実測を行っている．それによると，コンクリートの打込み作業中に支柱に作用する最大荷重から，打込み終了後の支柱に作用する定常荷重を差し引いたものを積載荷重とし，最大値として0.7 kN/m² の測定結果を得ている．この値は，作業荷重と衝撃荷重とを含めたものと考えてよい．

そこで本指針では，通常のポンプ工法による場合にかぎって，積載荷重をコンクリート打込み時の作業荷重とそれらに伴う衝撃荷重を合わせたものとし，その値として1.5 kN/m² を採用することとする．ただし，バケット打ちなど特殊な打込み工法を採用し，より大きな鉛直荷重が働くと想定される場合などは，実状に合わせて積載荷重を設定する必要がある．

表5.1 に鉛直荷重の種類を示す．

表5.1 鉛直荷重の種類

荷重の種類		荷重の値	備考
固定荷重	普通コンクリート	23.5 kN/m³×d (2.4 t/m³×d)	d：部材厚さ (m)
	軽量コンクリート	19.6 kN/m³×d (2.0 t/m³×d)	軽量1種
		17.6 kN/m³×d (1.8 t/m³×d)	軽量2種
	鉄筋重量	1.0 kN/m³×d (0.1 t/m³×d)	
	型枠重量	0.4 kN/m² (40 kgf/m²)	
積載荷重	通常のポンプ工法	1.5 kN/m² (150 kgf/m²)	作業荷重＋衝撃荷重
	特殊な打込み工法	1.5 kN/m² 以上 (150 kgf/m² 以上)	実状による

［注］荷重の小数点以下1桁まで表記しているため，JASS 5の解説表9.2の値とは異なる．また，参考として鉄筋質量を追記している．

5.2.2 水平荷重

型枠に作用する水平荷重には,次の種類がある.

① 打込み時に水平方向に作用する荷重

② 風圧力・地震力

コンクリート打込み時には,作業時の振動やコンクリートの片押しなどにより支保工や壁・柱型枠に水平方向の荷重が作用するため,水平力に対する型枠支保工全体の剛性,安全性を確保する必要がある.この水平方向の荷重の大きさは施工方法などにより異なり,まだ具体的な数値を決めがたい.

労働省産業安全研究所(現 独立行政法人労働安全衛生総合研究所)では,表5.2に示すように,現場合わせで支保工を組み立てる場合,作業荷重を含む鉛直荷重の5%を水平荷重と見なし,枠組支柱で直接受ける場合,2.5%を水平荷重とすることを推奨している.「土木学会標準示方書」(2000年版)[4]でも,最低限の値としてこれらの値を用いるように定められている.また,ACI 347[2]では,床端部の一辺1mあたり1.5kN,あるいは固定荷重の2%のいずれか大きいほうを水平荷重として仮定している.

表5.2 水平荷重の推奨値(労働省産業安全研究所)

	水 平 荷 重	例
型枠がほぼ水平で現場合わせで支保工を組み立てる場合	鉛直荷重の5%	パイプサポート 単管支柱,組立支柱 支保梁
型枠がほぼ水平で工場製作精度で支保工を組み立てる場合	鉛直荷重の2.5%	組立支柱

このように水平荷重は鉛直方向の荷重に対する割合で定めるのが一般的である[5].本指針では,この労働省産業安全研究所の推奨値に準じて水平荷重を定める.

地震力や風圧力は普通の場合は検討する必要はないが,風圧力については,地域・季節や型枠施工時の地上からの高さなどの関係で,強風にさらされる場合は考慮しなければならない.風圧力の計算方法として,(社)仮設工業会の「風荷重に対する足場の安全技術指針」[6]があるので参考にされたい.

$$P = q_h \times C \times A \tag{5.1}$$

ただし,P:風圧力(N)

C:風力係数(一般的な型枠の場合,1.2をとれば十分)

q_h:地上高さh(m)における設計速度圧(N/m²)

$q_h = 5/8 \times V_h^2$,V_hは地上高さh(m)における設計用風速(m/sec)

A:作用面積(m²)

5.2.3 コンクリートの側圧

コンクリートを壁・柱などに打ち込むと型枠に対して側圧が作用するので,これに耐えられるよ

うに型枠を設計しなければならない．

　図 5.2 には，硬練りのコンクリートを柱あるいは壁型枠に打ち込んだときの側圧の状態が示されている．コンクリートの打ち始めから側圧は次第に上昇し，最大の側圧を示した状態の打込み高さをコンクリートヘッドと呼ぶが，さらに打ち込んでいくと最大側圧は次第に上部へ移動する．

　しかしながら，最近のようにポンプ工法を使って軟練りのコンクリートを急速に打ち込む場合は，打込み速さが早まり，コンクリートがまだ軟らかいうちに連続的に打ち込まれることが多く，その場合の側圧の状態は図 5.3 に示すようになる．

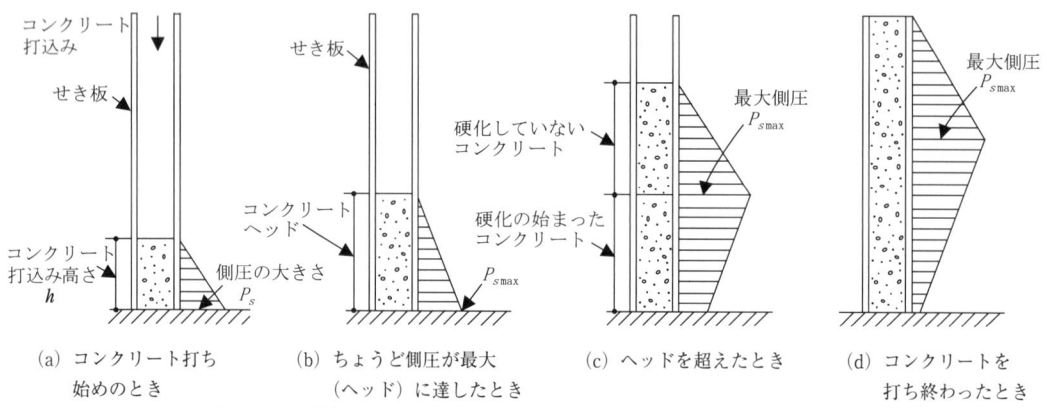

図 5.2　硬練りのコンクリートをゆっくり打ち込む場合の側圧

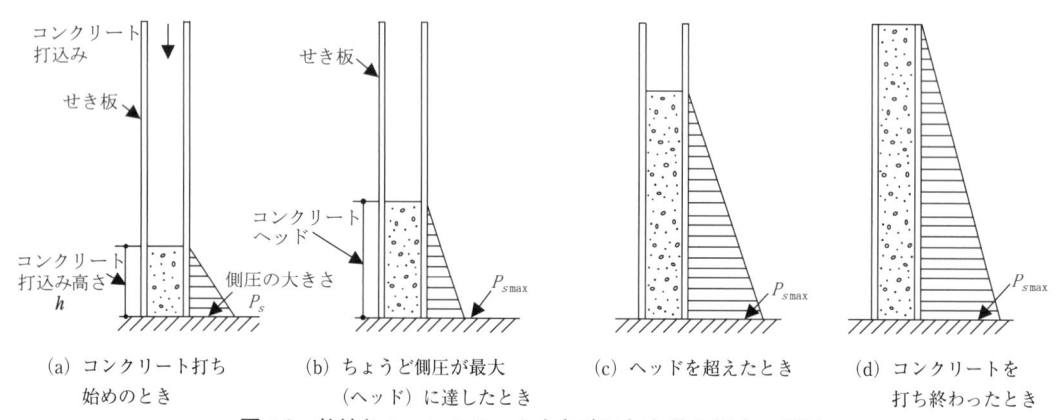

(a) コンクリート打ち始めのとき
(b) ちょうど側圧が最大（ヘッド）に達したとき
(c) ヘッドを超えたとき
(d) コンクリートを打ち終わったとき

図 5.3　軟練りのコンクリートを急速に打ち込む場合の側圧

(a) コンクリート打ち始めのとき
(b) ちょうど側圧が最大（ヘッド）に達したとき
(c) ヘッドを超えたとき
(d) コンクリートを打ち終わったとき

表 5.3　型枠設計用の側圧（JASS 5-2009 本文の表 9.1 を加筆修正）

打込み速さ	10 m/h(1.67 m/10 min) 以下の場合		10 m/h(1.67 m/10 min) を超え 20 m/h(3.33 m/10 min) 以下の場合		20 m/h (3.33 m/10 min) を超える場合
部位　H(m)	1.5 以下	1.5 を超え 4.0 以下	2.0 以下	2.0 を超え 4.0 以下	4.0 以下
柱	$W_0 H$	$1.5W_0 + 0.6W_0 \times (H-1.5)$	$W_0 H$	$2.0W_0 + 0.8W_0 \times (H-2.0)$	$W_0 H$
壁		$1.5W_0 + 0.2W_0 \times (H-1.5)$		$2.0W_0 + 0.4W_0 \times (H-2.0)$	

［注］　H：フレッシュコンクリートのヘッド(m)（側圧を求める位置から上のコンクリートの打込み高さ）
　　　W_0：フレッシュコンクリートの単位容積質量（t/m³）に重力加速度を乗じたもの（kN/m³）

JASS 5（2009年版）で定めた型枠設計用コンクリートの側圧式を表5.3に示す．この表では，コンクリートの側圧に影響する要因として，コンクリートの打込み速さ，比重，打込み高さおよび柱・壁などの部位の影響をあげている．打込み速さとは，コンクリートポンプの打込み能力と部位に対するコンクリートの打込み方法によって決まる．たとえば，独立柱を連続的に打ち込むと，打込み速さは簡単に20 m/hを超えてしまい，柱高さが大きいときには柱下部に大きな側圧が生じる．また，壁の場合も実状に合わせると打込み速さの標準は，10～20 m/hとする方が望ましい．また，JASS 5（2003年版）では壁長さ3 m以下と3 mを超える場合とで要因分けをしていたが，JASS 5（2009年版）では，壁長さ3 mを超える場合を削除し，安全側に設定しており，本指針でもこれに準じて変更している．なお土木学会の側圧式[4]では，同じ打込み速さ条件で比較するとJASS 5（2009年版）の側圧式よりもかなり大きい側圧値を設定している．一般に土木構造物の部材寸法はかなり大きく，したがって，その打込み速さは建築物ほど速くないこともあるが，いずれにしても建築物に比べて型枠はかなり強固に組み立てているようである．

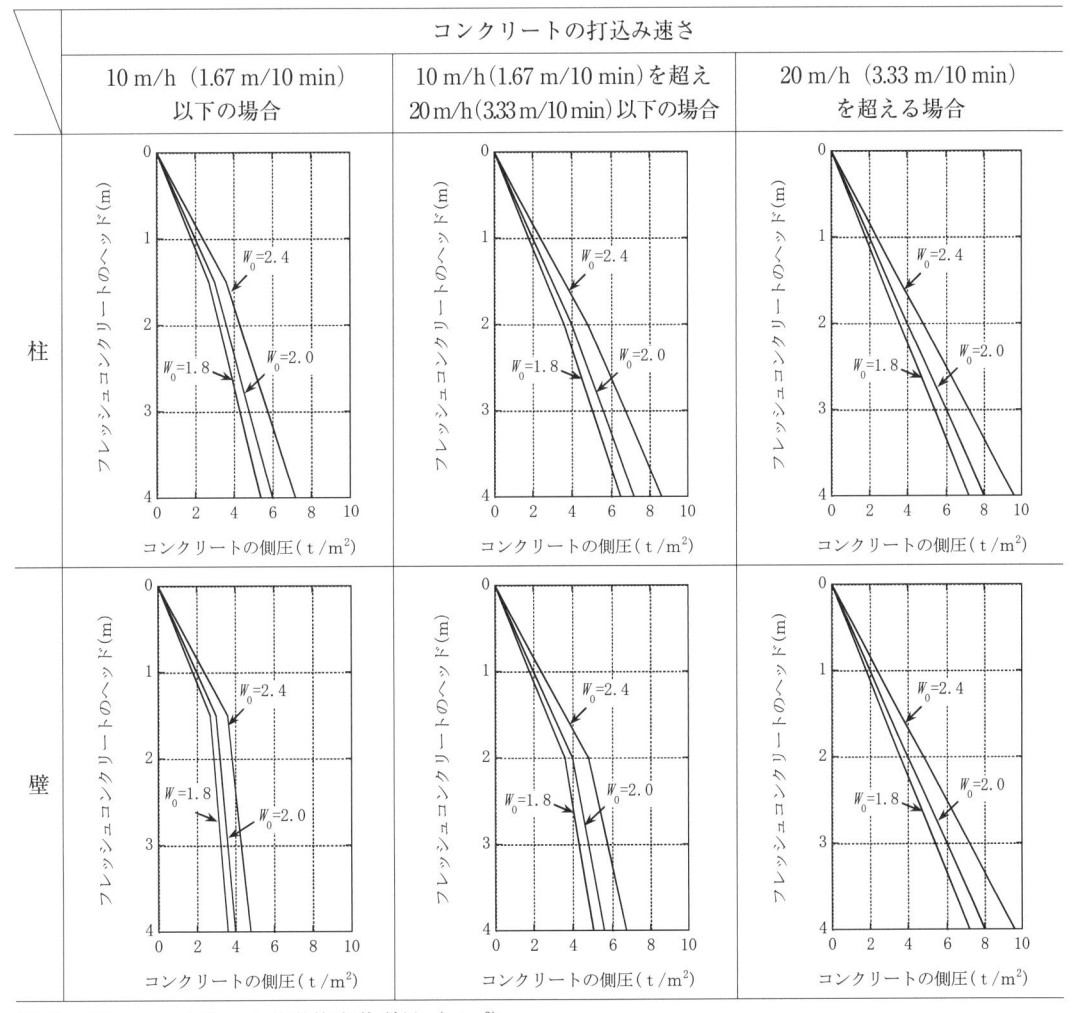

[注] W_0：コンクリートの単位容積質量（t/m³）

図5.4 コンクリートの側圧（表5.3を図示したもの）

表 5.4　側圧に影響する要因[7]

打込み速さ	打込み速さが速ければ，ヘッドが大きくなって最大側圧が大となる．
コンシステンシー	コンクリートが軟らかければ，コンクリートの内部摩擦角が小さくなり，液体圧に近くなり側圧は大となる．
コンクリートの単位容積質量	単位容積質量が大きければ，側圧は大となる．
コンクリートの温度および気温	温度が高ければ凝結時間が短くなり，コンクリートの打込み高さに従って，コンクリートヘッドが小となり，側圧が減少する．
せき板表面の平滑さ	打ち込んだコンクリートと型枠表面との摩擦係数が小さいほど液体圧に近くなり，最大側圧は大となる．
せき板材質の透水性または漏水性	透水性または漏水性が大きいと最大側圧は小となる．
せき板の水平断面	柱あるいは厚い壁などの部材では垂直方向のアーチ作用が減り，最大側圧は大となる．
バイブレータ使用の有無	バイブレータをかけると，コンクリートの内部摩擦角が減少し，コンクリートは液体圧にほぼ等しい側圧を示すようになる．
鉄骨または鉄筋量	補強筋は上部から下部へ伝えられる圧力を妨げるうえ，鉄筋のすき間においてもアーチ作用が起きるから，鉄骨・鉄筋あるいは設備用配管が多ければ多いほど側圧は減少する．

　型枠設計用のコンクリートの側圧を図 5.4 に示す．図の縦軸はフレッシュコンクリートのヘッドの高さを示し，横軸は側圧を示している．図からわかるように，最大側圧は最下部に生じ，側圧はコンクリート天端からある距離までは液圧として作用する．このように，ポンプ工法では柱・壁などの打込み速さが大きくなるため，打込みにあたっては，打込み順序や打込み方法を検討し，側圧が過大にならないように考慮するとともに，型枠が側圧に十分耐えるように設計しなければならない．

　このほかにコンクリートの側圧に影響する要因は，コンクリートの温度，部材断面の大きさ，鉄筋の密度およびせき板の透水性などがある．これらの要因をすべて考慮することは不可能であるので，計算上は JASS 5（2009 年版）の側圧の算定式を基本とする．参考として側圧に影響する要因を表 5.4 に示す．

5.2.4　型枠が傾斜している場合の水平荷重

　型枠が傾斜している構造物の場合，大きな水平荷重が作用する．そのため，型枠剛性が不足してしまい，不具合や事故の発生につながるおそれがあるので注意する．ここでは，「足場・型枠支保工設計指針」[1]を引用して，型枠が傾斜している場合の水平荷重係数を算定する．

　図 5.5 のようなハンチ部など傾斜している部材は，傾斜角度が大きくなるほど，水平力は大きくなる．斜材（ブレース）の水平負担力は，通常の水平荷重（鉛直設計荷重の 2.5% あるいは 5%）だけでなく，この傾斜の影響による水平荷重増加を考慮する必要がある．型枠（大引）と支柱の摩擦係数を 0.2 とした時の水平荷重係数を図 5.6 に示す．例えば傾斜角 20 度の場合，この係数は 0.15

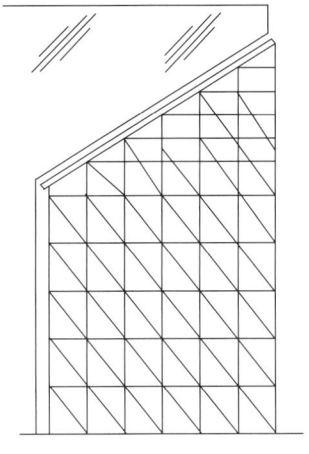

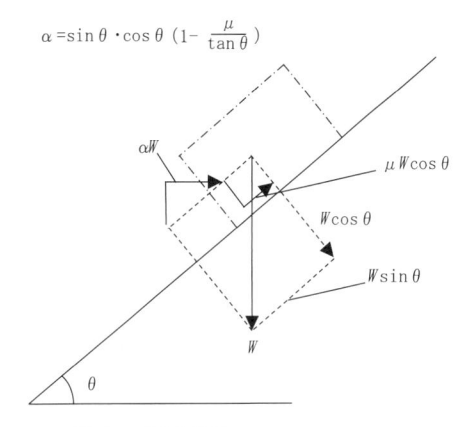

図 5.5 型枠が傾斜している場合の水平荷重

$$\alpha = \sin\theta \cdot \cos\theta \left(1 - \frac{\mu}{\tan\theta}\right)$$

図 5.6 型枠が傾斜している場合の水平荷重係数
（$\mu = 0.2$ の場合）

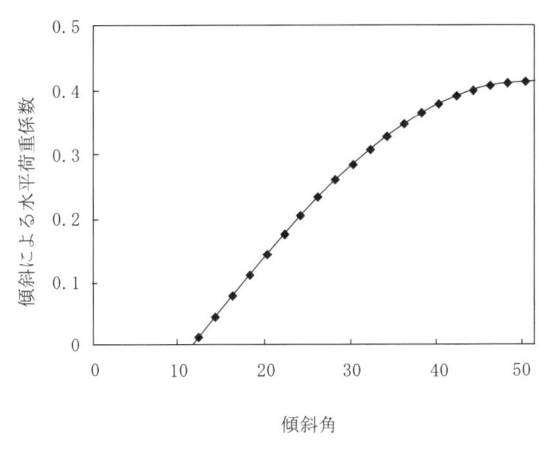

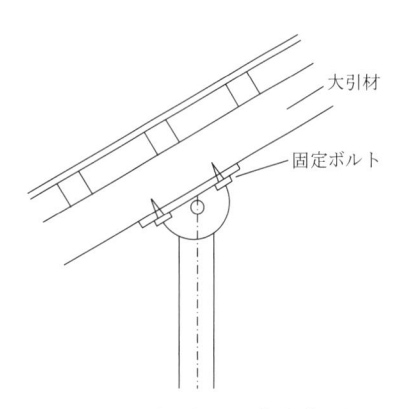

図 5.7 傾斜部材の固定方法の例

つまり鉛直荷重の15％程度となる．また傾斜が大きいと，大引と支柱ベース金物（ピポット型ベース金具）との間ですべりを生じるおそれがあるため，ボルトなどで固定する必要がある〔図5.7参照〕．

5.3 許容応力度

型枠に作用する荷重を検討した後，型枠が安全であるかどうかを検討するため構造計算を行う．そこで，選定した型枠の材料の許容応力度を定める必要がある．JASS 5 では，型枠の構造計算に用いる材料の許容応力度を以下のように定めている．

（1）支保工については，労働安全衛生規則第241条に定められた値

（2）支保工以外のものについては，下記の法令または規準などにおける長期許容応力度と短期許容応力度の平均値

（i）建築基準法施行令第89条および第90条

(ⅱ) 本会「型枠の設計・施工指針案」[8],「鋼構造設計規準」[9],「軽鋼構造設計施工指針」[10],「木質構造設計規準」[11]

労働安全衛生規則は支保工についてのみ許容応力度を定めているので，JASS 5 では支保工以外のものについて別途定めている．

木材を支保工に使用する場合の許容応力度を，労働安全衛生規則と建築基準法とを比較しながら表 5.5 に示す．表からわかるように，労働安全衛生規則での支保工の許容応力度は，建築基準法で定める材料の長期と短期の許容応力度のほぼ中間値を採用している．そこで，JASS 5 では支保工以外のものについても，労働安全衛生規則での考え方に準じて材料の許容応力度を，建築基準法あるいは各種の学会規準の長期と短期の許容応力度の平均値とすることとしている．

今日では，支保工の材料として，すべて木材を用いて組み立てることはほとんどなく，全部鋼材を使用するか一部木材を使用するのが一般的である．木材を支保工に使用する場合は，労働安全衛生規則に定められた許容応力度に従う．

鋼材の許容応力度については，労働安全衛生規則（平成 19 年厚生労働省令第 47 号）において次のように定めている．

（1）鋼材の許容曲げ応力および許容圧縮応力の値は，当該鋼材の降伏強さの値又は引張強さの値の 4 分の 3 の値のうちいずれか小さい値の 3 分の 2 の値以下とすること．

（2）鋼材の許容せん断応力の値は，当該鋼材の降伏強さの値又は引張強さの値の 4 分の 3 の値のうちいずれか小さい値の 100 分の 38 の値以下とすること．

この規定を支保工として現在使用されている鋼材の主要なものについて整理すると，表 5.6 のようになる．支保工のうち，特に支柱として使用する場合は圧縮応力が作用するので，座屈応力度に

表 5.5 木材の許容応力度　　　　　　　　　（単位：N/mm²）

種類	樹種	圧縮			引張り・曲げ			せん断		
		建築基準法施行令		労働安全衛生規則	建築基準法施行令		労働安全衛生規則	建築基準法施行令		労働安全衛生規則
		長期	短期		長期	短期		長期	短期	
針葉樹	あかまつ・くろまつ・べいまつ	7.4	14.7	11.8	9.3	18.6	13.2	0.8	1.6	1.0
	からまつ・ひば・ひのき・べいひ	6.9	13.7	11.8	8.8	17.7	13.2	0.7	1.4	1.0
	つが	6.4	12.7	11.8	8.8	17.7	13.2	0.7	1.4	1.0
	べいつが	6.4	12.7	8.8	8.3	16.7	10.3	0.7	1.4	0.7
	もみ・えぞまつ・とどまつ・すぎ・べいすぎ	5.9	11.8	8.8	7.4	14.7	10.3	0.6	1.2	0.7
広葉樹	かし	8.8	17.7	13.2	12.7	25.5	19.1	1.4	2.7	2.1
	くり・なら・ぶな・けやき	6.9	13.7	10.3	9.8	19.6	14.7	1.0	2.0	1.5

［注］　出典を SI 単位に変換

表5.6 鋼材のF値および許容応力度　　　　　　　　　　　（単位：kN/cm²）

種類		F値	引張・圧縮・曲げ	せん断	支圧
SS330	鋼材の厚さが16 mm以下	20.5	13.7	7.8	20.5
	鋼材の厚さが16 mmを超え40 mm以下	19.5	13.0	7.4	19.5
	鋼材の厚さが40 mmを超えるもの	17.5	11.5	6.7	17.5
SS400	鋼材の厚さが16 mm以下	24.5	16.3	9.3	24.5
	鋼材の厚さが16 mmを超え40 mm以下	23.5	15.7	8.9	23.5
	鋼材の厚さが40 mmを超える	21.5	14.3	8.2	21.5
STK400		23.5	15.7	8.9	23.5
STKR400		24.5	16.3	9.3	24.5
SSC400		24.5	16.3	9.3	24.5
STK490		31.5	21.0	12.0	31.5
STKR490		32.5	21.7	12.4	32.5
STK500		35.5	23.7	13.5	35.5
STK540		39.0	26.0	14.8	39.0

表5.7 木材および鋼材の許容座屈応力度（労働安全衛生規則）

木　材		鋼　材	
$\frac{l_k}{i} \leq 100$ の場合	$f_k = f_c \left(1 - 0.007 \frac{l_k}{i}\right)$	$\frac{l}{i} \leq \Lambda$ の場合	$\sigma_c = \frac{1 - 0.4(l/i/\Lambda)^2}{\nu} F$
$\frac{l_k}{i} > 100$ の場合	$f_k = \dfrac{0.3 f_c}{\left(\dfrac{l_k}{100i}\right)^2}$	$\frac{l}{i} > \Lambda$ の場合	$\sigma_c = \dfrac{0.29}{(l/i/\Lambda)^2} F$

l_k：支柱の長さ（支柱が水平方向の変位を拘束されているときは，拘束点間の長さのうち最大の長さ）（cm）
i：支柱の最小断面二次半径（cm）
f_c：許容圧縮応力の値（N/mm²）
f_k：許容座屈応力の値（N/mm²）

l：支柱の長さ（cm）
i：支柱の最小断面二次半径（cm）
Λ：限界細長比 $= \sqrt{\pi^2 E/0.6F}$
　　ただし，π：円周率　E：当該鋼材のヤング係数（N/cm²）
σ_c：許容座屈応力の値（N/cm²）
ν：安全率 $= 1.5 + 0.57(l/i/\Lambda)^2$
F：当該鋼材の降伏強さの値または引張強さの値の4分の3の値のうちいずれか小さい値（N/cm²）

注意しなければならない．許容座屈応力度についても，同様に労働安全衛生規則で定められている．木材および鋼材の許容座屈応力度を表5.7に示す．

なお，床型枠用鋼製デッキプレート「フラットデッキ」は，支保工の省略が可能であるため，最近，鉄筋コンクリート構造にもよく使用されている型枠工法であるが，このフラットデッキは，施工荷重に対する強度計算として，短期許容応力度を採用している．これは転用を前提としない打込み型枠として使用されていることや品質の安定性が高いことなどから，（社）公共建築協会の技術評

価を取得し，適切な運用が行われていることが背景にある．ただし，梁型枠に取り付ける場合，縦桟木の設置などその型枠の組立てに留意する必要があり，「床型枠用鋼製デッキプレート（フラットデッキ）設計施工指針・同解説」[12]に準じて施工を行う．

5.3.1 支保工

支保工は支柱，梁または梁の支持物（根太・大引・外端太・内端太），つなぎ，筋かい，締付け金物などで構成され，それぞれの部材の許容応力度は基本的には前述の考え方に基づき，使用する支保工の材質により定まる．実際には支保工としては，支保工専用の仮設機材として広く市販されているものから選ぶことが多い．それらの製品については，（社）仮設工業会の認定基準に適合していることを確認し[13]，使用にあたっては，それら個々の製品の特徴や使用限度，注意事項などを十分に把握することが大切である．とくに，支柱，梁などの組み合わされた構造のもの（パイプサポート，枠組支柱，組立梁など）は，計算によって構成部材の個々の応力度を詳細に検討することが難しい．そのため，製造者はあらかじめ載荷試験などによって最大使用荷重（許容荷重）を指定している．使用に際しては，この最大使用荷重を超えないことを計算で確かめなければならない．最大使用荷重は，支柱の場合は1本あたりの許容荷重で示され，梁の場合は許容曲げモーメントおよび許容せん断力で示されることが多い．

市販の仮設機材は繰返し使用するものであるが，長年使用すると，変形，曲がり，腐食または損傷などを生じ，これにより強度などが著しく低下するおそれがある．経年変化によりこれら仮設機

表5.8(a)　木材および鋼管の断面性能・許容応力度など

名　称	形状・寸法 (mm)	断面係数 Z ($\times 10^3$ mm^3)	断面2次モーメント I ($\times 10^4$ mm^4)	許容曲げ応力度 f_b (N/mm^2)	ヤング係数 E (kN/mm^2)
桟　木	▭ 50×25	10.4	26.0	(すぎ・べいつが)	
端太角	▭ 100×100	167	833	10.3	6.86
単　管	○ φ48.6 厚さ2.3	3.7	8.99	156.9	2.06×10^2
角パイプ	□ 50角 厚さ2.3	6.34	15.9		
	□ 60角 厚さ2.3	9.44	28.3		

［注］　出典をSI単位に変換

表5.8(b)　パイプサポートの許容荷重[14]　　　　単位：kN

材端条件	連係あり	連係なし			
		使用高さ（m）			
		2以下	2～2.5	2.5～3	3～3.4
上下端　木材	19.6	19.6	17.6	13.7	9.8
上　端　木材 下　端　仕上げコンクリート	19.6	19.6	18.6	16.6	14.7

［注］　上表中「連係あり」とは，パイプサポートについて高さ2m以内ごとに水平2方向に水平つなぎを緊結金具で取り付けることをいう．

表 5.8(c)　枠組の許容荷重[8]

荷重の受け方の状態	a)	b)	c)	d)	e)
1枠あたりの許容荷重(t)	5.0	4.0	3.0	2.0	1.5

表 5.8(d)　セパレータの許容荷重

呼称	有効断面 (mm²)	最大引張強度 (kN)	許容引張力 (kN)
W5/16 (ϕ7)	34.0	20 以上	14
W3/8 (ϕ9)	50.3	30 以上	21
高強度 (ϕ7) W5/16	34.0	30 以上	21

材が劣化した場合は，修理あるいは廃棄するなどの処置をし，つねに適正な管理を行うことも必要である[13]．

一般的に使用される支保工の許容応力度および許容荷重を表 5.8 (a)〜(d) にまとめる．

なお，支柱（サポート）の許容荷重は，表 5.8 (b) では水平つなぎなど有効な拘束がある場合，19.6 kN (2.0 t) となっているが，本指針では，支柱計画の実状を考慮して，有効な拘束がある場合でも最大 14.7 kN (1.5 t) とすることが望ましい．

この表 5.8 (d) では，セパレータの許容荷重は破断荷重の 70% となっている．また，引張試験によると，例えば W5/16 (ϕ7) の場合，セパレータの引張強さは 24 kN/本程度で，その破断位置は，ねじ部あるいはストッパー部であることが多い．許容引張力 14 kN/本の数値は，引張強さの 1/1.8 程度であるため，必ずしも十分な余力がないことに留意してセパレータの配置を計画することが望ましい．なお，最近ではセパレータ W5/16 の引張強さが 30 kN/本程度の高強度タイプも使用されている．

5.3.2　支保工以外の型枠材料

一般的には，支保工以外の型枠材料は主としてせき板である．通常せき板には合板が使用されるが，そのほかにも鋼製型枠パネル（メタルフォーム）・アルミニウム合金製型枠パネルなども最近使用されている．

型枠用合板の許容応力度については明確な規定がないが，一般に市販されているラワン合板の曲げ強度の実験結果の一例[16]を表5.9に示す．これによると，ラワン合板の曲げ強度（長さ方向）は湿潤状態で41.2 N/mm^2（12 mm厚），31.6 N/mm^2（15 mm厚），35.6 N/mm^2（18 mm厚）であり，安全率を2（長期と短期の平均）とすると，許容曲げ応力度はおおよそ21 N/mm^2（12 mm厚），16 N/mm^2（15 mm厚），18 N/mm^2（18 mm厚）となる．ばらつきも考慮すると許容応力度は安全性を考慮して多少低い値が適切といえる．そこで，本指針では，型枠用合板の長さ方向の場合の許容曲げ応力度を，通常使用される12 mmから18 mmにおいて13.7 N/mm^{2}とする．また，幅方向の場合は長さ方向の60%程度として7.8 N/mm^{2}とする．

　また，型枠用合板は「合板の日本農林規格」により曲げ剛性が規定されており，規格に定められている曲げ剛性試験の結果，表5.10に示す曲げヤング係数の最小値を満足することとしている．なお，湿潤状態だと気乾状態の80%近くになること[16]から，許容応力度の設定は，この湿潤状態を考慮して安全側に定める．

　また，幅方向の場合の曲げヤング係数は，湿潤状態を考慮して厚さ12〜18 mmの場合，3.5 kN/mm^{2}と考える．

　一般的に使用されている型枠用合板の許容曲げ応力度および曲げヤング係数を表5.11（a）にまとめる．

　金属製型枠パネルは，JIS A 8652によって強度および剛性の試験方法が規定されている．鋼製型枠の種類と断面定数およびJIS A 8652の強度試験に定められた荷重を載荷した場合の引張縁最大応力度を表5.11（b）に示す．その応力度をそのパネルの曲げ強度と考え，安全率を2とした場合の許容曲げ応力度を合わせて表に示す．アルミニウム合金製については製品によって異なるので，各社のカタログを参照するとよい．

表5.9　合板の静的曲げ試験結果（文献9）を抜粋して整理）

公称厚さ (mm)	水分条件	曲げ強さ σ_0 (kN/mm^2)	σ_{90} (kN/mm^2)
12	A	53.3	28.0
	W	41.2	24.0
15	A	44.3	33.3
	W	31.6	22.5
18	A	46.7	33.8
	W	35.6	26.6

［注］　A：気乾　W：多湿

表5.10　型枠用合板の曲げヤング係数の最小値（「合板の日本農林規格」抜粋）

合板の厚さ (mm)		12	15	18	21	24
曲げヤング係数 (kN/mm^2)	長さ方向	7.0	6.5	6.0	5.5	5.0
	幅方向	5.5	5.0	4.5	4.0	3.5

表5.11(a)　型枠用合板の断面性能・許容曲げ応力度など

繊維の方向	厚さ (mm)	断面2次モーメント I （単位幅： $\times 10^4$ mm^4/mm）	断面係数 Z （単位幅： $\times 10^3$ mm^3/mm）	許容曲げ応力度 f_b (N/mm^2)	曲げヤング係数 E (kN/mm^2)
長さ方向	12	0.01440	0.0240	13.7	5.5
	15	0.02812	0.0375		5.1
	18	0.00486	0.0540		4.7
幅方向	12	0.01440	0.0240	7.8	3.5
	15	0.02812	0.0375		
	18	0.00486	0.0540		

表5.11(b)　鋼製型枠（メタルフォーム）の断面性能・許容曲げ応力度など

形状および寸法 (mm)	引張縁から中立軸までの距離 x_n (mm)	断面2次モーメント I ($\times 10^4$ mm^4)	断面係数 Z ($\times 10^3$ mm^3)	曲げ剛性 EI (kN·mm^2)	引張縁最大応力度 (N/mm^2)	許容曲げ応力度 (N/mm^2)
300幅	42.3	29.8	7.04	6.13×10^9	213	106
200幅	42.3	19.8	4.69	4.09×10^9	213	106
150幅	40.3	18.2	3.76	3.76×10^9	166	82
100幅	37.6	16.0	4.25	3.30×10^9	118	59

［備考］　組立て用Uクランプの穴の影響は無視している．
［注］　＊ JIS A 8652 金属製型わくパネルの強度試験（6.2）による．

5.4　許容変形量

　コンクリート打込み後，型枠が各種の荷重に対して安全であることが確かめられても，それらの荷重で型枠が変形し，かつ，そのままコンクリートが硬化してしまうと，型枠本来の目的が損なわれてしまう．型枠が変形したままコンクリート躯体ができ上がると，寸法精度が悪くなり後工程に支障が出てくるばかりでなく，打放し仕上げなどの場合には美観上も問題となる．したがって，荷重による型枠の安全性の確認のほかに，型枠の変形・たわみに対する検討も必要となってくる．実際に構造計算を行うと，変形量で型枠の構造が決まることが多い．

　しかしながら，部材の位置・断面寸法または変形量の許容値をどのくらいに設定すべきかについては統一された考え方はない．JASS 5では，コンクリート部材の位置および断面寸法の許容差の標準値について表5.12，コンクリートの仕上がりの平たんさの標準値について表5.13のように示している．表によると，仕上げ厚さがきわめて薄い場合は3mにつき7mm（7/3000=1/430）以下，仕上げ厚さが7mm未満の場合は3mにつき10mm（10/3000=1/300）以下，仕上げ厚さが7mm

表 5.12 コンクリート部材の位置および断面寸法の許容差の標準値（JASS 5 本文 表 2.1）

項　目		許容差（mm）
位　置	設計図に示された位置に対する各部材の位置	±20
構造体および部材の断面寸法	柱・梁・壁の断面寸法	−5, +20
	床スラブ・屋根スラブの厚さ	
	基礎の断面寸法	−10, +50

表 5.13 コンクリートの仕上がりの平たんさの標準値（JASS 5 本文 表 2.2）

コンクリートの内外装仕上げ	平たんさ（凹凸の差）（mm）
仕上げ厚さが 7 mm 以上の場合，または下地の影響をあまり受けない場合	1 m につき 10 以下
仕上げ厚さが 7 mm 未満の場合，その他かなり良好な平たんさが必要な場合	3 m につき 10 以下
コンクリートが見え掛りとなる場合，または仕上げ厚さがきわめて薄い場合，その他良好な表面状態が必要な場合	3 m につき 7 以下

以上の場合は，1 m につき 10 mm（10/1000＝1/100）以下としている．これらは躯体でき上がりでの精度であり，その精度は型枠の組立て精度やせき板，支保工おのおののたわみや変形が積み重なって形成されるものである．したがって，型枠の構造計算で変形量を規制しながら支保工間隔などを算定する場合，最終的な変形量は各部の変形が累積されてくるものと考えなければならない．

　一方，変形量は，支持条件をどのように仮定するかでその結果が異なってくる．たとえば，単純支持で計算したものは，両端固定で計算したものと比べてたわみは大きくなる．実際の型枠架構の支持条件は複雑で，単純支持から両端固定まであるため，図 5.8 に示すように両者の中間にあると考えてよい．単純支持と仮定すると安全側であり，両端固定とすると危険側となる．そこで，型枠架構（根太・大引・端太材）のたわみの計算条件は，単純支持で計算したものと両端固定で計算したものの平均値とすることを基本とする．ただし，せき板に合板を用いる場合は転用などによる劣化のため，剛性低下を考慮し，安全側となる単純支持とする．

　なお，一般には幅 60 cm×180 cm の組立てパネル（合板＋桟木）をせき板として使用する事例が多い．この場合，桟木に直接，釘固定されるため，合板の支持条件は，単純支持と両端固定の中間としてよいと判断する．

　旧指針では，変形量の考え方の一例としてせき板・根太・大引そして支柱の各変形が累積されたものと考え，総変形量で検討してきたが，本指針では総変形量の検討から，各部材のたわみ検討に変更することとし，各部材の許容たわみを 3 mm とした．本来，許容たわみはコンクリート面に要求される仕上がり精度によって決めるべきであり，できれば計算上のたわみ設定は，2 mm 以下を目安とすることが望ましい．また，総変形量は，合計して 5 mm 以下を目安とする．

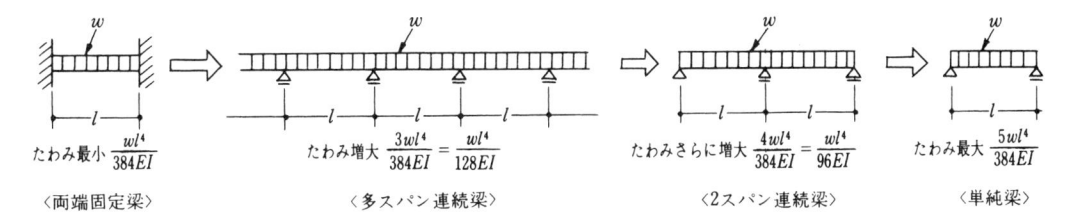

図5.8 型枠架構の支持条件とたわみの関係[17]

〈両端固定梁〉 たわみ最小 $\dfrac{wl^4}{384EI}$

〈多スパン連続梁〉 たわみ増大 $\dfrac{3wl^4}{384EI} = \dfrac{wl^4}{128EI}$

〈2スパン連続梁〉 たわみさらに増大 $\dfrac{4wl^4}{384EI} = \dfrac{wl^4}{96EI}$

〈単純梁〉 たわみ最大 $\dfrac{5wl^4}{384EI}$

5.5 構造計算例

　型枠は仮設物であり，場合によっては計算された応力分布とは異なることもある．また，コンクリート打込み時などに生じる荷重の伝わり方が正確に予測できない部分もある．それゆえ，許容応力度あるいは安全率を考慮した計算により，コンクリートの鋳型としての性能を十分発揮できるように配慮することが大切である．

　型枠の支持条件は純粋な単純支持でも，また両端固定でもない．厳密に言えば，かなり複雑な支持条件と言える．これらを正確に解析するのは困難である．そこで，応力度の検討の場合もたわみの場合〔5.4節〕と同様に，合板せき板の支持条件は単純梁，合板以外のせき板，根太や大引（内端太や外端太）の支持条件は，単純梁と両端固定梁の中間の値でもよいとする．なお，大引については，支持点間に1〜3点しか作用しない場合は，集中荷重として算定することが望ましい．荷重点が4点以上の場合，等分布荷重として計算してよいとする．また，曲げ応力の算定には，コンクリートの質量，型枠の質量等の基本鉛直荷重および作業荷重を合計した鉛直荷重を用いる．

　表5.14に支持条件と荷重状態による曲げモーメントとたわみの関係式のいくつかを例として示す．これらの支持条件以外でも適切な計算式を用いてもよい．

　構造計算の方法は大きく分けて2種類ある．
　イ）　設計荷重により型枠に働く応力（曲げ・せん断・圧縮・引張り）および変形量を計算し，その値が型枠の許容応力および許容変形量を超えないことを確認する方法．
　ロ）　型枠に作用する荷重を求め，その値が型枠の許容荷重および許容変形量を超えないことを確認する方法．

　前者の方法は許容応力度によるものであり，その値は労働安全衛生規則に従わねばならない．後者の方法はパイプサポートや枠組支柱などのような組立部材を使用する場合に，あらかじめ設定されている許容荷重に基づいて計算する．この場合に注意しなければならないことは，これらの組立部材の適用範囲を誤って使用していないかどうかを確かめることである．また，いずれの方法も変形についても検討する．

　以下に型枠の構造計算の具体例を示す．これらはあくまでも参考例であり，実際の工事では個々に条件が異なるので，必ずしもこれらの計算方法によらなくてもよい．構造計算の目的は細部の計算にこだわることなく，型枠全体のバランスについて大局的に検討することにある．

表 5.14 荷重状態・支持条件とモーメント・たわみの関係式の例

型枠の種類	荷重状態	支持条件	最大モーメント	最大たわみ
せき板（合板）	等分布荷重 w	単純梁	$M = \dfrac{wl^2}{8}$	$\delta = \dfrac{5wl^4}{384EI}$
	三角形分布荷重 w	単純梁	$M = \dfrac{wl^2}{9\sqrt{3}}$	$\delta = 0.00652 \dfrac{wl^4}{EI}$
せき板（合板以外），根太あるいは内端太	等分布荷重 w	単純梁と両端固定の平均	$M = \dfrac{wl^2}{12}$	$\delta = \dfrac{wl^4}{128EI}$
	三角形分布荷重 w	単純梁と両端固定の平均	$M = 0.0428wl^2$	$\delta = 000391 - \dfrac{wl^4}{EI}$
大引あるいは外端太	中央集中 P	単純梁と両端固定の平均	$M = \dfrac{3Pl}{16}$	$\delta = \dfrac{5Pl^3}{384EI}$
	三等分点 P,P	単純梁と両端固定の平均	$M = \dfrac{2Pl}{9}$	$\delta = \dfrac{7Pl^3}{324EI}$
	四等分点 P,P,P	単純梁と両端固定の平均	$M = \dfrac{11Pl}{32}$	$\delta = \dfrac{23Pl^3}{324EI}$

［注］＊単純梁と両端固定では最大値を示す位置が多少異なるが，おおむねこの値でよい．

5.5.1 床型枠の計算例

スラブ厚さ 150 mm の床型枠を設計する．普通コンクリートを打ち込み，使用材料は表 5.15 に示すものとする．床型枠の構成は図 5.9 に示す．根太間隔を 0.3 m，大引間隔を 1.2 m，支柱間隔を 1.2 m と設定する．

［荷重の計算］

表 5.1 により，鉛直荷重を求める．通常のポンプ工法によるので，応力計算のための積載荷重は作業荷重と衝撃荷重とを合わせて 1.5 kN/m² とする．なお，固定荷重の計算で鉄筋の荷重 1.0 kN/m³×部材厚（m）も考慮することが望ましいが，ここでは鉄筋の荷重を無視して計算している．

　　　応力計算用鉛直荷重
　　　　＝固定荷重（23.5 kN/m³×0.15 m ＋ 0.4 kN/m²）＋積載荷重（1.5 kN/m²）
　　　　＝5.42 kN/m²

［許容変形量の設定］

支柱 1 本あたりの負担できる最大面積は，14.7 kN/5.42 kN/m²＝2.71 m² である．

許容変形量はせき板，根太，端太角，支柱の各部材それぞれ 2 mm 以下を目安と考える．

［せき板の検討］

せき板の長さ方向と直角に根太を配置（強辺方向）する．

せき板は合板なので，等分布荷重を受ける単純梁として計算する．根太間隔（心々）は 300 mm

表 5.15 床型枠の使用材料

種類と形状		断面係数 Z ($\times 10^3$ mm^3)	断面2次モーメント I ($\times 10^4$ mm^4)	許容曲げ応力度 f_b (N/mm^2)	ヤング係数 E (kN/mm^2)
せき板	合板厚さ12 mm	0.024*	0.0144*	13.7	5.5
根太	ϕ48.6 厚さ2.4 mm	3.83	9.32	156.9	206
大引	100×100 mm	167	833	10.3	6.86
支柱	パイプサポート	最大使用荷重(許容荷重)14.7 kN/本(1500 kg/本)使用長さ3.4 m			

[注] *は単位幅1 mm

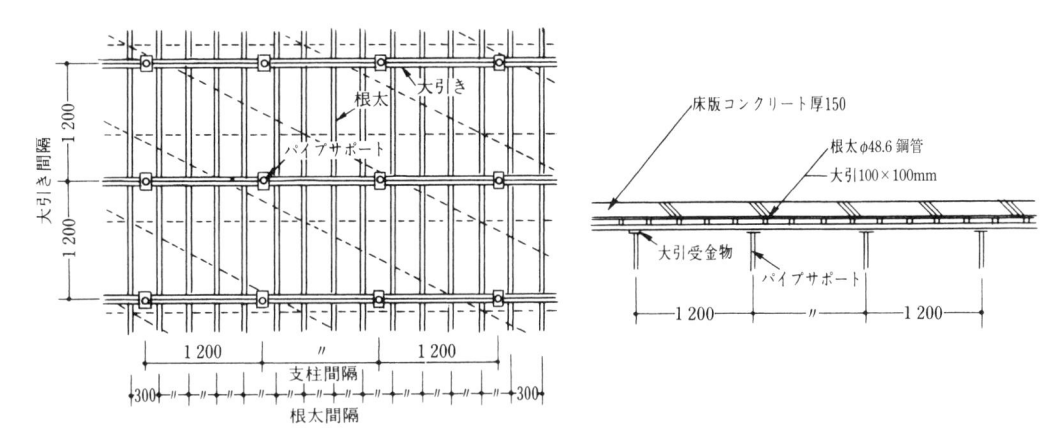

図 5.9 床型枠の構成

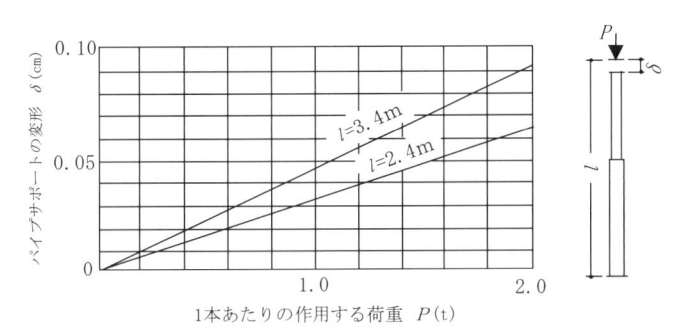

図 5.10 パイプサポートの変形と荷重の関係

である.

荷重は $w_1 = 5.42$ kN/m^2 (5.42×10^{-3} N/mm^2) であるため,

曲げ応力検討

$$曲げ応力 \quad \sigma = \frac{M}{Z} = \frac{w_1 l^2}{8Z} = \frac{5.42 \times 10^{-3} \times 300^2}{8 \times 24} = 2.54 \text{ N/mm}^2 < 13.7 \text{ N/mm}^2$$

たわみ検討

$$たわみ \quad \delta = \frac{5w_1 l^4}{384EI} = \frac{5 \times 5.42 \times 10^{-3} \times 300^4}{384 \times 5.5 \times 10^3 \times 144} = 0.7 \text{ mm}$$

[根太の検討]

根太は,単管 ϕ48.6 を使用し,根太間隔を 300 mm,大引の間隔 l_1 を 1200 mm とする.

曲げ応力 　$\sigma = \dfrac{M}{Z} = \dfrac{w_1 l_1^2}{12Z} = \dfrac{5.42 \times 10^{-3} \times 300 \times 1200^2}{12 \times 3830} = 51 \text{ N/mm}^2 < 156.9 \text{ N/mm}^2 \cdots \text{O.K}$

たわみ 　$\delta = \dfrac{w_1 l_1^4}{128EI} = \dfrac{5.42 \times 10^{-3} \times 300 \times 1200^4}{128 \times 206 \times 10^3 \times 93200} = 1.37 \text{ mm}$

[大引の検討]

　根太に伝達された鉛直荷重は，大引（100×100 mm）に集中荷重として作用するが，簡便に計算するために便宜上，ここでは等分布荷重として計算する．

　ここで，支柱間隔 l_2 を 1200 mm と設定すると，

曲げ応力 　$\sigma = \dfrac{M}{Z} = \dfrac{w_1 l_2^2}{12Z} = \dfrac{5.42 \times 10^{-3} \times 1200 \times 1200^2}{12 \times 167 \times 10^3} = 4.67 \text{ N/mm}^2 < 10.3 \text{ N/mm}^2$

$\cdots \text{O.K}$

たわみ 　$\delta = \dfrac{w_1 l_2^4}{128EI} = \dfrac{5.42 \times 10^{-3} \times 1200 \times 1200^4}{128 \times 6.86 \times 10^3 \times 833 \times 10^4} = 1.84 \text{ mm}$

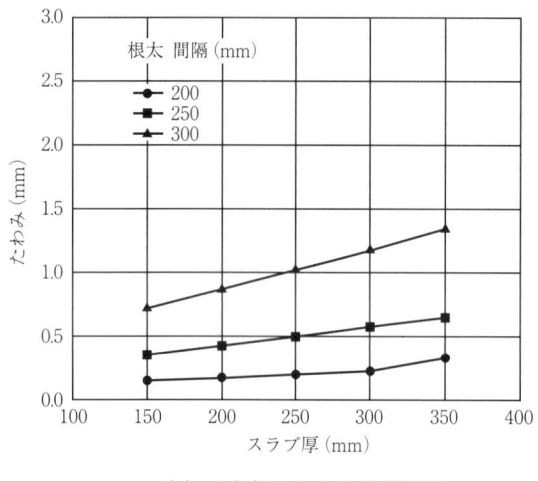

(a) せき板のたわみ計算結果

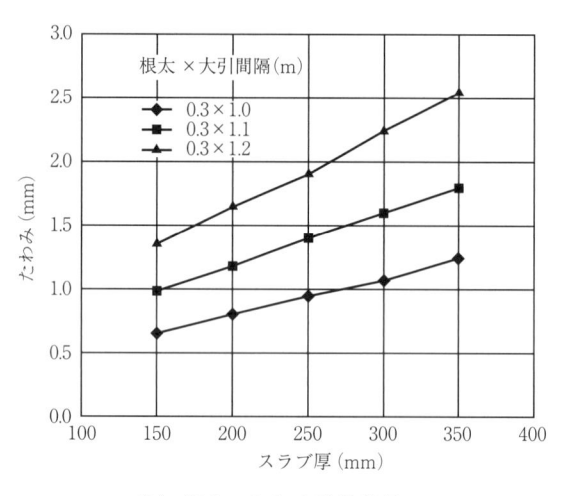

(b) 根太のたわみ計算結果

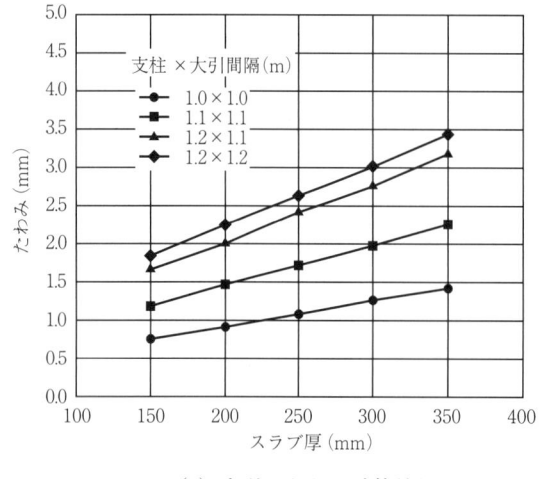

(c) 大引のたわみ計算結果

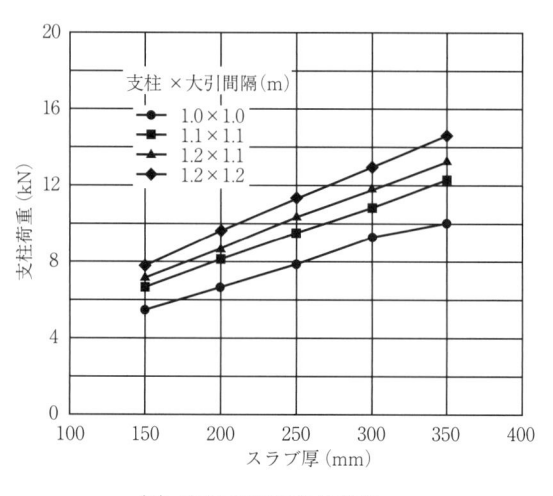

(d) 支柱の荷重計算結果

図 5.11　型枠の支持間隔とたわみの関係

［支柱の検討］

パイプサポート1本あたりに作用する鉛直荷重 P は，

$$P = 5.42 \times 1.2 \times 1.2 = 7.80 \text{ kN} < 14.7 \text{ kN（許容荷重）}$$

また，支柱の長さが3.4 mであるから図5.10より，変形は約0.4 mmとなる．

ここで，床型枠のたわみの総量を算出すると，

$$\Sigma\delta = 0.7 + 1.37 + 1.84 + 0.4 = 4.31 \text{ mm} < 5 \text{ mm}$$

この例題では，支保工の強度およびたわみの面から特に問題ないことが確認された．ただし，最近の床スラブの厚さは200〜300 mmと厚くなる傾向にあるため，支保工の強度およびたわみの面からの検討が大切となる．参考として，スラブ厚を変化させたときの支保工のたわみ計算値を図5.11に示す．

5.5.2 壁型枠の計算例

（1） その1：合板素板使用の場合

高さ3 m，長さ6 m，壁厚180 mmの壁に，打込み速さを約15 m/h以下で打ち込む場合の壁型枠の設計について計算を行う．使用材料は表5.16に示すものとする．壁型枠の構成は図5.12に示す．せき板の内端太間隔を200 mmとする．外端太間隔（縦方向間隔）を400 mmと設定する．

［側圧の計算］

コンクリートの単位容積重量 W_0 を 23.5 kN/m^3（2.4 t/m^3）とし，表5.3より側圧 P は，

$H \leq 2.0$ m　　$P = W_0 \cdot H$

$2.0 < H \leq 4.0$ m

$$P = 2.0W + 0.4W_0(H-2.0) = 2 \times 23.5 + 0.4 \times 23.5 \times (3.0\text{-}2.0) = 56.4 \text{ kN/m}^2$$

基本的に壁底から200 mm位置の高さにセパレータを設けることや，検討の対象となる型枠部位の最大側圧（平均値）は壁底位置より多少上の高さになると判断されるため，壁底から200 mmの高さの側圧を検討のための最大側圧と仮定する．このときの最大側圧 P' は

$$P' = 2.0W_0 + 0.4W_0(H-2.0) = 2 \times 23.5 + 0.4 \times 23.5 \times (2.8\text{-}2.0) = 54.5 \text{ kN/m}^2$$

となる．

［許容変形量の設定］

せき板，内端太，外端太，締付け金物の各部材の許容変形量はそれぞれ2 mm以下を目安と考える．

［せき板の検討］

せき板の支持条件は単純支持とし，荷重状態は等分布荷重とする．側圧は最大側圧 54.5 kN/m^2（54.5×10^{-3} N/mm^2）を用いて検討する．

せき板の内端太間隔を200 mmとすると，

$$\text{曲げ応力}\quad \sigma = \frac{M}{Z} = \frac{w_1 l^2}{8Z} = \frac{54.5 \times 10^{-3} \times 1 \times 200^2}{8 \times 24} = 11.4 \text{ N/mm}^2 < 13.7 \text{ N/mm}^2 \cdots \text{O.K}$$

表 5.16　壁型枠の使用材料

種類と形状		断面係数 Z ($\times 10^3$ mm³)	断面2次モーメント I ($\times 10^4$ mm⁴)	許容曲げ応力度 f_b (N/mm²)	ヤング係数 E (kN/mm²)
せき板	合板厚さ 12 mm	0.024*	0.0144*	13.7	5.5
内端太	φ48.6　厚さ2.4 mm	3.83	9.32	156.9	206
外端太	φ48.6　厚さ2.4 mm	3.83	9.32	156.9	206
緊結材	φ7　セパレータ	許容引張力　14 kN/本			

[注]　*は単位幅1 mm

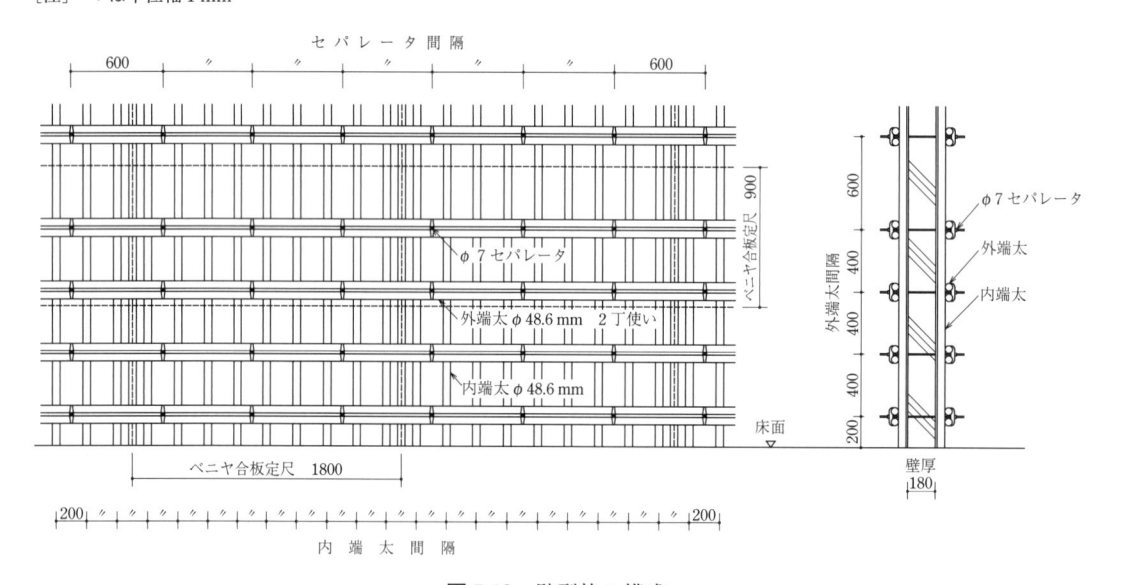

図 5.12　壁型枠の構成

たわみ　　$\delta = \dfrac{5w_1 l^4}{384 EI} = \dfrac{5 \times 54.5 \times 10^{-3} \times 1 \times 200^4}{384 \times 5.5 \times 10^3 \times 144} = 1.4$ mm

[内端太の検討]

　せき板が受ける側圧は内端太に等分布荷重として働く．支持条件は単純支持と両端固定の中間とする．

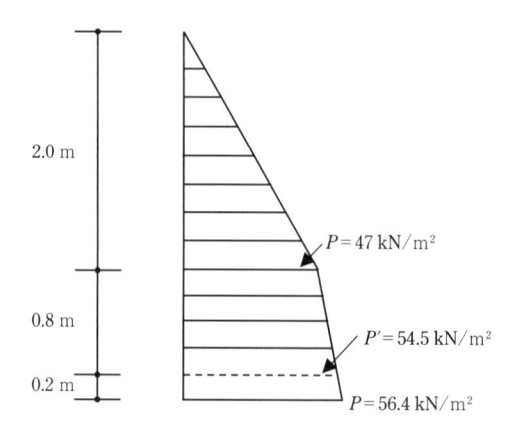

図 5.13　壁の側圧

側圧は，最大側圧 54.5 kN/m² を用いて検討する．内端太間隔は 200 mm，外端太間隔（縦方向間隔）は 400 mm と設定し，内端太に働く曲げ応力とたわみを算出する．

曲げ応力　$\sigma = \dfrac{M}{Z} = \dfrac{w_1 l^2}{12Z} = \dfrac{54.5 \times 10^{-3} \times 200 \times 400^2}{12 \times 3830} = 38.0$ N/mm² < 156.9 N/mm²…O.K

たわみ　$\delta = \dfrac{w_1 l^4}{128EI} = \dfrac{54.5 \times 10^{-3} \times 200 \times 400^4}{128 \times 206 \times 10^3 \times 93200} = 0.11$ mm

[外端太の検討]

外端太は2丁使いとし，等分布荷重と仮定する．支持条件は単純支持と両端固定の中間とする．ここで，外端太間隔（縦方向間隔）は 400 mm，セパレータ間隔（横方向間隔）は 600 mm であり，外端太に働く曲げ応力とたわみを算出する．

曲げ応力　$\sigma = \dfrac{M}{Z} = \dfrac{wl^2}{12Z} = \dfrac{54.5 \times 10^{-3} \times 400 \times 600^2}{12 \times 3830 \times 2} = 85.5$ N/mm² < 156.9 N/mm²…O.K

たわみ　$\delta = \dfrac{wl^4}{128EI} = \dfrac{54.5 \times 10^{-3} \times 400 \times 600^4}{128 \times 206 \times 10^3 \times 93200 \times 2} = 0.58$ mm

[締付け金物の検討]

セパレータ1本に作用する荷重は，

$P = 54.5 \times 10^{-3}$ N/mm² $\times 400$ mm $\times 600$ mm $= 13080$ N $\fallingdotseq 13.1$ kN < 14 kN…O.K

φ7 セパレータの有効断面積は 34 mm² であり，壁厚 180 mm のときセパレータの変形量の計算は，壁厚の半分を用いる．つまり壁厚の半分の長さだけ一方の表面に変形を生じるものとする．

変形量　$\delta = \dfrac{180 \times 0.5 \times 13.10}{34 \times 206} = 0.17$ mm

ここで，壁型枠の総変形量は，$\Sigma \delta = 1.4 + 0.11 + 0.58 + 0.17 = 2.26$ mm < 5 mm（許容変形量）となる．

なお，図 5.13 に示すように，壁の高さ位置が高くなるほど，側圧が減少していくので，上部の方は外端太間隔を多少大きくとれる（計算は省略）．

この例題では，支保工の強度およびたわみの面から特に問題ないことが確認された．ただし，最近のせき板は，桟木付きパネルとすることが多いため，壁型枠の計算例（その2）として桟木付きパネルの場合を計算する．

(2) その2：桟木付きパネル使用の場合

打込み高さ 2.8 m，長さ 6 m，壁厚 180 mm の壁に打込み速さを約 15 m/h 以下で打ち込む場合の壁型枠の設計を行う．使用材料は後述する表 5.17 に示すものとする．

せき板は，あらかじめ図 5.14 のように組み込んだ桟木付きパネル（幅 600 mm）を使用する．桟木付きパネルの場合，縦桟木は 200 mm ピッチであるが周囲に桟木があるため，平均間隔は 150 mm と考える．また，パネルであるところから，せき板の支持条件は単純支持と両端固定の中間とする．

外端太間隔（縦方向間隔）は 400 mm，セパレータ間隔（横方向間隔）は 600 mm とする．

図 5.14　パネル（合板＋桟木）

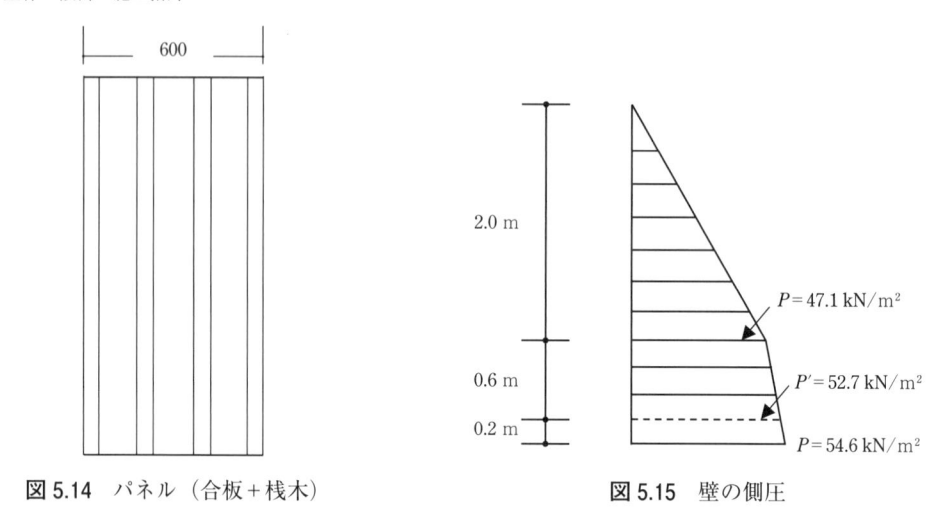

図 5.15　壁の側圧

[側圧の計算]

　コンクリートの単位容積重量 W_0 を 23.5 kN/m³ とし，表 5.3 より側圧 P は，

　　　　$2.0 < H \leq 4.0$ m　$(H = 2.8$ m$)$

　　　　$P = 2W_0 + 0.4W_0(H-2.0) = 2 \times 23.5 + 0.4 \times 23.5 \times (2.8-2.0) = 54.5$ kN/m²

　基本的に壁底から 200 mm 位置の高さにセパレータを設けることや検討の対象となる型枠部位の最大側圧（平均値）は，壁底位置より多少上の高さになると判断されるため，壁底から 200 mm の高さの側圧を検討のための最大側圧と仮定する．このときの最大側圧 P' は

　　　　$P' = 2W_0 + 0.4W_0(H-2.2) = 2 \times 23.5 + 0.4 \times 23.5 \times (2.6-2.0) = 52.7$ kN/m²

　　　　52.7 kN/m² となる．

[許容変形量の設定]

　せき板，内端太，外端太，締付け金物の各部材の許容変形量は，それぞれ 2 mm を目安と考える．

[せき板の検討]

　桟木付きパネルであるため，せき板の支持条件は単純支持と両端固定の中間とし，荷重状態は等分布荷重とする．側圧は最大側圧 52.7 kN/m² を用いて検討する．

　せき板の繊維方向を内端太と平行に配置する．つまり，幅方向の曲げ応力とたわみの検討を行うことになる．

　せき板の内端太間隔を安全側に 200 mm とすると，

　　曲げ応力　$\sigma = \dfrac{M}{Z} = \dfrac{wl^2}{12Z} = \dfrac{52.7 \times 10^{-3} \times 200^2}{12 \times 24} = 7.3$ N/mm² < 7.8 N/mm²…O.K

　　たわみ　　$\delta = \dfrac{wl^4}{128EI} = \dfrac{52.7 \times 10^{-3} \times 200^4}{128 \times 3.5 \times 10^3 \times 144} = 1.31$ mm

[内端太の検討]

　せき板が受ける側圧は，内端太に等分布荷重として働く．支持条件は単純支持と両端固定の中間

とする．内端太に働く単位長さあたりの荷重は，せき板の内端太（表 5.17 に示す 50 mm×25 mm）は幅 600 mm で 4 本が架かっており，平均間隔は 150 mm であるため，

$$w = 52.7 \times 10^{-3} \times 150 = 7.91 \text{ N/mm}$$

ここで，外端太間隔（縦方向間隔）を 400 mm と仮定すると，

曲げ応力　$\sigma = \dfrac{M}{Z} = \dfrac{wl^2}{12Z} = \dfrac{7.91 \times 400^2}{12 \times 10400} = 10.1 \text{ N/mm}^2 < 10.3 \text{ N/mm}^2 \cdots \text{O.K}$

たわみ　$\delta = \dfrac{wl^4}{128EI} = \dfrac{7.91 \times 400^4}{128 \times 6.9 \times 10^3 \times 260000} = 0.88 \text{ mm}$

［外端太の検討］

外端太は φ48.6，厚さ 2.4 mm ダブルを使用する．セパレータ間隔（横方向間隔）を 600 mm とする．また，等分布荷重と仮定する．

荷重は縦方向間隔が 400 mm であるため，$52.7 \times 10^{-3} \times 400 = 21.08 \text{ N/mm}$

曲げ応力　$\sigma = \dfrac{M}{Z} = \dfrac{wl^2}{12Z} = \dfrac{21.08 \times 600^2}{12 \times 3830 \times 2} = 82.6 \text{ N/mm}^2 < 156.9 \text{ N/mm}^2 \cdots \text{O.K}$

たわみ　$\delta = \dfrac{wl^4}{128EI} = \dfrac{21.08 \times 600^4}{128 \times 206 \times 10^3 \times 93200 \times 2} = 0.56 \text{ mm}$

［締付け金物の検討］

セパレータ 1 本に作用する荷重は，

$$P = 52.7 \times 10^{-3} \text{ N/mm}^2 \times 400 \text{ mm} \times 600 \text{ mm} = 12650 \text{ N} = 12.65 \text{ kN} < 14 \text{ kN} \cdots \text{O.K}$$

φ7 セパレータの有効断面積は 34 mm² であるから，壁厚 180 mm のときのセパレータの変形量は，半分の長さを用いて，

変形量　$\delta = \dfrac{180 \times 0.5 \times 12.65}{34 \times 206} = 0.16 \text{ mm}$

ここで，壁型枠の総変形量は，$\Sigma\delta = 1.31 + 0.88 + 0.56 + 0.16 = 2.91 \text{ mm} < 5 \text{ mm}$（許容変形量）となる．

この例題から，桟木付きパネル（幅 600 mm，桟木 4 本）を使用し，セパレータ横方向間隔 600 mm，セパレータ縦方向間隔 400 mm の場合，打込み高さ 2.8 m までであれば，支保工の強度およびたわみの面から特に問題ないことが確認された．

ただし，最近のコンクリートの打込みはポンプ工法を用いて急速に打ち込んでいく傾向にあり，また，階高が高い構造物も増えている．そのため，壁型枠内の側圧が増大することが懸念されるので，壁型枠について，支保工の強度およびたわみの面からの検討が重要となる．必要に応じて回し打ちしながらコンクリートの流動性を抑え，側圧の増加を抑えるようにするが，その一方で，打重ね時間間隔が長すぎると，コールドジョイントの発生を招くおそれがあるため，安易な対応は不具合の原因となる．基本的には想定された側圧力に対応できるように，強度や剛性を確保した壁型枠の設計が望まれる．階高が高い場合，計画的な水平打継ぎ目地を設けて二度打ちするなどの対応が望ましい．

打込み高さを変化させたときの支保工のたわみ計算値を参考に図 5.16 に示す．

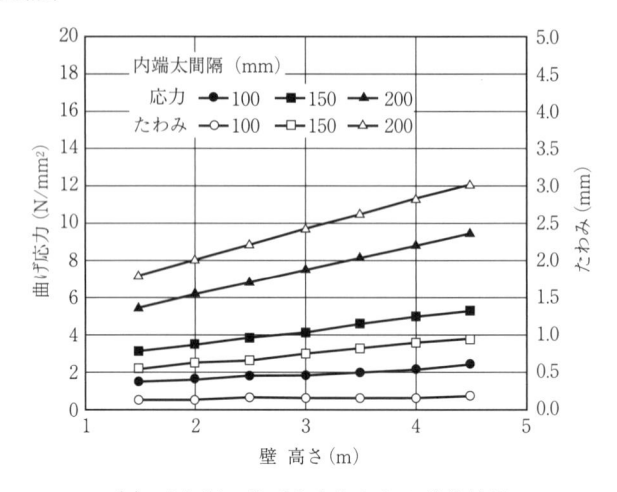

(a) せき板の曲げ応力とたわみ計算結果

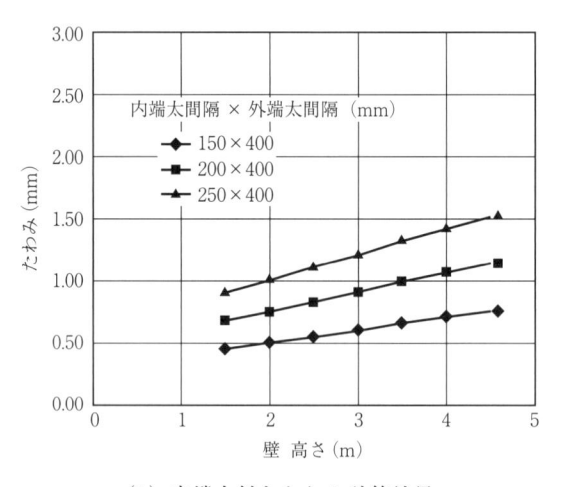

(b) 内端太材とたわみ計算結果

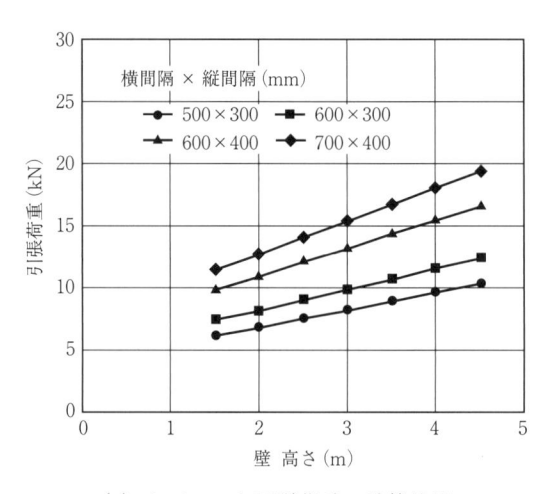

(c) セパレータ引張荷重の計算結果
図 5.16　壁高さと型枠計算結果の関係

5.5.3 柱型枠の計算例

柱断面の大きさが 85 cm×85 cm で，高さ（梁下）2.4 m の独立柱を設計する．コンクリートの打込み速さは，20 m/h を超える条件で計画し，使用材料は表 5.17 に示すものとする．柱型枠の構成を図 5.17 に示す．ただし，せき板は桟木付きパネルを使用する．外端太間隔を 400 mm とする．セパレータ間隔は柱幅（850 mm）の関係で 650 mm とする．

表 5.17 柱型枠の使用材料

種類と形状		断面係数 Z ($\times 10^3 \mathrm{mm}^3$)	断面 2 次モーメント I ($\times 10^4 \mathrm{mm}^4$)	許容曲げ応力度 f_b (N/mm^2)	ヤング係数 E (kN/mm^2)	備考
せき板	合板厚さ 12 mm	0.024*	0.0144*	7.8	3.5	縦使い
内端太	50×25 mm	10.4×10^3	26	10.3	6.9	縦方向
外端太	ϕ48.6 厚さ 2.4 mm	3.83	9.32	156.9	206	横方向
緊結材	ϕ7 セパレータ	許容引張力 14 kN/本（1400 kg/本）				

［注］＊は単位幅 1 mm

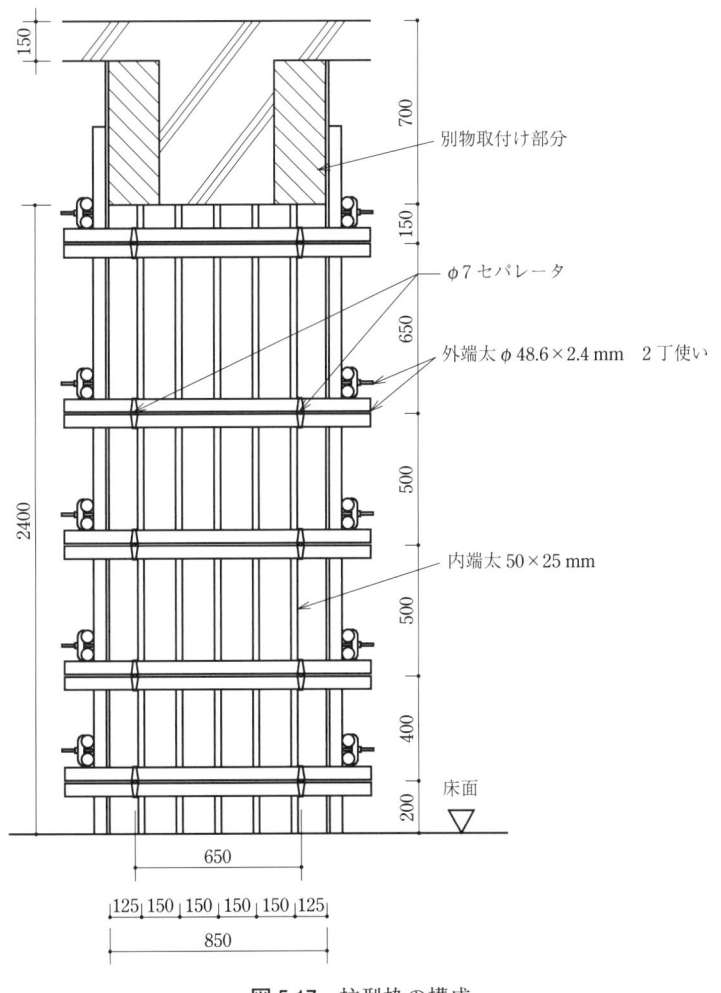

図 5.17 柱型枠の構成

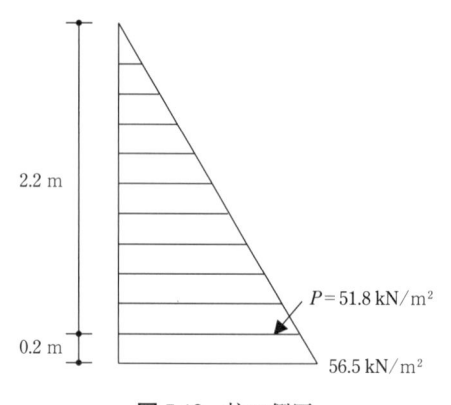

```
                    2.2 m

                                      P = 51.8 kN/m²
              0.2 m
                                      56.5 kN/m²
```

図 5.18　柱の側圧

［側圧の計算］

　コンクリートの単位容積重量 W_0 を 23.5 kN/m³ (2.4 t/m³) とし，柱底から 200 mm 位置の高さの側圧 P を求める．

$$P = W_0 H = 23.5 \times (2.4 - 0.2) = 23.5 \times 2.2 = 51.7 \text{ kN/m}^2$$

　柱下部に最大側圧 51.7 kN/m² が生じる．

［許容変形量の設定］

　セパレータ 1 本あたりの負担できる面積 A を求めると，

$$A = \frac{14 \text{ kN/本}}{51.7 \text{ kN/m}^2} = 0.271 \text{ m}^2/\text{本}$$

となる．外端太を 2 本の締付け金物で締めるとすると，セパレータ 2 本で負担できる面積 $2A$ を柱幅 850 mm で割れば，$2 \times 0.271 \text{ m}^2 / 0.85 \text{ m} = 0.64 \text{ m}$ となり，外端太間隔は 600 mm 程度でよいことになる．ただし，内端太の強度や変形を考慮して外端太間隔は決まるため，外端太間隔はもっと短くする必要がある．

［せき板の検討］

　せき板が縦使いで，内端太も縦端太となるため，せき板は表面木理と直角方向に荷重を受ける．木理と直角方向のせき板の許容曲げ応力，たわみを検討する．ただし，せき板は桟木付きパネルであるため，支持条件は単純支持と両端固定支持の中間とする．

曲げ応力　$\sigma = \dfrac{M}{Z} = \dfrac{wl^2}{12Z} = \dfrac{51.7 \times 10^{-3} \times 200^2}{12 \times 24} = 7.2 \text{ N/m}^2 < 7.8 \text{ N/m}^2 \cdots \text{O.K}$

たわみ　　$\delta = \dfrac{wl^4}{128EI} = \dfrac{51.7 \times 10^{-3} \times 200^4}{128 \times 3.5 \times 10^3 \times 144} = 1.28 \text{ mm}$

［内端太の検討］

　内端太に働く単位長さあたりの荷重は，せき板の内端太は幅 600 mm で 4 本が架かっており，平均間隔は 150 mm であるため，

$$w = 51.7 \times 10^{-3} \text{ N/mm}^2 \times 150 \text{ mm（内端太間隔）} = 7.76 \text{ N/mm}$$

となる．外端太間隔を 400 mm とするため，

曲げ応力 $\sigma=\dfrac{M}{Z}=\dfrac{wl^2}{12Z}=\dfrac{7.76\times 400^2}{12\times 10400}=9.95$ N/m²＜10.3 N/m²…O.K

たわみ $\delta=\dfrac{wl^4}{128EI}=\dfrac{7.76\times 400^4}{128\times 6.9\times 10^3\times 26\times 10^4}=0.87$ mm

［外端太の検討］

内端太に伝達された荷重は外端太に等分布荷重として作用すると考える．

$w=51.7\times 10^{-3}$ N/mm²$\times 400$ mm$=20.7$ N/mm

セパレータ間隔は 650 mm，2 本組で受けるため

曲げ応力 $\sigma=\dfrac{M}{Z}=\dfrac{wl^2}{12Z}=\dfrac{20.7\times 650^2}{12\times 3.83\times 10^3\times 2}=95.1$ N/m²＜156.9 N/m²…O.K

たわみ $\delta=\dfrac{wl^4}{128EI}=\dfrac{20.7\times 650^4}{128\times 206\times 10^3\times 9.32\times 10^4\times 2}=0.75$ mm

［締付け金物の検討］

セパレータ 1 本に作用する荷重は，

$P=51.7\times 10^{-3}$ N/mm²$\times 400$ mm$\times 850$ mm（柱の幅）$\times 1/2=8790$ N

$=8.79$ kN＜14 kN…O.K

φ7 セパレータの有効断面積は 34 mm² であるから，柱幅 850 mm のセパレータの変形量は，半分の長さを用いて，

変形量 $\delta=\dfrac{850\times 0.5\times 8.79}{34\times 206}=0.53$ mm

ここで，総変形量は，$\Sigma\delta=1.28+0.87+0.75+0.53=3.43$ mm＜5 mm（許容変形量）となる．

この例題から，柱型枠として，桟木付きパネル（幅 600 mm，桟木 4 本）を使用する場合，柱の打込み高さ（つまり床面から梁底面までの高さ）が 2.4 m の場合，セパレータ縦方向間隔 400 mm，セパレータ横方向間隔 650 mm で，支保工の強度およびたわみの面から許容限度に近いことが確認された．実際の柱の打込み高さは，もっと高くなることも多いため，この場合，曲げ応力が許容応力度を超えるおそれが生じる内端太を単管サポートで補強するなどの補強対応が必要となる．

5.5.4 梁型枠の計算例

図 5.19 に示す梁型枠の計算を行う．梁せい 700 mm，梁幅 400 mm，スラブ厚 200 mm である．スラブの型枠は在来型枠である．

本計算例ではあらかじめ型枠の配置・間隔を仮定しており，したがって，せき板・支保工が許容応力度を満たしているか，総変形量が許容できるものかどうかを検討する．使用材料は表 5.18 に示すものとする．

梁型枠では，側圧を受ける梁側方向と鉛直荷重を受ける梁底方向に分けて検討する．

表5.18 梁型枠の使用材料

種類と形状		断面係数 Z ($\times 10^3$ mm^3)	断面2次モーメント I ($\times 10^4$ mm^4)	許容曲げ応力度 f_b (N/mm^2)	ヤング係数 E (kN/mm^2)	備考
せき板	合板厚さ12 mm	0.024*	0.0144*	7.8	3.5	横使い
横端太	ϕ48.6 厚さ2.4 mm	3.83	9.32	156.9	206	2丁使い
根太	ϕ48.6 厚さ2.4 mm	3.83	9.32	156.9	206	
大引き	端太角 100×100 mm	167	833	10.3	6.86	
支柱	パイプサポート	許容荷重 14.7 kN/本（1500 kg/本）				
緊結材	ϕ7 セパレータ	許容引張力 14 kN/本（1400 kg/本）				

［注］ ＊は単位幅1 mm

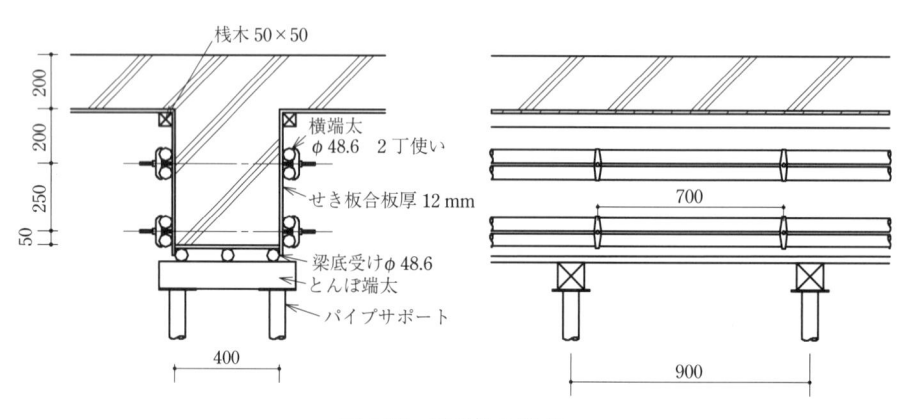

図5.19 梁型枠の構成

(1) 梁 側

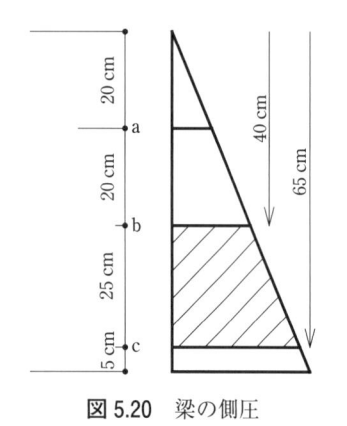

図5.20 梁の側圧

［側圧の計算］

コンクリートの側圧は図5.20のようになる．

a における側圧　　$P_a = 23.5 \times 0.20 = 4.7$ kN/m^2

b における側圧　　$P_b = 23.5 \times 0.40 = 9.4$ kN/m^2

c における側圧　　$P_c = 23.5 \times 0.65 = 15.3$ kN/m^2

下側セパレータ位置 c における側圧　　$P_c = 23.5 \times 0.65$
$$= 15.3 \text{ kN/m}^2$$

［せき板の検討］

せき板に働く側圧 P としては，安全側として下側セパレータ位置 c に作用する側圧を適用すると，

$$P = 15.3 \text{ kN/m}^2$$

である．せき板に働く単位長さ1 mm あたりの荷重は，

$$w = 15.3 \times 10^{-3} \text{ N/mm}$$

となる．

曲げ応力　$\sigma = \dfrac{M}{Z} = \dfrac{wl^2}{8Z} = \dfrac{15.3 \times 10^{-3} \times 250^2}{8 \times 24} = 4.98 \text{ N/mm}^2 < 7.8 \text{ N/mm}^2 \cdots \text{O.K}$

たわみ　　$\delta = \dfrac{5wl^4}{384EI} = \dfrac{5 \times 15.3 \times 10^{-3} \times 250^4}{384 \times 3.5 \times 10^3 \times 144} = 1.54 \text{ mm}$

曲げ応力・たわみともに満足しているが，この例のような型枠の構成では，800 mm 程度までの梁せいが許容限度であり，それ以上の梁せいの場合には縦桟木を入れるなどの支保工の補強を行うことが望ましいと判断される．

せき板の座屈問題は，従来のように床スラブ下に支柱による支持がある場合，特に問題ないことが多いが，床スラブの自重を支柱で支持しない無支保工のデッキ工法のように，床スラブの自重が直接に梁せき板に圧縮力として作用する場合には，問題となることがある．木材の座屈に対する検討式は，表 5.7 に示されている．また，「足場・型枠支保工設計指針」（仮設工業会）の第 2 編 3 章「軽量支保ばり式型枠支保工」[12] には具体的な検討方法が記載されているので参照されたい．

［横端太の検討］

下側セパレータ位置 c の横端太に作用する単位長さあたりの重量は，

$$w_c = 15.3 \text{ kN/m}^2 \times 0.175 \text{ m} = 2.68 \text{ kN/m} = 2.68 \text{ N/mm}$$

となる．

横方向のセパレータ間隔を 700 mm とする．また，横端太は 2 本組であるため，

曲げ応力　$\sigma = \dfrac{M}{Z} = \dfrac{wl^2}{12Z} = \dfrac{2.68 \times 700^2}{12 \times 3.83 \times 10^3 \times 2} = 14.3 \text{ N/mm}^2 < 156.9 \text{ N/mm}^2 \cdots \text{O.K}$

たわみ　　$\delta = \dfrac{wl^4}{128EI} = \dfrac{2.68 \times 700^4}{128 \times 206 \times 10^3 \times 9.32 \times 10^4 \times 2} = 0.13 \text{ mm}$

［締付け金物の検討］

セパレータ 1 本に作用する荷重は，

$$P = 2.68 \text{ N/mm} \times 700 \text{ mm} = 1,880 \text{ N} = 1.88 \text{ kN} < 13.73 \text{ kN} \cdots \text{O. K}$$

$\phi 7$ セパレータの有効断面積は 34 mm^2 であるから，梁幅 400 mm のとき，

変形量　$\delta = \dfrac{400 \times 0.5 \times 1880}{34 \times 206 \times 10^3} = 0.05 \text{ mm}$

ここで，梁側の総変形量は，$\Sigma \delta = 1.54 + 0.13 + 0.05 = 1.72 \text{ mm}$

（2）梁　底

［鉛直荷重の計算］

固定荷重の計算では，鉄筋の荷重 1.0 kN/m^3 を考慮することが望ましいが，ここでは鉄筋の荷重を無視して計算している．

鉛直荷重＝固定荷重［23.5 kN/m^3 × 0.7 m（梁せい）＋ 0.4 kN/m^2］

　　　　　＋積載荷重（1.5 kN/m^2）

　　　　＝ 18.35 kN/m^2

［せき板の検討］

根太間隔を 200 mm と設定すると，せき板に働く単位長さあたりの荷重は，

$$w = 18.35 \text{ kN/m}^2 = 1.84 \times 10^{-2} \text{ N/mm}^2$$

となる．したがって，

曲げ応力　$\sigma = \dfrac{M}{Z} = \dfrac{wl^2}{8Z} = \dfrac{1.84 \times 10^{-2} \times 200^2}{8 \times 24} = 3.83 \text{ N/mm}^2 < 7.8 \text{ N/mm}^2 \cdots$ O.K

たわみ　$\delta = \dfrac{5wl^4}{384EI} = \dfrac{5 \times 1.84 \times 10^{-2} \times 200^4}{384 \times 3.5 \times 10^3 \times 144} = 0.76 \text{ mm}$

[根太の検討]

根太間隔が 200 mm の場合，根太に働く単位長さあたりの重量は，

$$w = 18.35 \text{ kN/m}^2 \times 0.2 \text{ m（根太間隔）} = 3.67 \text{ kN/m} = 3.67 \text{ N/mm}$$

となる．

曲げ応力　$\sigma = \dfrac{M}{Z} = \dfrac{wl^2}{12Z} = \dfrac{3.67 \times 900^2}{12 \times 3.83 \times 10^3} = 64.7 \text{ N/mm}^2 < 156.9 \text{ N/mm}^2 \cdots$ O.K

たわみ　$\delta = \dfrac{wl^4}{128EI} = \dfrac{3.67 \times 900^4}{128 \times 206 \times 10^3 \times 9.32 \times 10^4} = 0.98 \text{ mm}$

[大引の検討]

梁の支柱は鳥居型に 2 本並行に組み立てている．安定性の確保のため，梁の支柱は鳥居型に組むことを基本とする．大引の曲げ応力，たわみ計算は省略する．

[支柱の検討]

支柱間隔を 900 mm とすると，1 本あたりに作用する鉛直荷重は，

$$P = 18.35 \text{ kN/m}^2 \times 0.4 \text{ m} \times 0.9 \text{ m} \times 0.5 = 3.30 \text{ kN} < 14.70 \text{ kN} \cdots \text{O.K}$$

となる．また，支柱の変形は図 5.10 より，約 0.2 mm となる．

ここで，梁底の総変形量は，

$$\Sigma \delta = 0.76 + 0.98 + 0.2 = 1.94 \text{ mm}$$

となる．

5.5.5　水平力の検討例

水平力は，通常の場合，コンクリート打込み時の水平方向力について検討すればよい．（ただし，台風時などのように，型枠組立て後強風にさらされるおそれがある場合は，十分な補強をし，計算によって風圧力に耐えられることを確認する必要がある．

図 5.21 に示すように，チェーンを斜材にした場合の，水平力に対する検討を行う．

床の長辺スパンが 6 m，短辺スパンが 5 m の場合，水平方向荷重は固定荷重の 5% として，

$$P = [24.5 \text{ kN/m}^3 \times 0.15 \text{ m（スラブ厚）} + 0.4 \text{ kN/m}^2] \times 6 \text{ m} \times 5 \text{ m} \times 0.05 = 6.11 \text{ kN}$$

チェーン斜材軸方向に働く張力は，

$$T = P \times \sec \theta = 6.11 \times 1.28 = 7.82 \text{ kN}$$

チェーン 1 本あたりの許容引張力を 4.0 kN とすると，1 スパンあたり 2 本のチェーンが必要となる．

床スラブの型枠が無支柱の場合，支柱がある場合に比べて水平荷重による変形が大きくなり，適

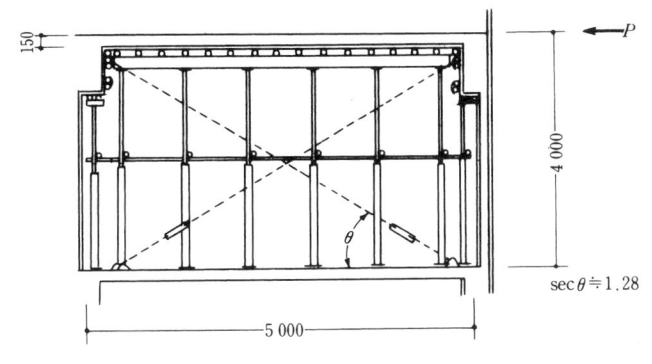

図 5.21 水平力の検討例

切な水平荷重補強を講じないとひび割れその他不具合の原因となるので，水平荷重に対する検討は特に大切である．

なお，外壁・外周梁の水平荷重に対する対応は，通常，梁部材側面などから斜め方向に引っ張ったチェーンとパイプサポートの押引き工法で固定している．ただし，階高が高い場合やエレベータまわりのように吹抜け構造となった外壁や外周梁の場合，この押引き工法が困難となるため，水平力に対する固定方法が十分確保できず，初期ひび割れの原因となりやすいので留意する．

参考文献

1) 仮設工業会：足場・型枠支保工設計指針，2002
2) ACI Committee 347 : Recommended Practice for Concrete Formwork（ACI 347），1984
3) 佐々木晴夫ほか：型わく支保工の存置期間に関する研究―その5 現場支保工伝達荷重の測定Ⅲ―，日本建築学会大会学術講演便概集，1982.10
4) 土木学会：コンクリート標準示方書［施工編：施工標準］，2007
5) 土木学会：仮設構造物の計画と施工，1979
6) 仮設工業会：風荷重に対する足場の安全技術指針，2000
7) 高田博尾：型枠工事の施工と管理，井上書院，1982
8) 日本建築学会：型枠の設計・施工指針案，1988
9) 日本建築学会：鋼構造設計規準，2005
10) 日本建築学会：軽鋼構造設計施工指針・同解説，2002
11) 日本建築学会：木質構造設計規準・同解説，2006
12) 公共建築協会：床型枠用鋼製デッキプレート（フラットデッキ）設計施工指針・同解説，2006
13) 仮設工業会：写真で見る経年仮設機材の管理，1986
14) 建設研究会：建設工事の仮設計画と実例，近代図書，1974
15) 建設産業調査会：最新コンクリート材料・工法ハンドブック，1986
16) 山井良三郎：素材および合板の強度的性質について，コンクリートジャーナル，1966.5
17) 多勢裕：仮設構造物の計算方法，建築の技術，施工，No. 178, 1981.1

6章　加工・組立て・取外し

6.1　型枠の施工

　型枠工法としては，一般的な合板型枠工法のほかに，金属型枠工法，プレキャストコンクリート型枠工法などいろいろな種類のものがある．その中で，経済性などの理由から，現在の型枠工法は合板型枠工法が主流となっている．この工法では，墨出し，型枠材料の加工・組立て・取外しなどが主な作業となっている．この章では，一般的に用いられている合板型枠工法を主体として記述し，各種の工業製品型枠や特殊な型枠工法については9章「各種型枠工法」などにゆずることとした．合板型枠工法の施工手順の例を図6.1に示す．

　それぞれの型枠の施工段階での主な作業内容は，次のようになる．また，図6.2に各作業の概略を示す．

（1）墨出し

　設計図に従って測量を行い，通り心，ベンチマーク（B.M）などを設定し基準墨を定める．設計図と躯体図に基づいて，基礎から地階，1階から屋上へと型枠組立てに必要な墨出しを行う．

（2）加　工

　現場外あるいは現場内に設けた加工場へ型枠材料を搬入し，型枠加工図に従って加工を行う．加工された材料は養生し，保管する．

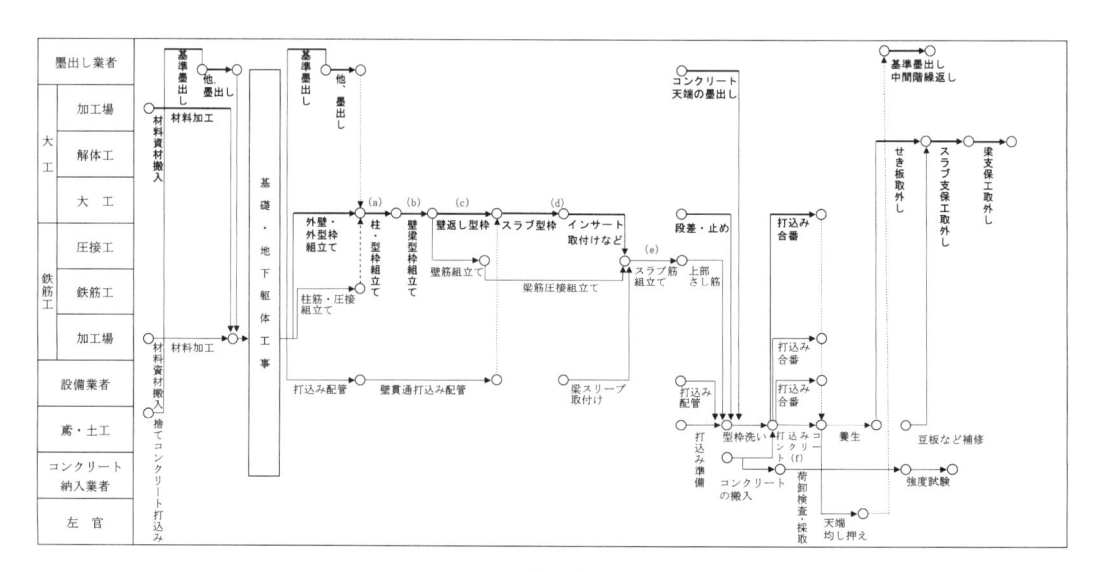

図6.1　施工手順の例

(3) 組立て

　墨出しが終わると柱筋の組立てを行い，これに並行して電気設備などの埋込配管，スイッチボックスなどを柱筋などに取り付ける．柱型枠に目地棒などを施工図に従い正確に取り付けたあと，墨に合わせて型枠を建て込み，セパレータ・フォームタイで緊結する．次に梁型枠を組み立てる．梁型枠の建込みと並行して壁型枠の組立てと壁筋の配筋が行われる．壁は，窓など開口部の型枠や設備配管，ボックス類の取付けなどを行ったあと反対側壁型枠を建て，両側から緊結するのが一般的な組立方法である．

　支柱は割付けに従って建て，これに大引・根太を配し，その上に床パネルを敷き合わせる．

　これらの型枠はすべて組立図に従って正確に組み立てる．また，型枠工事に付随した設備工事関係や仕上工事の下地埋込金物の取付けは確実に行う．

(4) コンクリート打込み

　型枠組立て，鉄筋組立ておよび設備工事が完了し，検査が終了した後にコンクリートの打込みが

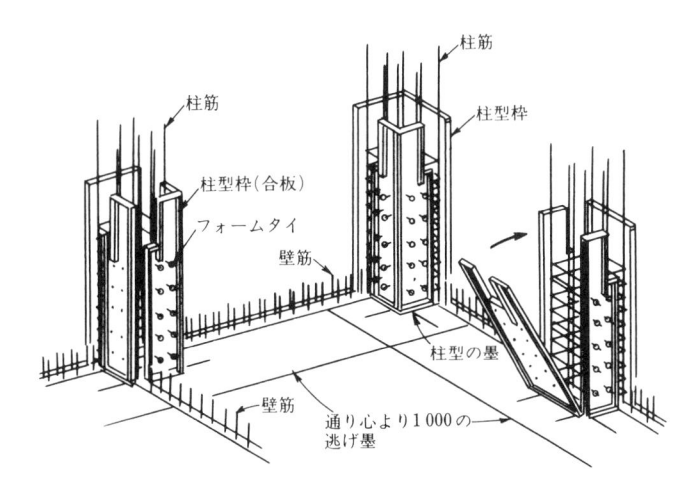

(a) 柱型枠の組立て

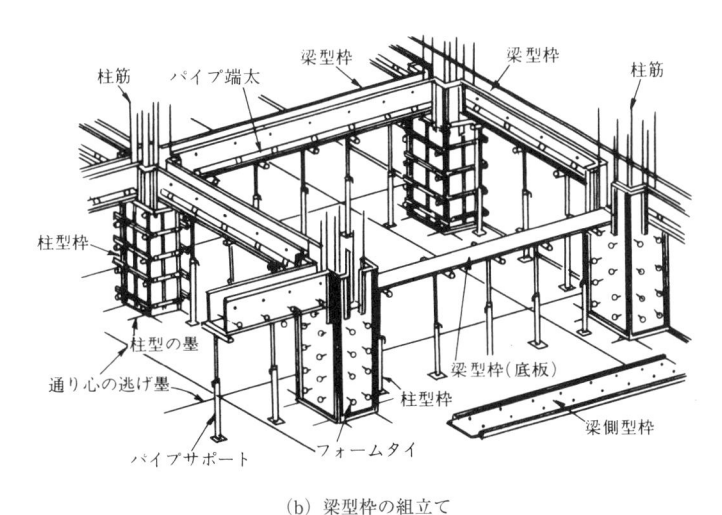

(b) 梁型枠の組立て

図 6.2　型枠の施工順序

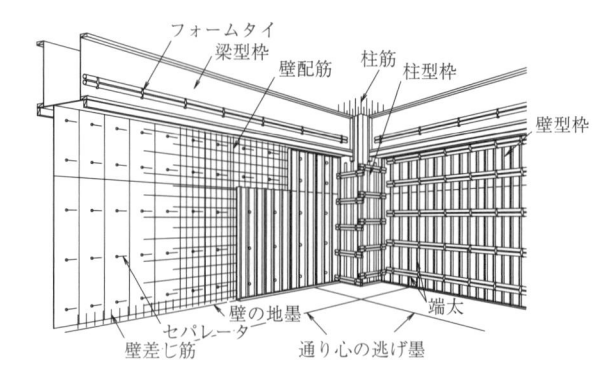

(c) 壁型枠の組立てと壁配筋

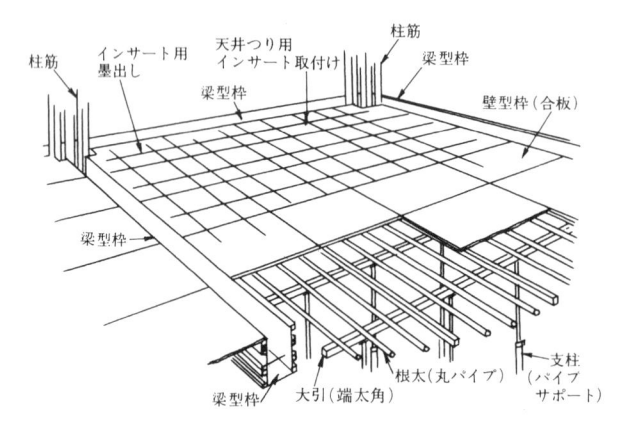

(d) スラブ型枠の組立て（支保工組立て）

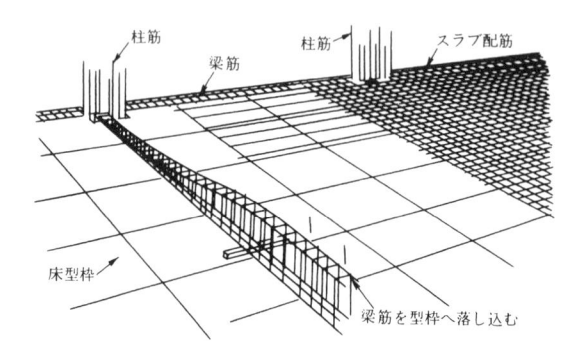

(e) 梁筋・スラブ筋の組立て

(f) コンクリートの打込み

図 6.2　型枠の施工順序（つづき）

行われる．コンクリート打込み時には，型枠の変形・はらみ，支保工の安全性などに十分注意する．

(5) 型枠の取外し

コンクリートの養生を行い，必要な強度の確認または定められた型枠の存置期間をおいた後，型枠の取外しを行う．取り外した型枠材はただちに整理し，必要なものは適切に補修を行う．

6.2 墨出し
6.2.1 一般事項

墨出しは，コンクリート躯体図を基にして，躯体工事をはじめ仕上工事まで，各工事の施工に常に先行していく作業で，基準となる通り心，柱心，壁心や各部分の位置・レベルなどを測量し表示することである．墨には，通り心などを示す基準墨と，それをもとにして型枠の建込位置などを示す小墨とがある．水平・垂直面の墨の呼び名としては，床面に水平位置関係を記す地墨（ぢずみ）と垂直面に高さ位置関係を記す陸墨（ろくずみ：レベルともいう）とがある．

墨出しはすべての工事の基準となるものなので，この作業の精度によって，施工の食違いややり直し，工期の遅れなどを招き，全工事の経済性を左右することにもなるので，つねに正確さが要求される．

[墨出しの注意事項]

① 墨出し，とくに基準墨出しは非常に重要な作業なので，実施計画，作業要領，検査の方法などを決めてから実施する．測量数値，計算数値の扱い方，誤差の措置方法についても決めておく．

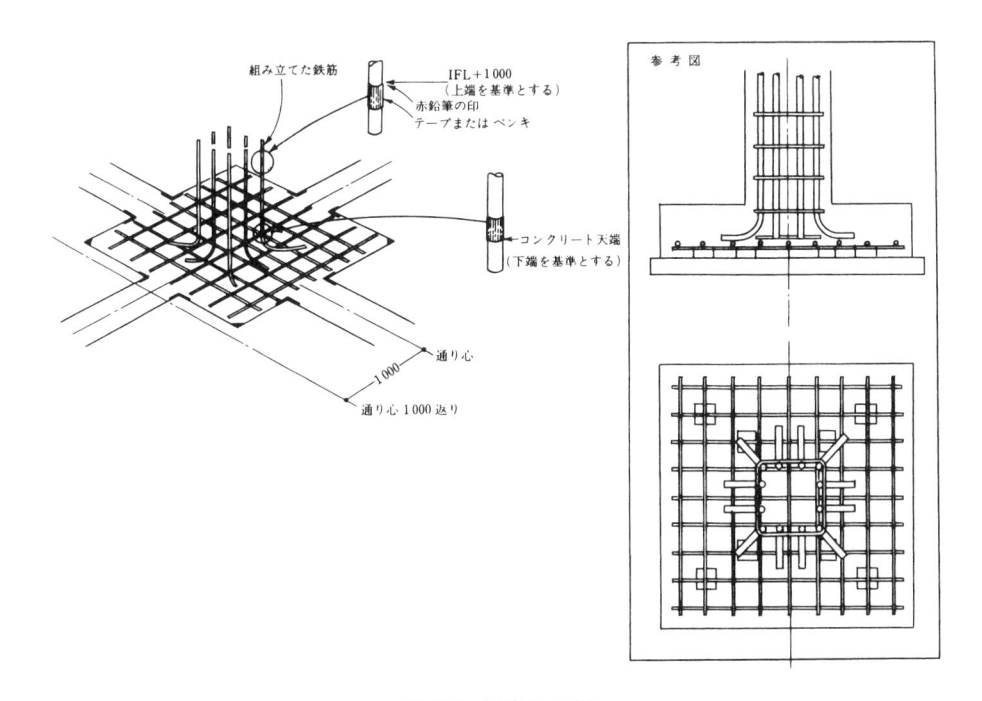

図 6.3 墨出しの例

② 墨出し作業を行う人が異なると個人差が出ることもあるので，墨出しの正確さと統一性のために，墨出し専任者を決めておく．使用するテープはスチール製のもので，決められた一定のものを使用し，測定誤差を極力少なくする．

③ 細部の墨出しをする場合，細部の墨を利用して出すこともあるが，誤差が大きくなったり，間違ったりするので，必ず基準墨より出す．

④ 墨の表示は，表6.1のようなものが通常使用されているが，出した本人ばかりでなく，さまざまな職種の人が使用するので，誰にでも分かるように明確，明瞭にする．

⑤ 基準墨はもちろんであるが，小墨のうちで重要なものは，後で型枠の検査や他の工事に役立つので保存に努め，隠れるものは延ばすか，他へ転記しておく必要がある．

⑥ 測量に使用する器具・器材は十分整備・点検し，使用の際には取扱いに十分注意する．とくにトランシットのような精密機器の取扱いは細心の注意が必要である．

⑦ 同一面上に出す墨は細かく分割して測らないようにする．細かく分割して測った墨は，誤差が大きく，必ず総延長の確認が必要である．

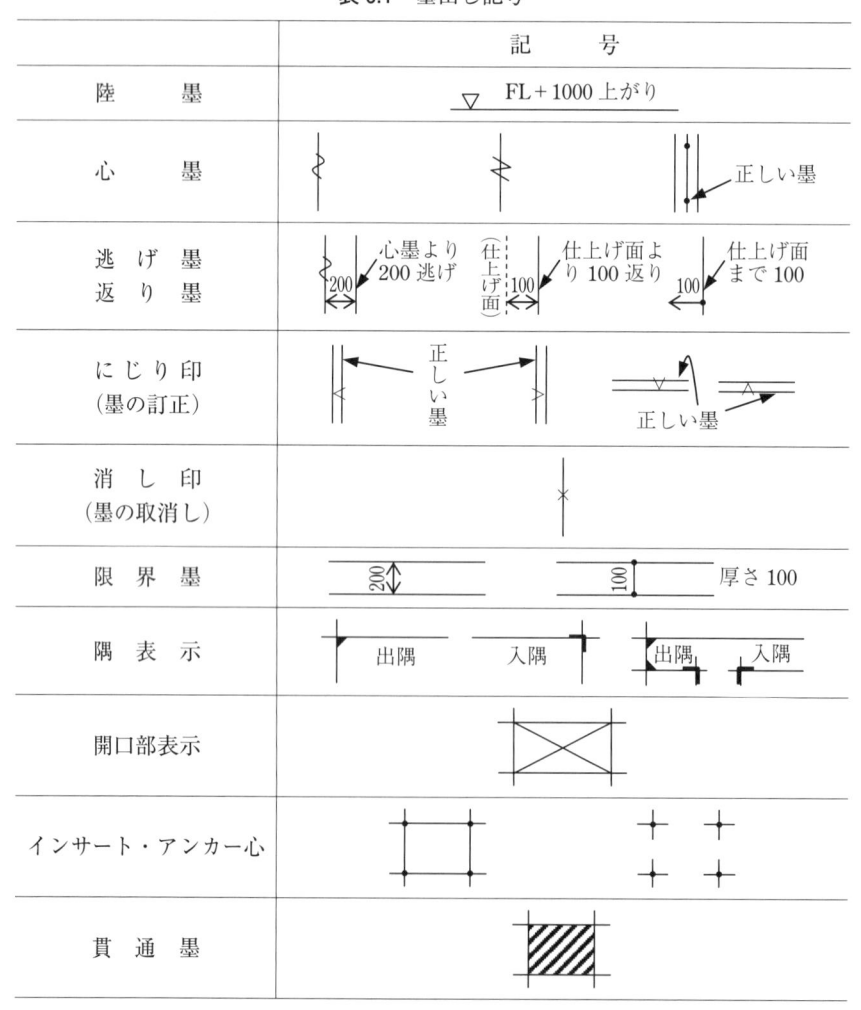

表6.1 墨出し記号

名称	記号
陸 墨	▽ FL＋1000 上がり
心 墨	（心墨記号） 正しい墨
逃 げ 墨 返 り 墨	心墨より200逃げ（仕上げ面）／仕上げ面より100返り／仕上げ面まで100
にじり印 （墨の訂正）	正しい墨／正しい墨
消 し 印 （墨の取消し）	（×印）
限 界 墨	200／厚さ100
隅 表 示	出隅　入隅　出隅　入隅
開口部表示	（×印の矩形）
インサート・アンカー心	（矩形と＋印）
貫 通 墨	（斜線の矩形）

6.2.2 墨出し用工具・測量機器

墨出し用工具として一般に使用されているものは，墨つぼ，墨さし，さしがね，下げ振り，水平器（水準器），スチールテープ（鋼製巻尺・コンベックスルールなど）〔写真6.1～写真6.6〕，水盛管などがある．

測量機器としては，水平度を測定するレベル，角度を測定するトランシットが使用されている．最近ではトランシットという用語は「セオドライト」という用語に置き換わりつつある．また，レーザー光線を利用した電子測量機器なども使用されており，X, Y, Zの3方向にレーザーによるラインを表示するレーザー墨出し器や測距機能と3次元の測量機能を兼ね備えたトータルステーションと呼ばれる測量機器が使用されている〔写真6.7～写真6.10〕．これらの測量機器は，非常に精密にできているので，取扱いの注意事項をよく守って使用することが大切である．また，日本測量機器工業会では，1年に1回の校正検査をするよう指導している．

(1) スチールテープ（鋼製巻尺）〔写真6.5〕

鋼製の巻尺で，バンドテープ・タンク巻尺・広幅巻尺・コンベックスルールなどの種類がある．

一般にコンベックスルールとは携帯用の鋼製巻尺のことを呼んでいるが，テープに水平保持力を持たせるために形状が円弧状になっていて，先端に0基点となる爪が付いている．爪を押し付けて測る場合と爪を引っ掛けて測る場合で，爪の厚さ分だけ爪が動くようになっている．

スチールテープを使って長い距離を測定する場合，スチールテープに定められた張力を与えて使用するが，温度変化による膨張収縮はかなり大きく，その補正が必要である．

また，スチールテープはさびやすいので，保管は湿気の少ない場所としなければならない．

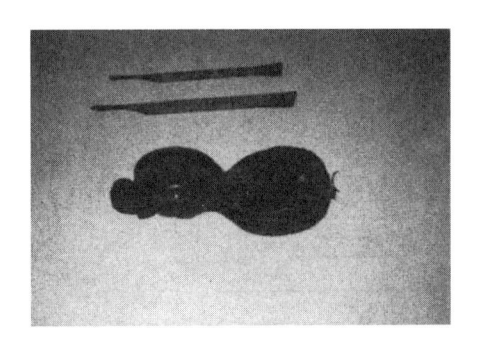

写真 6.1 墨つぼ・墨さし

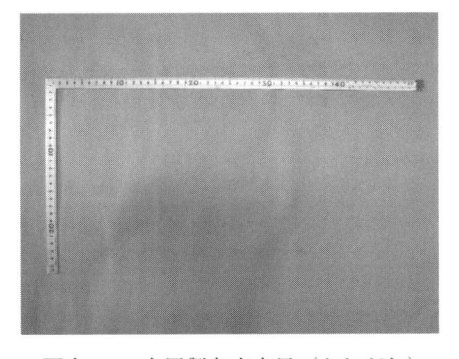

写真 6.2 金属製角度直尺（さしがね）

写真 6.3　下げ振り

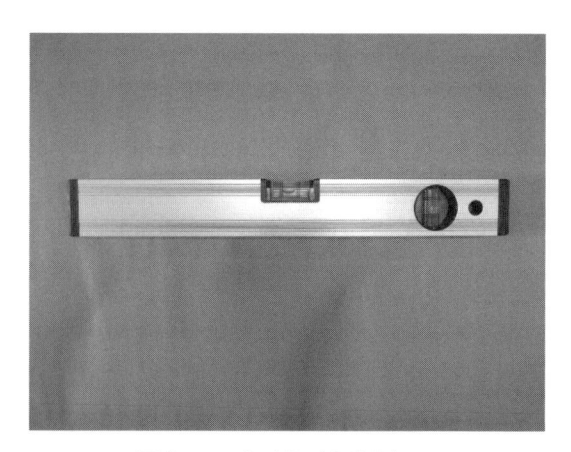

写真 6.4　水平器（水準器）

写真 6.5　スチールテープ（広幅巻尺）

写真 6.6　コンベックスルール

（2） レベル〔写真 6.7〕

精密な水平測定を行う測量機器で，最近ではほとんどがティルティングレベル，コンペンセータ（補正機構）を用いた自動レベルおよび電子レベルが使われている．

（3） トランシット（セオドライト）〔写真 6.8〕

測定点において他の任意の 2 点間の水平または鉛直面内の角度を測定することができる．

バーニヤ目盛トランシット，水平高度両目盛に微細な角度測定ができるように測微マイクロ装置を加えたマイクロ読みトランシットなどがある．また，最近はエンコーダが内蔵されているデジタルセオドライト，光波距離計が内蔵されている光波セオドライトが使用されている．

（4） 3 次元測量機器〔写真 6.9〕

3 次元的に複雑な形状の型枠を組み立てる場合に，3 次元の角度および距離を測定することができる 3 次元測量機器が使用されている．

（5） レーザー墨出し器〔写真 6.10〕

レーザー墨出し器は，基準点の上に設置し，X，Y，Z 方向にレーザー光線を放射してラインを表示する墨出し機器である．基準点の上に設置しておくと連続的にレーザーラインを表示する．

測定範囲	1.6～100 m
高さ測定精度 （1 km 往復標準偏差）	1.0 mm
望遠鏡　倍率 　　　　分解力 　　　　最短合焦距離	32 倍 3″ 1.5 m
円形気泡管感度	10′/2 mm
水平目盛盤（推読）	1°（0.1°）

写真 6.7　自動レベル[1)]

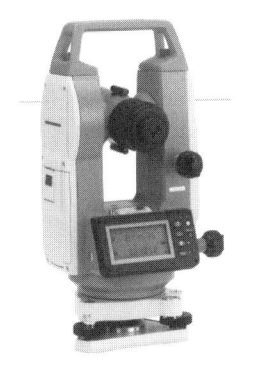

角度最小表示	5″
測角精度	5″
望遠鏡　倍率 　　　　最短合焦距離	30 倍 0.9 m

写真 6.8　デジタルセオドライト[1)]

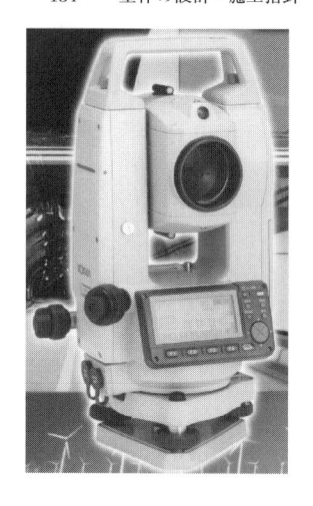

望遠鏡	倍率	30倍
	分解力	2.5″以下
	最短合焦距離	1.3 m
測角部	最小表示	05″/1″（選択）
	精度	1″
測距部	測定可能範囲	1.3〜200 m（反射シート）
		1.3〜40 m（ノンプリズム）
	最小表示	精密測定：0.0001 m
	精度	$\pm(0.6+2\,\text{ppm}\times D)$ mm（反射シート）
	（Dは測定距離）	$\pm(1+2\,\text{ppm}\times D)$ mm（ノンプリズム）

写真 6.9 3次元測量機器[1]

光源	赤色可視光レーザダイオード
波長	ライン：635 nm 地墨：650 nm
レーザクラス/出力	クラス2（JIS C 6802）準拠/0.99 mW以下
横ライン照射範囲	360°
縦ライン照射範囲	縦4ラインとも約120°
ライン幅/地墨点直径	2 mm・10 m/φ2.5 mm/1.5 m
ライン精度	全ライン：±20″（±1 mm/10 m）
鉛直クロスポイント精度	±1 mm/5 m
地墨点精度	±1 mm/1.5 m
使用範囲	約20 m

写真 6.10 レーザー墨出し器[1]

6.2.3 基準墨出し

　基準墨出しは，建物を造る場合の基本となるもので，その建物のでき上がりの精度に直接影響する大切な作業である．基準墨は，工事完了まで移動しない場所に設けた各基準墨（敷地境界線，建物の通り心，高低のベンチマーク（B.M））など，またはその逃げ墨よりレベル・トランシットなどの測量機器を使用して慎重に出す．この基準墨が以後の仕上完了まで使用されるので，正確さを第一にすることが大切である．

　基準墨については，図 6.4 のような墨出し基準図を作成しておくとよい．

（1）各階基準墨（地墨）

　一般階の基準墨は，各通り心とも柱筋や壁筋があって墨打ちできないところがあるので，割付けのよい寸法（たとえば，通り心より1 m返り）の逃げ墨をトランシットにより出し，これを基準とする．以後は1階床面に出した基準墨を基準として各階床面に基準を移していく．1階床面に出

した基準墨は必ず確認を行って完全なものとし，以後の工事のために保存しておく．基準墨の上階への移動は，一般に図6.5のような方法がとられている．上階のコンクリートを打つ際に，建物の四隅の基準墨または逃げ墨の交差する床に15cm角程度の孔を開け，コンクリート打込み後にこの孔から下げ振りを下階の基準墨まで下げ，その位置をコンクリートスラブ上に移す．四隅に出たXY両方向の交点を，トランシットなどを用いて結ぶことにより基準墨を床面に移す．このとき，下階の基準墨2か所の交点のみを上の階に移し，あとはトランシットなどを用いて，他の基準墨を出すことがあるが，これは間違いや誤差を生じやすいので絶対に避ける．

(2) 各階基準高さ（陸墨）

1階の基準高さは，敷地周辺に設けた建物全体の基準レベル（B.M）から直接レベルで移す．2階から上の基準高さは，鉄骨や柱主筋などの垂直部材で比較的剛強なものを利用して，1階の基準高さからスチールテープで出す．SRC造では鉄骨を利用して，あらかじめ基準高さを表示できるので問題は少ないが，RC造では，各階ごとに柱主筋を利用して基準高さを移すことになるので誤差が発生しやすい．したがって，RC造の場合では，つねに1階の基準高さから測定し，各階ごとに盛り替えて出した高さが正しいかどうか確認することが大切である．また，現場の状況によってはクレーンなどがあればそのポストを利用したり，隣接建物の外壁などを使わせてもらうなどの方法も考えられる．

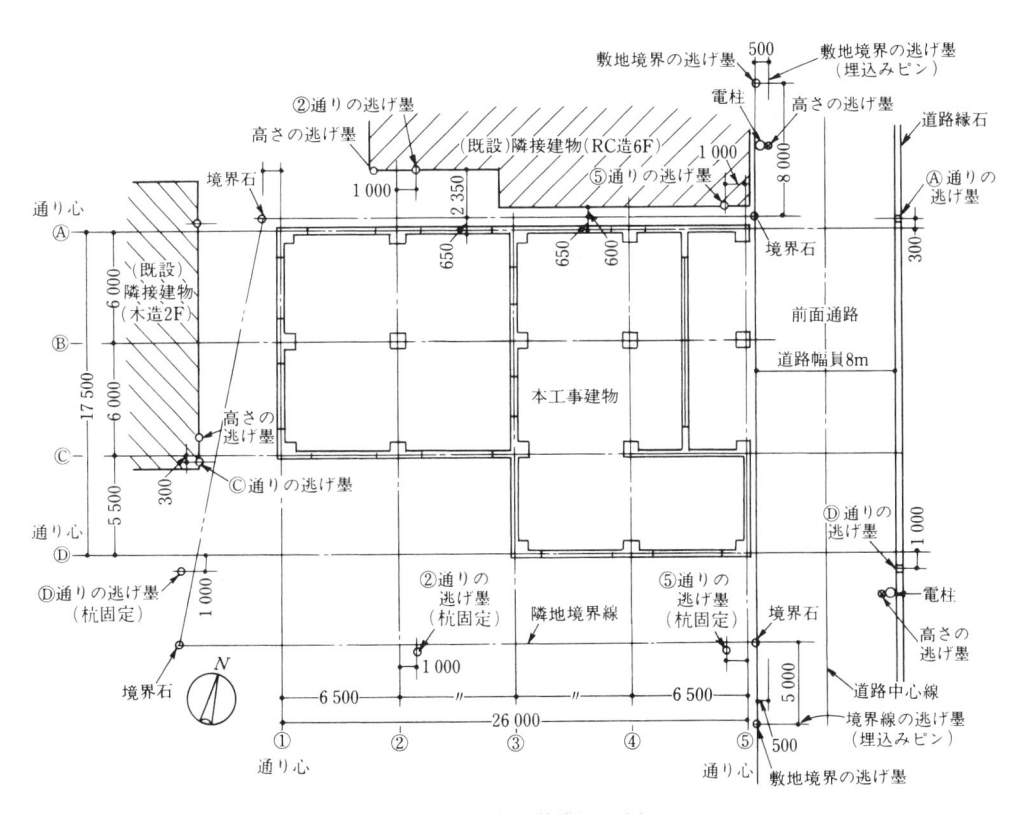

図6.4 墨出し基準図の例

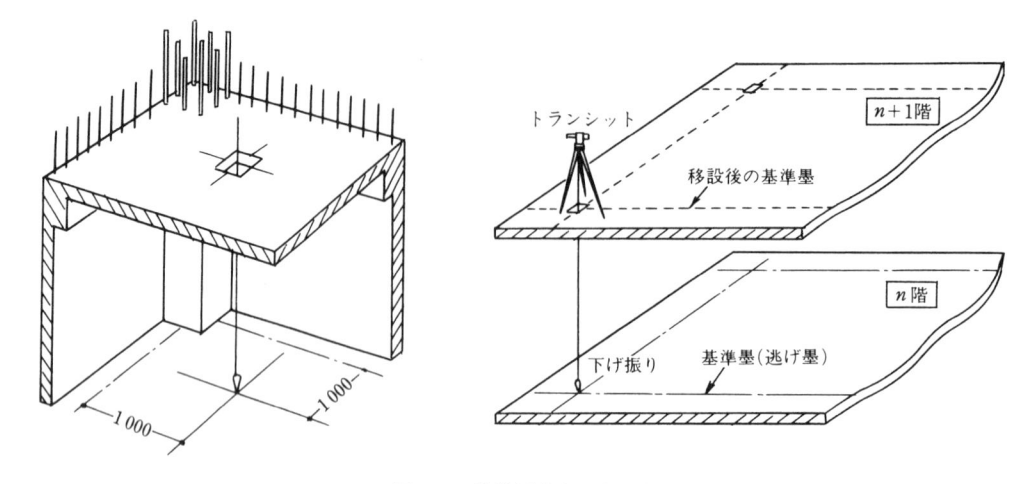

図 6.5　基準墨移設の概要

6.2.4　型枠建込み用墨出し

(1)　建込み用地墨出し

　コンクリート躯体図の寸法を基にして，柱の位置・大きさ・壁の位置，厚みなどを基準墨からの寄りによって正確にコンクリート床面に墨出しする．小墨を出す場合には，型枠の出隅，入隅となる部分を塗りつぶしたり，開口部の中心，幅も正しく表示する〔図 6.6〕．これらの小墨は仕上墨出しにも利用できるので，コンクリート打込み後に隠れてしまうところは，墨を余分に長く引いておくなどの配慮が大切である．

(2)　建込み用陸墨出し

　型枠を建て込むための陸墨は，鉄筋や鉄骨などに出した基準墨（陸墨）を利用し，それをレベルを使って台直しの済んだ各柱筋や壁筋に移す〔図 6.3 参照〕．墨出し後に鉄筋の台直しなど補正するとレベルも移動して不正確になるので，作業手順を考慮して正しい墨出しをしなければならない．レベルは，鉄筋に通常ビニールテープで表示する．

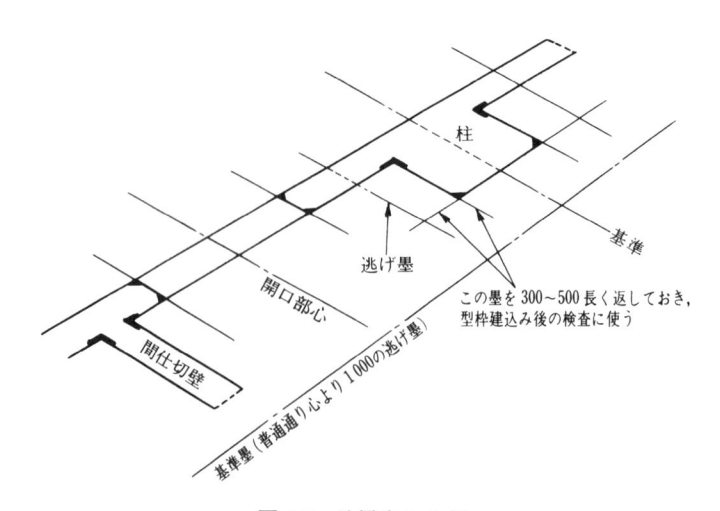

図 6.6　地墨出しの例

型枠の建込みは，この陸墨に下ごしらえした型枠材に付けた陸墨が一致するように，床に桟木などのかいものをしてレベルを合わせる．また，開口部の型枠，設備関係器具（配管・ボックス類）の取付位置は，この陸墨を基準にして割り出す．

6.3 加工（下ごしらえ）

6.3.1 一般事項

型枠の組立作業を能率的かつ正確に進めるためには，加工精度の良否，加工場の選定および加工材の集積方法の良否などが影響を与えるので，それらについて十分に配慮することが必要である．加工場は，材料置場，加工材置場，作業スペースなどからなり，適当な広さを有し，材料の搬入および搬出が支障なくできる必要がある．加工品と未加工品の材料は，使用順序に従って整理する．材料の加工場，置場はできるだけ小屋掛けとする．せき板などは直射日光および風雨に当てると，せき板表面が紫外線の影響で化学反応を起こし，接するコンクリートの表面に硬化不良を生じることがあるので裏返しにしたり，覆いをかけるなどの養生をしておく．

加工場の設置場所は，現場敷地外に設ける場合と敷地内および工事の進行によっては現場内に設ける場合がある．

加工作業は，加工図，組立図，コンクリート躯体図などを正しく理解し正確に進める．材料の切断は正確に墨を打って行う．必要な部位については，加工前に原寸を引かせることも行う．型枠の加工精度が良くないと，組立精度ひいては躯体精度に影響するので，正確に加工することが大切である．

6.3.2 各部の加工

（1）柱型枠の加工

柱型枠の加工は，効率のよい合板の割付けを考慮しておく必要があるが，通常は合板は縦使いにして，できるだけ定尺を生かして割り付ける．柱型枠の長さは，階高からスラブの厚さとスラブ用

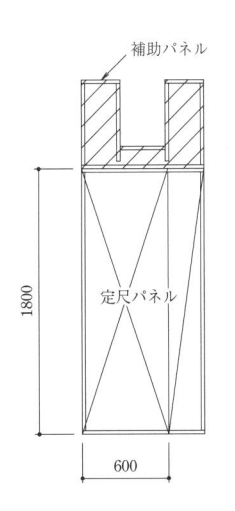

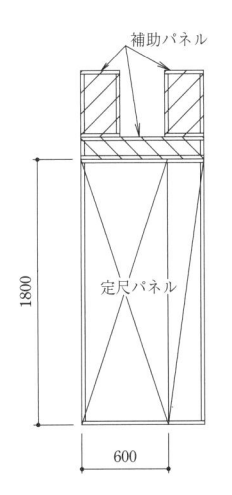

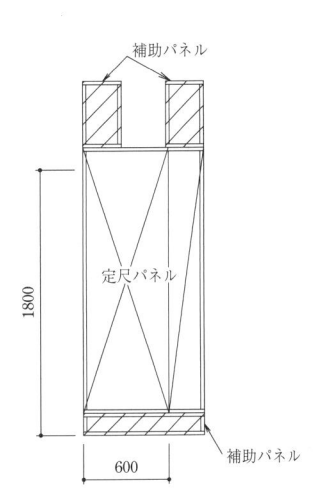

図 6.7 柱の割付方法

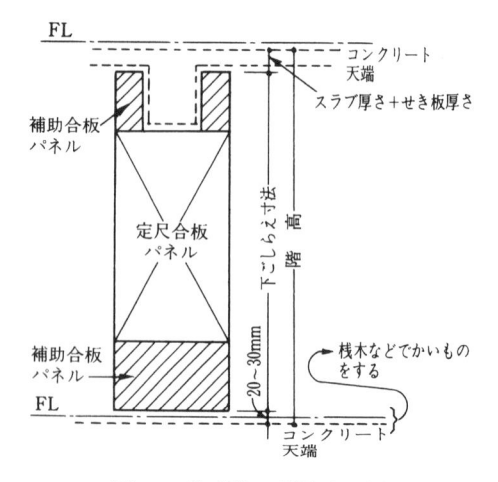

図 6.8 柱型枠の割付けの例

せき板および木毛セメント板などがあればその厚さを減じた寸法より，下階のスラブコンクリート面の不陸を考慮して 20～30 mm くらい短めにしておく．組立てに際しては加工した柱型枠の陸墨と鉄筋，鉄骨などに出した建込み用の陸墨とを桟木などのかいものを利用して合わせる．

（2） 梁型枠の加工

梁の型枠は，底板と側板とに分けて加工する．型枠の存置期間が底板と側板とは相違しているので，側板を底板より早く取り外すことを考慮して型枠の納まりを検討のうえ梁型枠を加工する．

梁の側板の割付けにあたっては，定尺合板をできるだけ切断しないように割付けを考慮する．柱または梁の側板に作る梁の欠込部の大きさは，梁のせき板の外寸法に合わせて，あらかじめ加工場

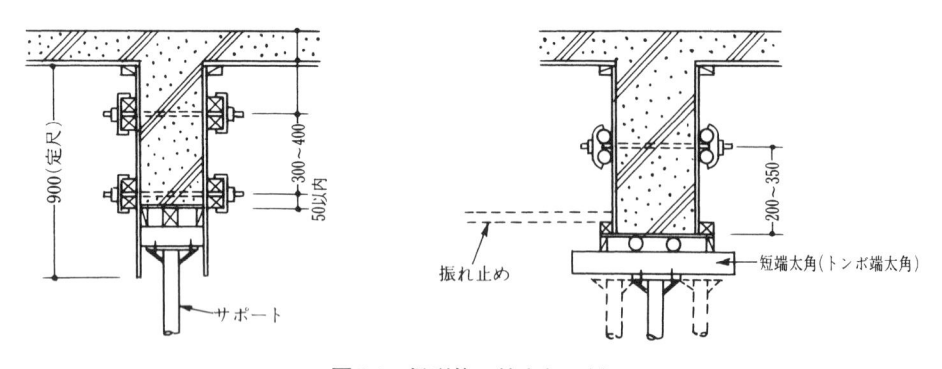

図 6.9 梁型枠の納まりの例

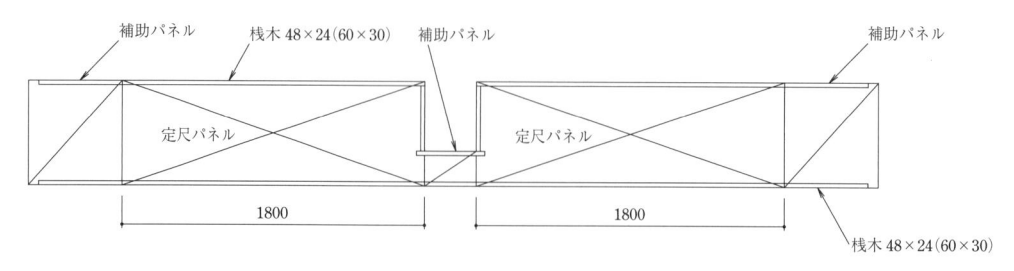

図 6.10 梁の合板割付けの例

で切断しておく．作製した梁の側板の小梁接合部の欠込部には，桟木などで仮止めして変形などの防止処置を講じておく．

(3) 壁型枠の加工

大型壁型枠をパネル化して作製する以外には，壁型枠全体を加工することは少ないが，一般的には，壁型枠をできるだけ定尺合板で割り付けるようにする．残りの補助部分は加工場で下ごしらえする．割付方法としては，①片側に補助を入れる，②中央に補助を入れる，③振分けにして両側に補助を入れる，などがあるが，上階に転用したときにスパンの変化や，梁の寸法の変更に対応できるように割付けを計画することが望ましい．

壁型枠では，しばしば大型パネルを転用回数を多くする目的で使用している．大型パネルの加工

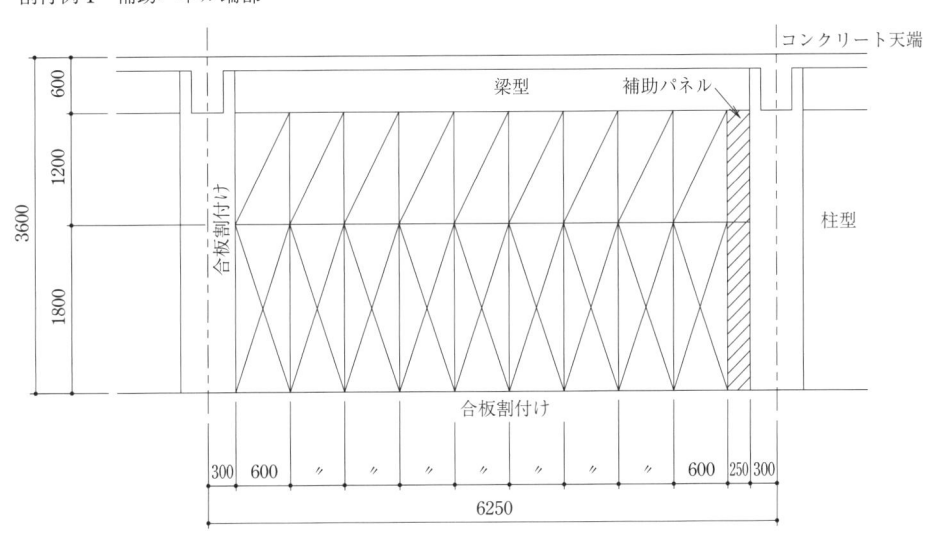

割付例1　補助パネル端部

割付例2　補助パネル中央

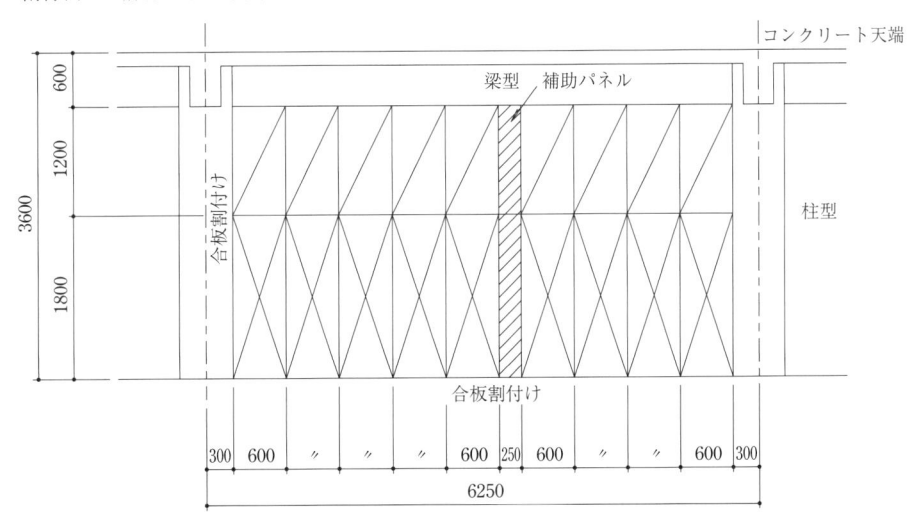

図 6.11　壁型枠の合板割付けの例

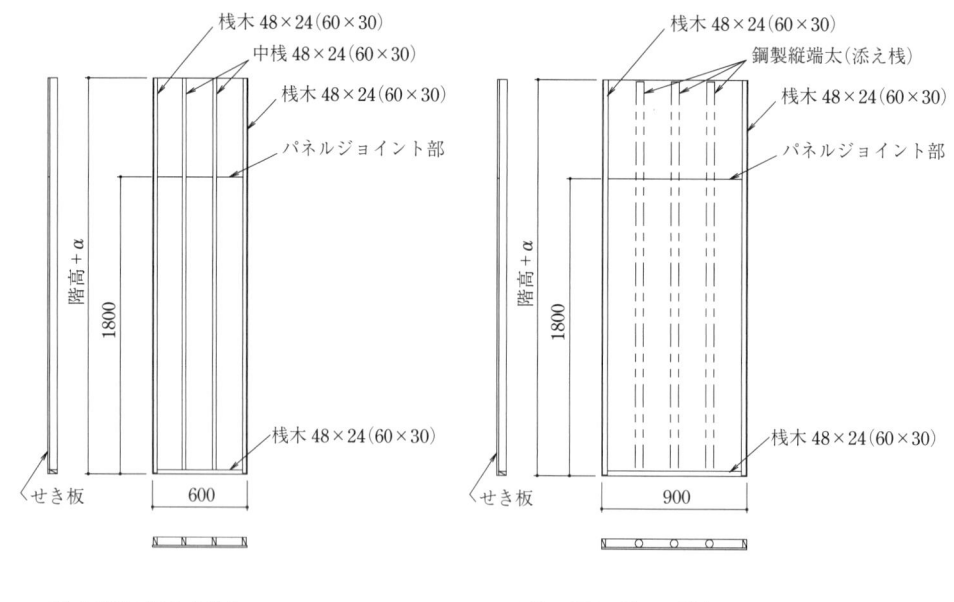

図 6.12 壁大型パネルの加工の例

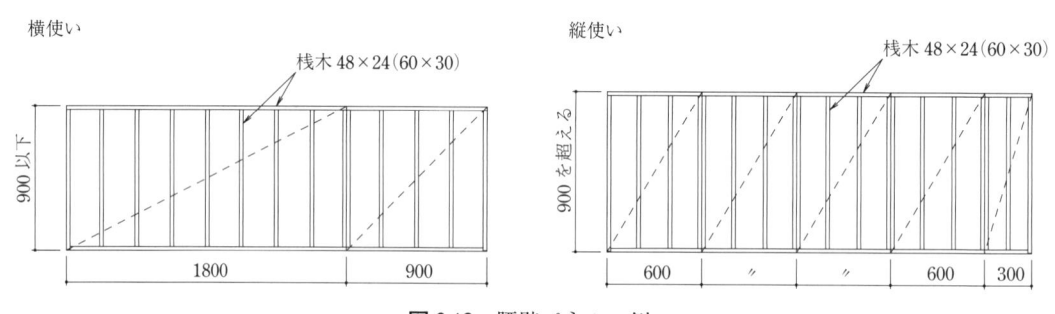

図 6.13 腰壁パネルの例

にあたっては，事前に大型パネルの割付けや強度チェックを含めた打合せを行って，組立図を作成する．大型パネルは作業性を良くするために，軽量で剛性のあるものとするとともに，四隅の直角度にとくに注意する必要がある．

(4) 床型枠の加工

床のせき板の割付けでは，補助部分の最も少ない割付けを行う．床型枠を組み立てる際，床のせき板の下に配置してある単管パイプなどの根太材と，合板の方向（たとえば繊維方向など）によっては，合板のヤング率が 6 割程度違うことを考慮して床型枠全体を計画することが必要である．

6.3.3 はく離剤の塗布

せき板がコンクリートに接する面にはく離剤を塗布する．はく離剤は文字どおり，打ち込まれたコンクリートとせき板のはく離を容易にするものであり，コンクリート表面の品質の向上，せき板の損傷の軽減，転用回数の増大に寄与する．

はく離剤の使用にあたっては以下の点に注意する．

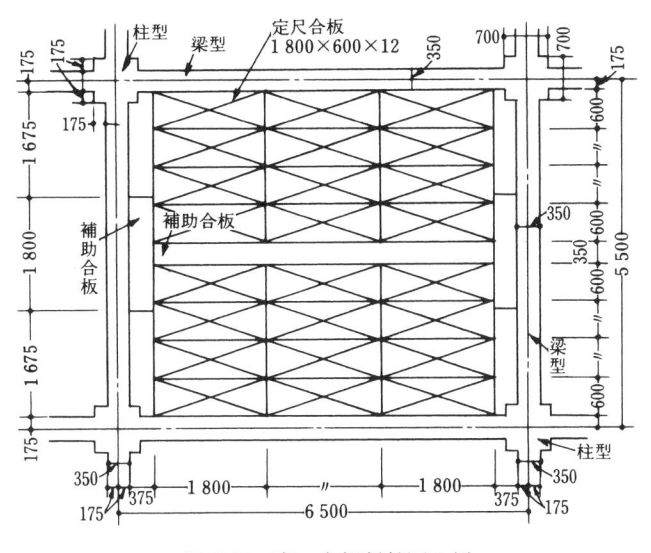

図 6.14 床の合板割付図の例

［使用方法と注意事項］

（1） 事前注意

　はく離剤は，通常モップやスプレーでせき板表面に塗布される．塗布時にごみやほこりがはく離剤に巻き込まれるとコンクリートの仕上がり面が粗雑になるため，せき板を事前に十分清掃しておかなければならない．

　はく離剤には原液で使用するものと，水で希釈して使用するものとがある．希釈タイプを原液塗布した場合にはコンクリート表面に硬化不良が生じることがあるので注意が必要である．また，水で希釈する際には，メーカー仕様どおりの倍率で希釈し，かつ均一となるよう十分にかくはんしなければならない．

（2） 塗布作業

　スプレーで塗布する場合には，衛生管理上からマスクの着用が望ましい．油性または樹脂性のはく離剤の塗布作業時には，引火のおそれがあるため，火気厳禁としなければならない．

　はく離剤を過度に塗布するとコンクリート表面にはく離剤が残存し（梁底などの底部）仕上材の付着の妨げとなる場合があるので，適切な量を塗布しなければならない．

（3） 塗布後の養生

　塗布後にほこりや砂などが付着しないようシートなどで養生する必要がある．水溶性の場合，塗布後に雨水などが当たるとはく離剤が流失し，はく離効果が失われることがあるので，コンクリートの打込みまで雨水などに当たらないよう，シートなどで覆う必要がある．また，塗布後長期間直射日光にさらされるとはく離剤が油焼けを起こし，コンクリート表面が黄色に仕上がる場合があるので注意が必要である．

　なお，はく離剤が雨水などで流出すると周辺の環境を汚染するおそれがあるので，生分解性のあるはく離剤を使用するなど，流出させないための養生と併せて，はく離剤の成分について配慮する必要がある．

6.4 組立て

6.4.1 一般事項

　型枠は，コンクリートを決められた形に成型する鋳型である．したがって，コンクリート躯体図に示されたコンクリート部材の位置・形状および寸法を基準にして，寸法どおり，かつ水平，垂直および通りの精度よく建込むとともに，コンクリート打込み時の作業荷重，コンクリートの側圧，打込み時の振動・衝撃に耐え，かつ著しいひずみや狂いが生じないように強固に組み立てることが重要である．とくに，最近のように高強度コンクリートや高流動コンクリートをポンプ工法を用いて打ち込む場合は，打込み速度が早まり，コンクリートがまだ軟らかいうちに連続して打ち込まれることが多く，このため，型枠は非常に大きな側圧を受けることになる．それらの力に耐えられるように型枠の組立てを行うことが大切である．しかし，一方では，型枠に加わる側圧を低減するように1回の打込み高さを低く抑えるコンクリートの打込み方法などを計画することにより，型枠に求める強度を過大にしないような対策も重要である．

　JASS 5の9節「型枠」では，型枠はコンクリート施工時の荷重，コンクリートの側圧，打込み時の振動・衝撃などに耐え，打ち上がったコンクリートが，表5.12，表5.13および表6.2を満足するように設計・構造計算・組立てを行うこととしている．

　なお，型枠の構造計算方法については，5章「構造計算」を参照されたい．

　型枠の組立ては，配筋作業，コンクリートに埋設する設備の配管作業などと並行して行われるので，これらの職種間との連絡・調整が重要となる．とくに，鉄筋組立てとの関連が深く，鉄筋の納まりや組立精度が悪いと型枠の精度が確保できなくなる．したがって，「鉄筋コンクリート造配筋指針」[2]などを参考にして鉄筋の納まりを十分に検討するとともに，実際の組立てにあたっては，検討されたとおりに配筋されるように留意することが大切である．

表6.2　JASS 5における設計かぶり厚さ

部材の種類		短期	標準・長期		超長期	
		屋内・屋外	屋内	屋外[2]	屋内	屋外[2]
構造部材	柱・梁・耐力壁	40	40	50	40	50
	床スラブ・屋根スラブ	30	30	40	40	50
非構造部材	構造部材と同等の耐久性を要求する部材	30	30	40	40	50
	計画供用期間中に維持保全を行う部材[1]	30	30	40	(30)	(40)
直接土に接する柱・梁・壁・床および布基礎の立上り部分		50				
基礎		70				

[注]　(1)　計画供用期間の級が超長期で計画供用期間中に維持保全を行い，部材では維持保全の周期に応じて定める．
　　　(2)　計画供用期間の級が標準および長期で，耐久性上有効な仕上げを施す場合は，屋外側では，設計かぶり厚さを10 mm減じることができる．

型枠の組立作業は，組立て→検査→修正→固定を1サイクルとして部分ごとにまとめていき，全体へと進める．このような要領で組立作業を行うと，全体が完成したときに手戻りすることが少ない．型枠をいったん組み固めてしまうと修正するのに大きな労力や時間がかかるので，組立完了時の確認が非常に重要である．

[型枠組立て時の注意事項]

① せき板は，継目にすき間や段差が生じないように組み立てる．セメントペーストまたはモルタルがせき板の継目などから漏出すると，コンクリートの品質が変化するほか，コンクリート面に砂縞が生じ，打放し仕上げの場合には美観を損ねるおそれがある．また，継目に段差が生じると，打ち上がったコンクリート面にそのまま段差が生じるので，打放し仕上げの場合は，特に注意が必要である．

② 型枠の締付けは，締付け金物による締付け作業を主体とし，釘またはなまし鉄線を補助的に使用する．近年，軽量で着脱が容易にでき，高周波の振動を与える型枠振動機が使用されているが，この振動機を使用する場合には，振動のかけすぎによって締付け金物がゆるんだりすることがあるので，締付け金物を強固に取り付けたり，振動をかけているときに締付け金物の点検を行う必要がある．

　　なお，高強度コンクリートや高流動コンクリートなどの打込みにより型枠に大きな側圧が作用するケースが多くなってきている．締付け金物は，締付け不足でも締付けすぎでも不具合が生じるので，適正に使用することが重要である．

③ せき板に対して垂直に締付け金物が働くようにする．

　　表6.3に示すように，丸セパレータとせき板の角度が大きくなると丸セパレータの破断強度が大幅に低下する．できるだけ垂直に近くなるように取り付ける．

④ 締付け金物の締付けトルクと軸力の関係を把握しておく．

　　ねじ式締付け金物を締め付けるときのトルク値と締付け金物に生じる軸力の関係は，おおむね1:3の比の関係にある．たとえば，締付けトルク値が3000 N·cmの場合に加わる軸力は約9000 Nであるから，側圧が加わる前の締付け金物に，すでに9000 Nの負担がかかっていることを考慮しておかなければならない．

⑤ 締付け金物を締めすぎない．

　　図6.15に示すように，締付け金物を締めすぎると，内端太・外端太が内側に押され，せき板が内側に変形する．そのため，部材の寸法が所定の寸法に対してマイナスとなってセットされる．

　　締付け金物の締めすぎへの対策は次のとおりである．

1) 内端太（縦端太）を締付けボルトにできるだけ近接させて締め付ける．
2) 桟木（端太サイズと同じ寸法のもの）を締付けボルトにできるだけ近接させて雇い締めとする．
3) 専用スペーサを用いる．

⑥ ボルトやナットをゆるませない．

ボルトやナットがゆるむと型枠の剛性が低下し，コンクリートの仕上がり精度が悪くなる．とくに，型枠の外端太に直接型枠振動機を装着する場合には締付けボルトのナットのゆるみが発生しやすいので注意が必要である．

⑦ 面木・目地棒・インサート・木れんがなど型枠に取り付けるものは忘れやすいので，施工図で確認しながら確実に取り付ける．

⑧ 柱や壁にある埋込ボックス・埋込金物類および各種配管は，コンクリート打込み時に移動しないように強固に取り付ける．

⑨ 型枠組立て時の安全については，十分配慮することはもちろんであるが，とくに支柱の倒壊は人身事故につながるので，型枠工事の中で最も注意する必要がある．倒壊の原因で最も多いのは，床型枠上の偏心荷重による水平力あるいは浮上りによって支柱が倒れる例で，これを防ぐには水平つなぎ材・筋かい材あるいは控え綱などを十分に入れ，横倒しや浮上りが起こらないようにしっかり固定することが重要である．

表 6.3 丸セパレータの引張角度と引張強度

長さ 引張角度	200 mm		400 mm	
	破断強度 (kN)	0°の場合に対する百分率(%)	破断強度 (kN)	0°の場合に対する百分率(%)
0°	23.54	100	23.54	100
10°	23.05	98	23.24	99
20°	19.12	81	18.63	79
25°	9.32	10	12.75	54

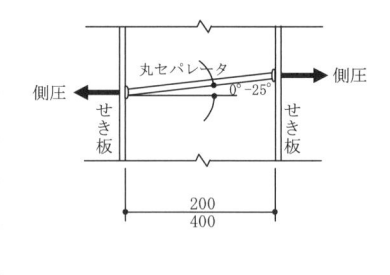

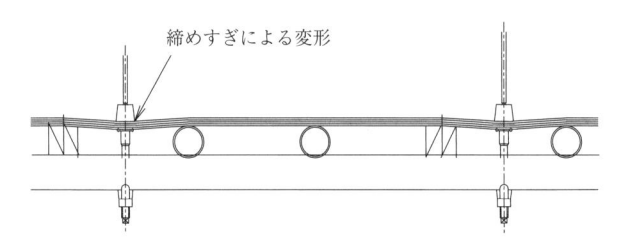

図 6.15 締付け金物の締めすぎによる変形

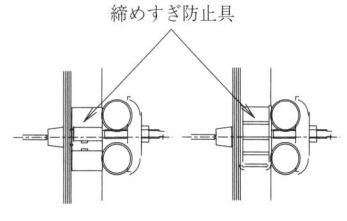

図 6.16 締付け金物の締めすぎ対策（1）

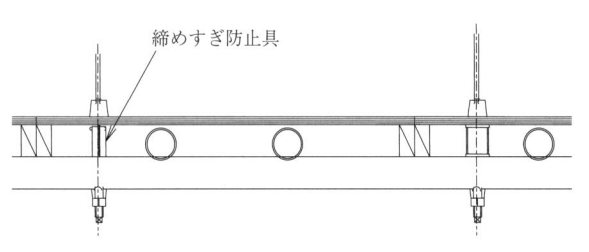

図 6.17 締付け金物の締めすぎ対策（2）

なお，支保工の構造については，労働安全衛生規則第239条〜第247条〔付録1.8参照〕の中に具体的な注意事項が列挙してあるので，これを厳守しなければならない．

⑩ 地組する場合を除いて，型枠の組立ては高所での作業になりやすいので，安全には十分注意を払う．また，作業場所および資材置場の整理整頓をつねに心掛けることが大切である．整理整頓は安全のためだけでなく，作業能率の向上にもつながる．

6.4.2 型枠の組立順序

型枠の組立順序は，建物の構造や仕上げなどによって異なってくるが，鉄筋コンクリート造の一般的な型枠の組立順序の例と，打込みサッシの例を図6.18および図6.19に示す．

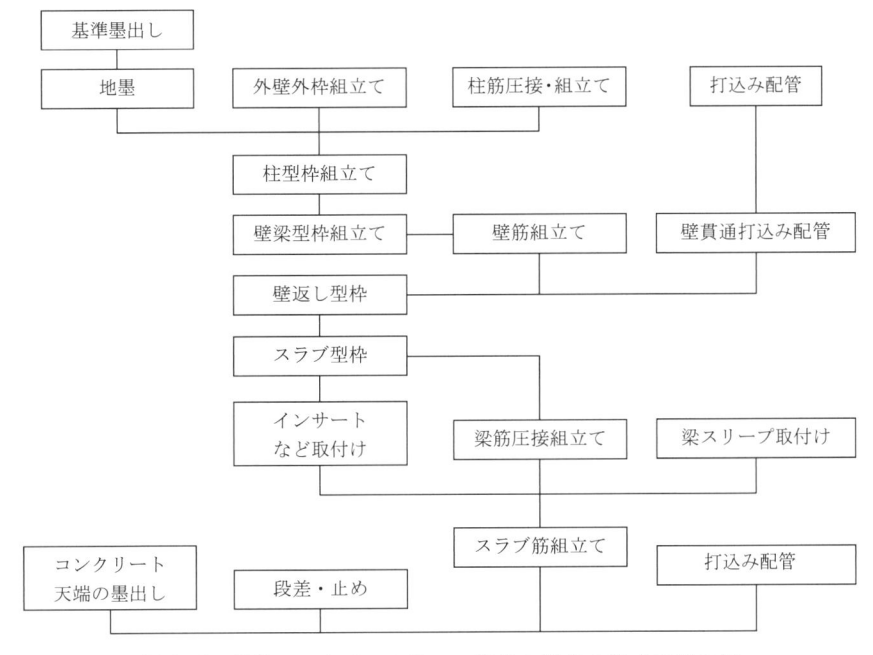

図6.18 鉄筋コンクリート造の一般的な型枠の組立順序の例

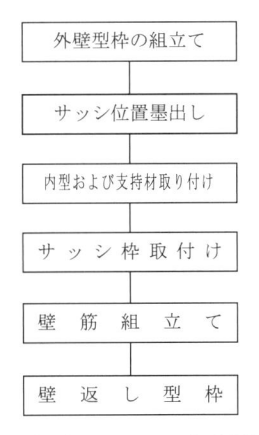

図6.19 打込みサッシの組立順序の例

6.4.3 各部の組立て

(1) 柱型枠の組立て

柱型枠の組立工程の例を図 6.20 に，組立ての例を図 6.21 に示す．また，図 6.22 にパイプによる壁付隅柱の型枠組立ての例を示す．

柱型枠の足元は，垂直精度の保持・変形防止およびセメントペーストの漏出防止のための根巻きを行う．根巻きの方法としては，根巻金物を使用する方法や桟木による方法などが用いられている〔図 6.23〕．

柱型枠の締付けは，柱全体をバランスよく行い，ねじれなどを防ぐ．コラムクランプにより組み立てる場合は，コラムクランプがねじれたり，滑ったりしないように桟木などで挟む必要がある．壁付柱の抱き（だき）部分や柱型枠の梁との取合い部分は締付けが困難な部分が多いので，締付け方法を十分検討しておく．

柱の鉄骨がフルウェブなどでコンクリートの回りが悪い場合には，コンクリートの側圧は左右不釣合いになり，はらみやパンクなどの原因となる．このような場合には，鉄骨からスタッド溶接などによりセパレータを取り付けるなどの方法はあるが，基本的にはコンクリートの打込みをバラン

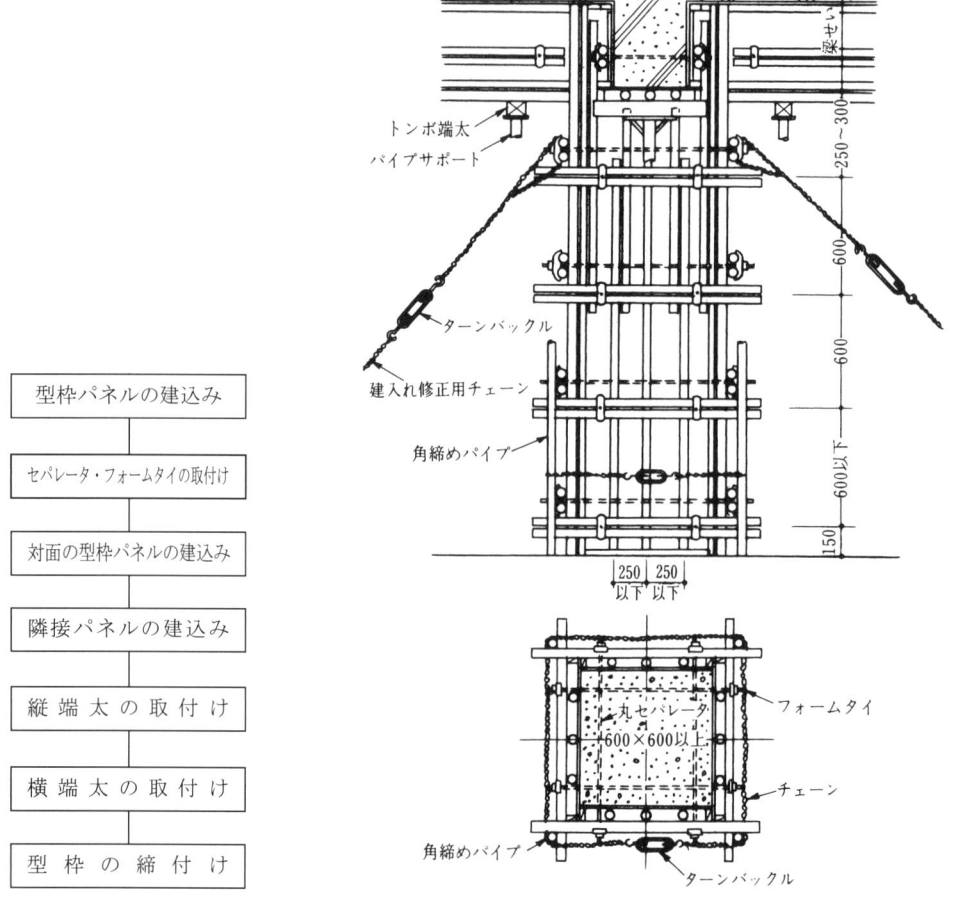

図 6.20 柱型枠の組立工程の例

図 6.21 柱型枠の組立ての例

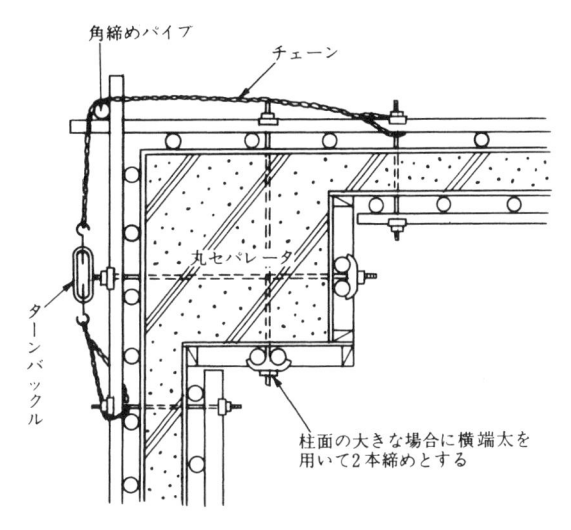

図 6.22 パイプによる壁付隅柱の型枠組立ての例

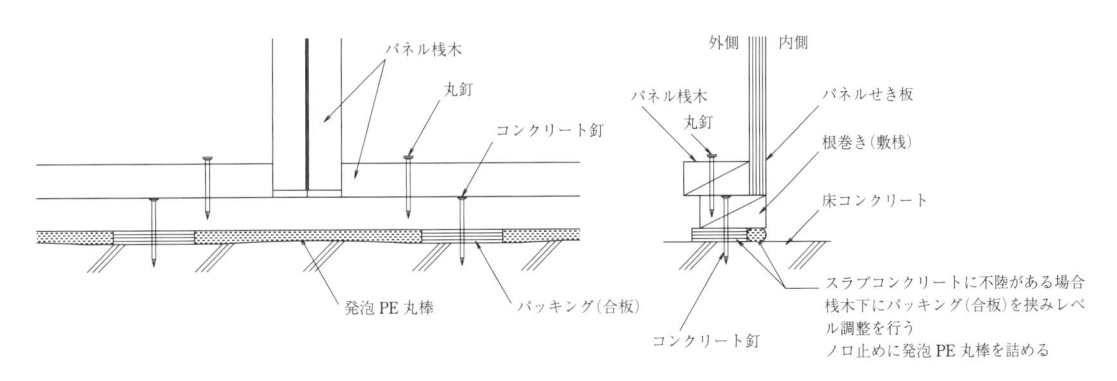

図 6.23 根巻き方法の例

スよく行うことが大切である.

　柱型枠の垂直精度は,壁型枠とともに型枠全体の精度に影響を及ぼすので,梁型枠や壁型枠を取り付ける前にチェーンなどで控えを取り,変形しないようにする.

(2) 梁型枠の組立て

　梁型枠の組立て工程の例を図6.24に,組立ての例を図6.25に示す.

　梁型枠の組立てには,梁底型枠をパイプサポートなどで支持して先に組み,側板を後付けする方法と,先にスラブ上などで梁底型枠と側板を組み立て,締付けまでして吊り上げる場合とがある.いずれの場合でも梁の型枠は形状が細長く,小梁の欠込みがあるなど不安定な形状をしているため,組立作業中に型枠が変形しやすい.したがって,添木などにより変形防止の処置をとる.図6.26に小梁が掛かる場合の梁側せき板の緊結方法の例を示す.

　底板と側板との取合いは,セメントペーストなどが漏出しないように密着させて組み立てる.梁せいが大きく鉄筋の落し込みができない場合には,一方の梁側と底板を取り付けて締付けを完了しておき,梁鉄筋の組立て後にもう一方の梁側を建て込み,締め付ける〔図6.27〕.また,図6.28に

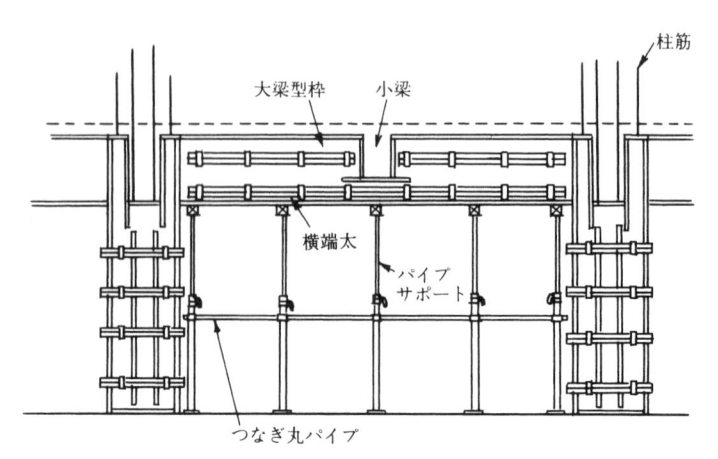

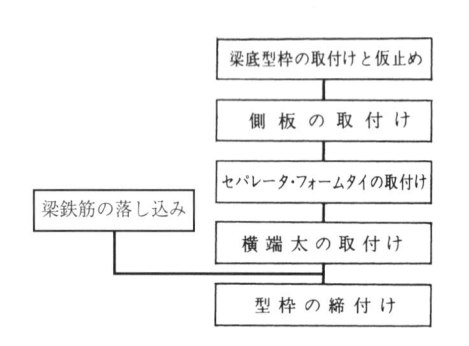

図 6.24　梁型枠の組立て工程の例

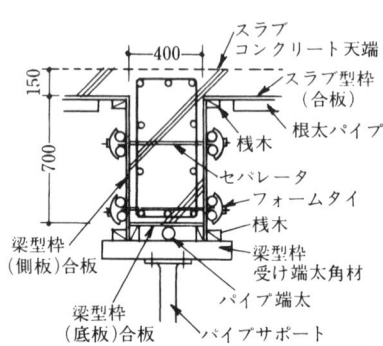

図 6.25　梁型枠の組立ての例

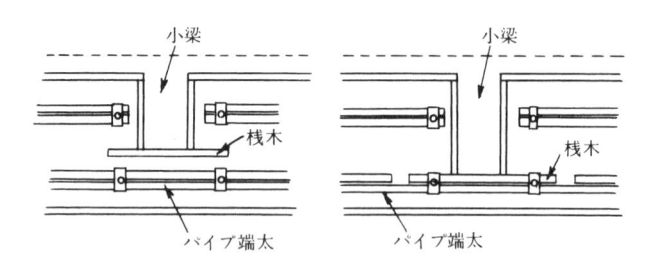

図 6.26　小梁が掛かる場合の側板の緊結方法の例

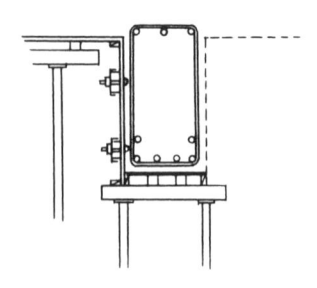

図 6.27　一方の側型枠を後で建て込む方法の例

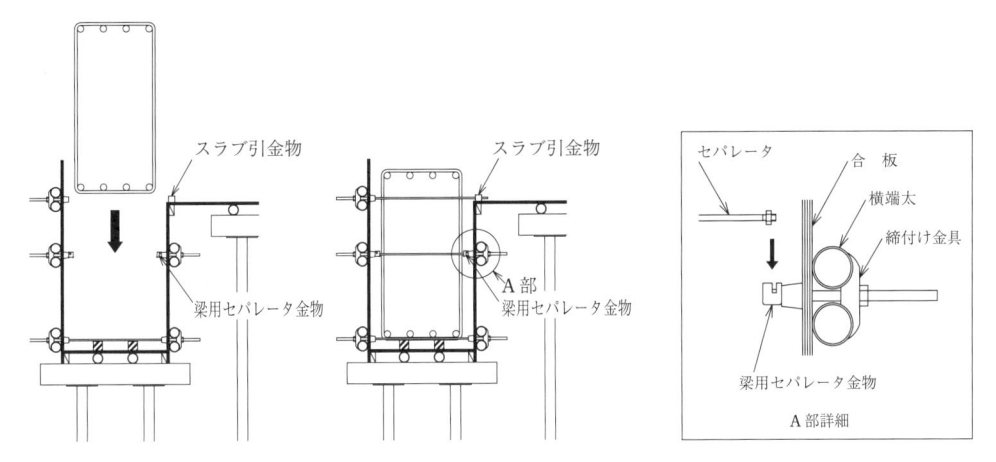

図 6.28 梁鉄筋の組立てを考慮した梁型枠の組立ての例

　梁鉄筋の組立てを考慮した梁型枠の組立ての例を示す．

　梁型枠の組立てにあたっては，梁側のせき板に加わる荷重を考慮しなければならない．デッキ型枠や軽量支保梁などを使用する場合は，スラブのコンクリート荷重を梁側板が受けることになる．これらの鉛直荷重およびコンクリートの側圧に対して十分安全であるように，支保工や締付け金物を配置する．

　床型枠がフラットデッキの場合は，「床型枠用鋼製デッキプレート（フラットデッキ）設計施工指針」[3]（公共建築協会・フラットデッキ工業会）の規定を遵守する．フラットデッキを介して床のコンクリート荷重を側板が負担することになるので，側板の座屈を防止するため桟木の束（縦桟木）を配置する．また，片側に荷重が作用して型枠が転倒することを防止するため支柱は鳥居型に設置するとともに，フラットデッキが脱落することがないようフラットデッキの端部を釘で固定する〔図 6.29，図 6.30〕．詳しくは4章「一般型枠工法」を参照されたい．

　軽量支保梁で床型枠を受ける場合は，「足場・型枠支保工設計指針」[4]（仮設工業会）の規定を遵守する．梁型枠の側板の高さが 750 mm 以下の場合は，側板のセパレータは，垂直方向 400 mm，水平方向 700 mm 以下の間隔で取り付け，上から1段目のセパレータは，200〜300 mm，下段のセパレータは梁底から 150 mm 以下とする．側板の高さが 750 mm を超える場合は，軽量支保梁の支

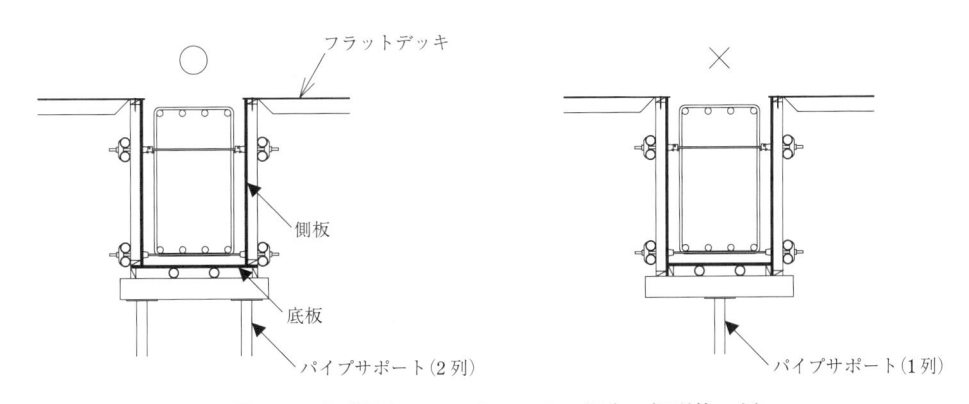

図 6.29 床型枠がフラットデッキの場合の梁型枠の例

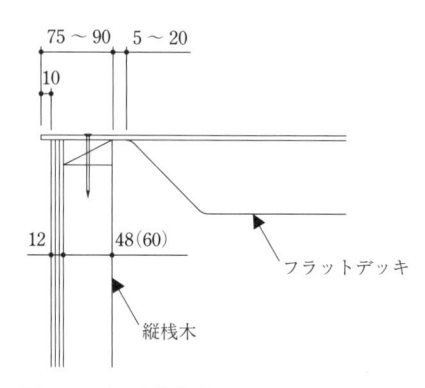

図6.30 梁型枠支保工とデッキの納まり

持金物の取付け部に桟木の束を設けるなどの措置が必要である.

（3） 壁型枠の組立て

壁型枠の脚部は，種々の力によって移動しないように柱型枠と同様，根巻きによって固定する．建込みは，柱などの陸墨を利用して水糸を張り，調整しながら水平に，垂直に組み立てる．

建込み中の倒れ，目違いなどをなくすために合板と合板の接合部には桟木またはジョイント金物を使用するとよい．また，壁の出隅・入隅やスラブ・梁との取合い部は桟木などを用いて補強し，建込む〔図6.31〜図6.33〕．とくに，隅部分はコンクリートの流れの影響を受けるので，チェーン，パイプサポートなどで補強する．壁が丁字形に交差する部分も，コンクリートの打込み方向によっては型枠がはらむので注意を要する〔図6.34〕．

開口部は大小にかかわらず切張りで補強し，小さなもの以外は型枠に開口を設け，コンクリートの回り具合を点検できるようにしておく〔図6.35〕．

袖壁・立上り壁・下がり壁等は通りなどが悪くなりがちなので，桟木，押し引きサポートなどを用いて補強するとともに，コンクリート打込み中の変形にもつねに注意する〔図6.36〕．

構造スリットを設ける場合は，垂直スリットおよび水平スリット共に，構造スリット用材料を堅固に精度良く取り付けることが大切である．構造スリットには，層間変形性，耐火性，防水性，遮音性，見栄えなどの性能が使用する部位に応じて要求されるが，コンクリート打込みなどによる外力に対しても所定の位置を確保するよう堅固に取り付けておかないと，これらの性能が損なわれかねない．特に垂直スリットを設ける場合は，構造スリットの両側のコンクリート打込みに際して，両側の側圧が均等になるように打込み方法の管理を行い，構造スリットが適切な位置に納まるようにしなければならない．垂直構造スリット用材料の設置手順の例を以下に示す．

① せき板の所定の位置に目地棒を釘止めし，構造スリット用材料の力骨を目地棒に堅固に嵌合する．

② 構造スリット用材料の近傍に固定用のセパレータを設置し，せき板の開きを防止する．

③ 片側目地タイプの場合は，補強金物を用いてセパレータに堅固に固定する．

一般的な垂直構造スリット用材料の設置方法を図6.37，図6.38に，垂直構造スリット用材料の取付けにおける注意点を図6.39に示す．

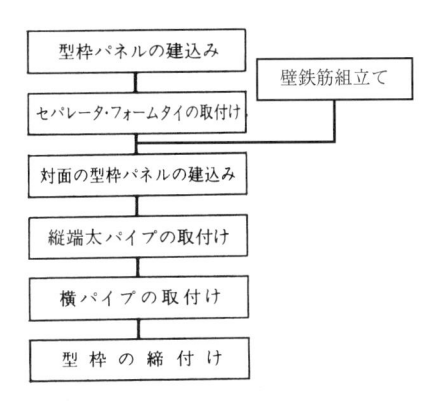

図 6.31 壁型枠組立て工程の例

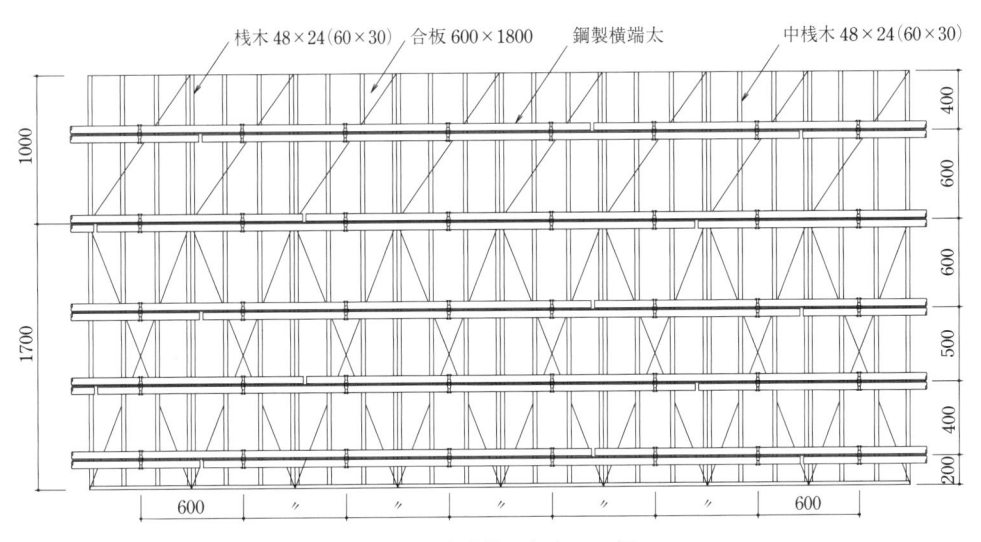

図 6.32 壁型枠の組立ての例

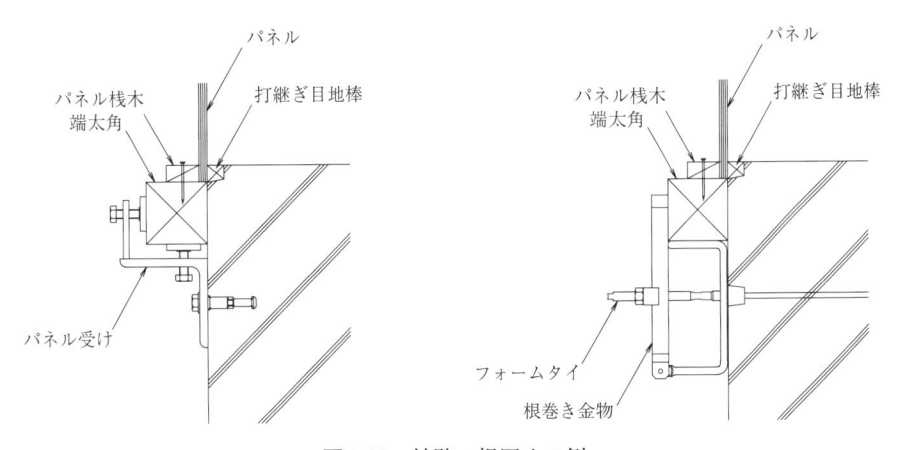

図 6.33 外壁の根固めの例

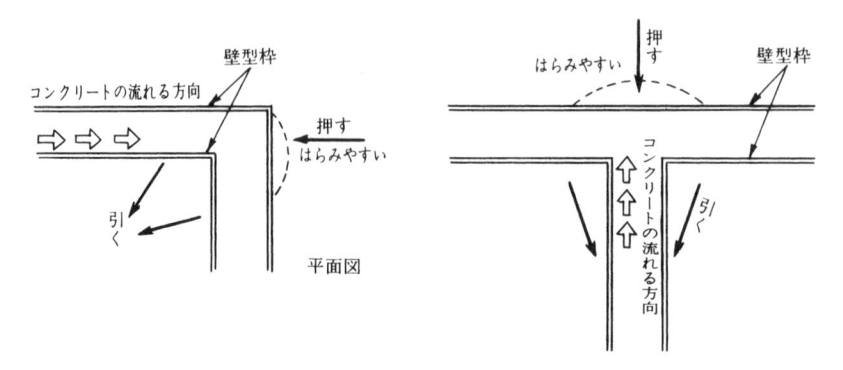

(a) 壁の出隅部　　　　　　　(b) 壁が丁字形に交差する部分

図 6.34　壁の出隅部分および丁字部分

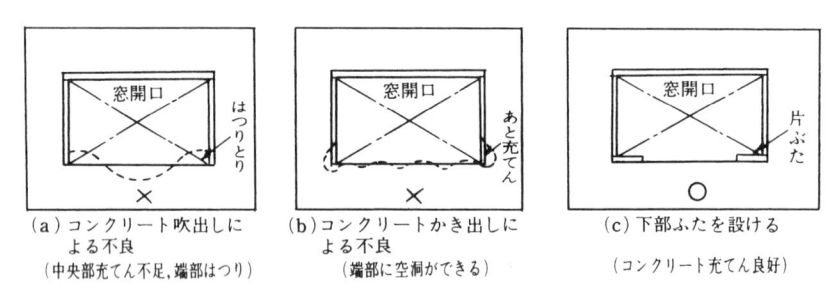

(a) コンクリート吹出しによる不良
（中央部充てん不足，端部はつり）

(b) コンクリートかき出しによる不良
（端部に空洞ができる）

(c) 下部ふたを設ける
（コンクリート充てん良好）

図 6.35　開口吹出し止め型枠

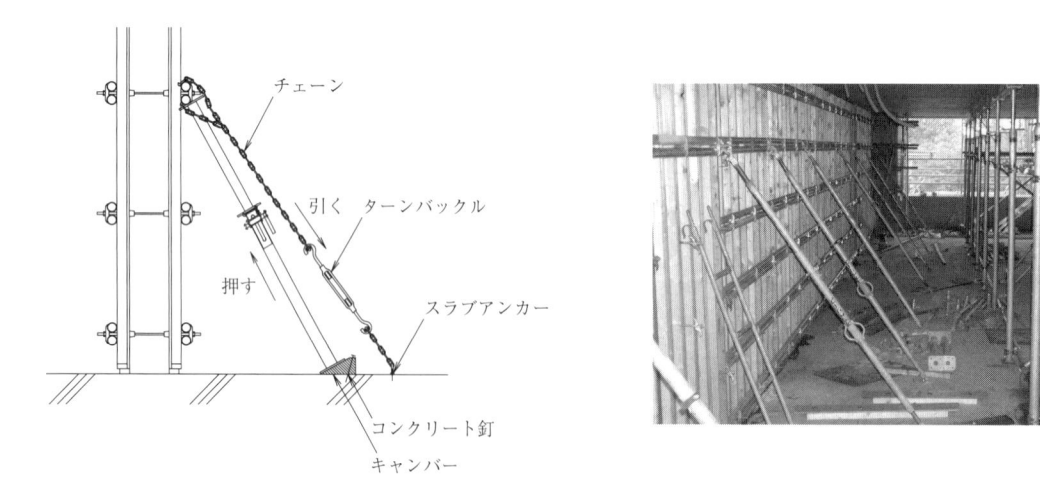

(a) パイプサポートとチェーンを使用した例　　　　　　　(b) 押し引きサポートを使用した例

図 6.36　壁型枠の傾倒防止の例

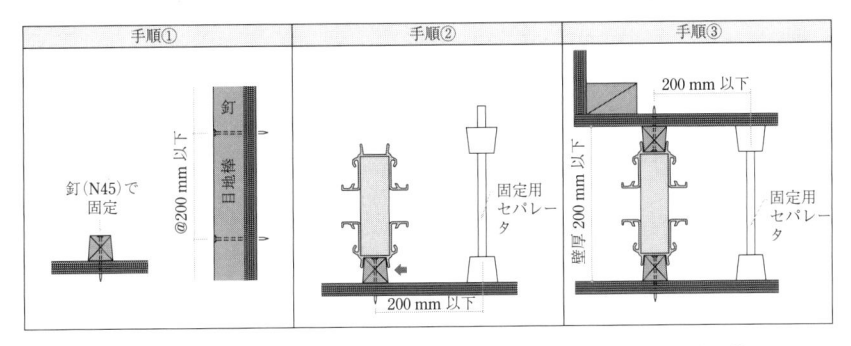

図 6.37 両側目地タイプの垂直構造スリット用材料の設置手順[5]

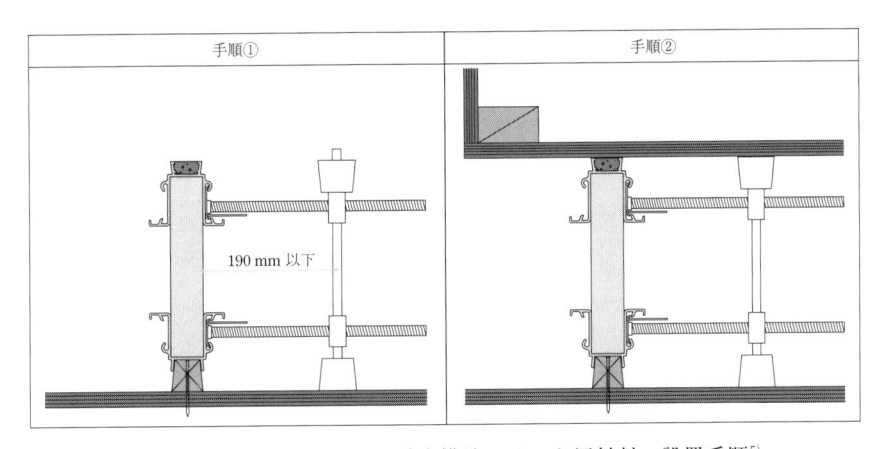

図 6.38 片側目地タイプの垂直構造スリット用材料の設置手順[5]

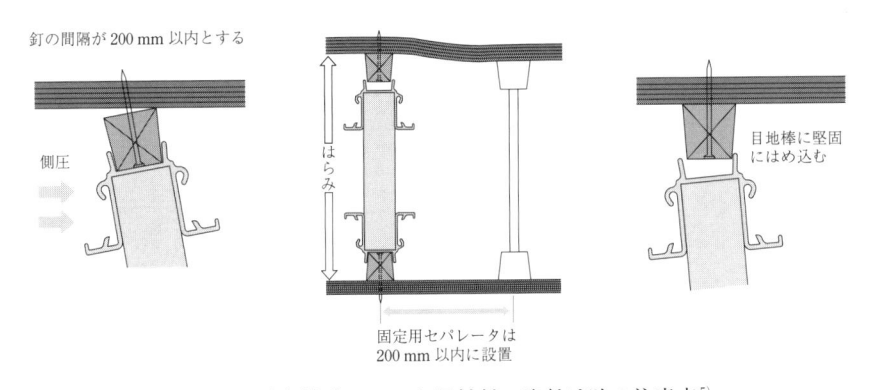

図 6.39 垂直構造スリット用材料の取付け時の注意点[5]

(4) 床型枠の組立て

床型枠の組立ては，柱，梁，壁の型枠の組立終了後に行い，サポート，大引，根太を配置して倒れないように控えをとってから合板を敷き込む．合板の配置は，組立図に基づいて行う．

階高は，床型枠の組立て前に，あらかじめ柱などに出してある陸墨からチェックする．床の水平はレベルを使って測定し，支柱を操作して高低の調整を行う．また，床型枠を張り終わった後，床配筋を行う前に墨出しをしてインサート・スリーブ類の埋設物の取付けを行う．

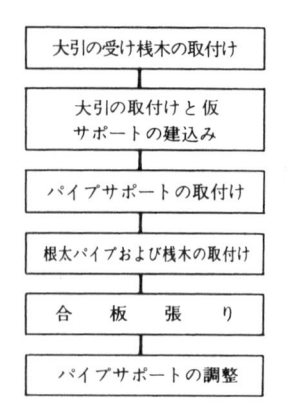

図 6.40　床型枠の組立て工程の例

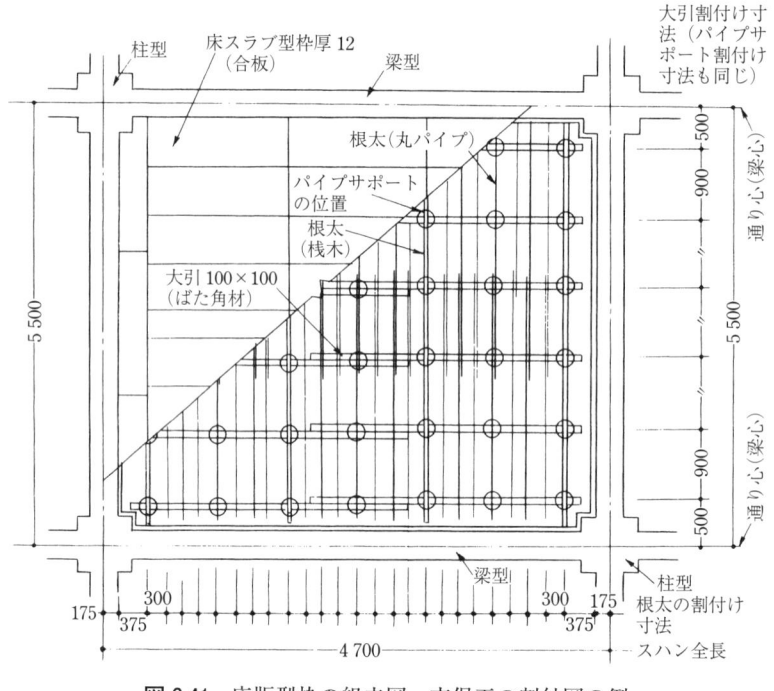

図 6.41　床版型枠の組立図，支保工の割付図の例

(5)　支保工の組立て

　床および梁の支保工には，最も一般的なパイプサポートのほか，枠組・仮設梁などさまざまな種類のものが使用されている．

　支保工の組立てにあたっては，労働安全衛生規則第242条（型枠支保工についての措置等）の中に，パイプサポート支柱，枠組（鋼管枠），仮設梁（梁を構成するもの）などによる支保工の構成についての具体的な規定があるので，これを厳守する．

　支柱の倒壊を防止する措置については，型枠組立て時の注意事項でも触れているが，そのほかに，支柱建込み基盤がその荷重に耐えることができずに支柱が沈下し，支保工が倒壊する場合もあ

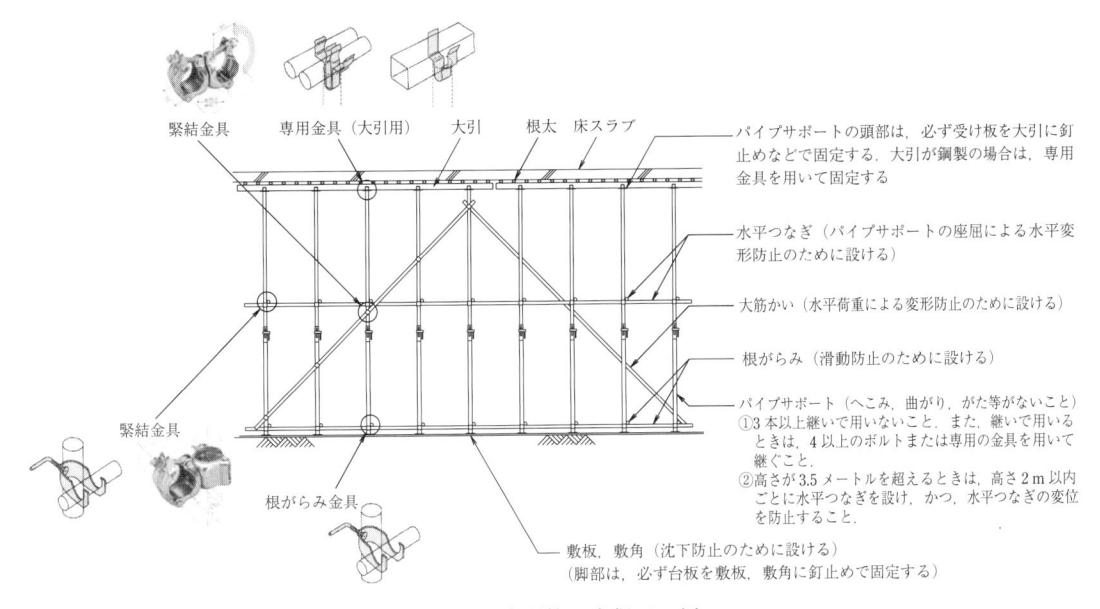

図 6.42 床型枠の支保工の例

る．このようなことを防ぐためには，支柱の下に敷板などを配置し，また，筋かい，根がらみなどを設けて荷重の分散を図るとともに，場合によっては支柱の支持面にコンクリートを打つなどして地盤の支持力を高めることが必要となる．

一般階においては，上下階の支柱が同一位置にないと，強度が十分に発現していないコンクリートスラブに悪影響を与えることになるので，できるだけ同じ位置に支柱を配置する．

なお，労働安全衛生法第 88 条および労働安全衛生規則第 86 条には，型枠支保工のうち支柱の高さが 3.5 m 以上のものについては，型枠の構造計算が義務づけられている．しかし，支柱の高さが 3.5 m 以下でも型枠の構造が特殊な場合には，必要に応じて型枠の構造計算を行い，安全を確認しなければならない．

（i）パイプサポートによる支保工
［使用上の注意事項］

① 水平つなぎとパイプサポートとの緊結は，根がらみクランプなどの専用金具を用い，番線などは使用しない．また，パイプサポートの差込みピンは専用ピンを用い，鉄筋などを使用しない．

② パイプサポートは建込みに先立ち点検し，曲がり・へこみ・腐食など有害な損傷や欠陥のあるものは使用しない．

③ 頭部および脚部は，大引および敷板などに必ず釘止めで固定する．梁や下がり壁に用いるとんぼ根太は，建込み前にあらかじめ受板に釘止めして丁字形や鳥居形に組んでから建て込む．

④ 階段・ハンチなどの斜め型枠で，パイプサポートを斜めにして建て込む場合は，サポート脚部にキャンバを用い，かつ根がらみを取り付けて安定させる．パイプサポートを鉛直にして建て込む場合は，パイプサポートの先端にピボット型ベース金具を取り付けて用いる〔図 6.43〕．

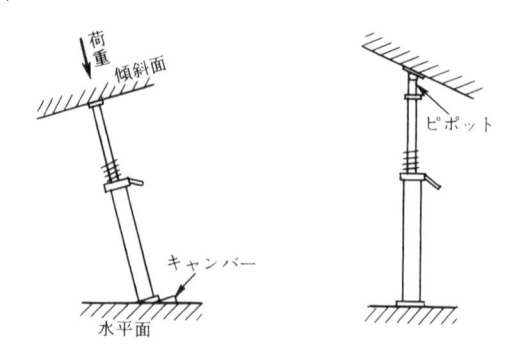

(a) 支柱を斜めにして建て込む例　(b) 支柱の先端に傾斜自在金具を取り付けて建て込む例

図 6.43　傾斜型枠の支柱の例

⑤　高さ7m（パイプサポートの2本継ぎを超える長さ）以上の支保工を必要とする場合は，原則としてサポート1本分の高さを残して，枠組その他によって構台を組み，その上にパイプサポートを設置する．

(ⅱ)　枠組による支保工

枠組は，強度および安全上信頼のおける支保工の一つであり，荷重が大きい場合や階高の大きい場合などに用いられる．しかし，枠組が林立するため作業スペースは狭くなり，材料の運搬や解体などに不便なことが生じやすい．また，枠組の組立てや型枠の組立てが高所作業になるので，安全には十分に注意を払う．

［使用上の注意事項］

①　枠組の支保工は負担する荷重が大きいので，コンクリートまたは十分に突き固めた地盤上に敷角を使用し，脚部はジャッキベースなどを用いる．

②　荷重は枠組の荷重受けなどを利用して脚柱部で直接受け，枠組の横架材で受けないようにする．

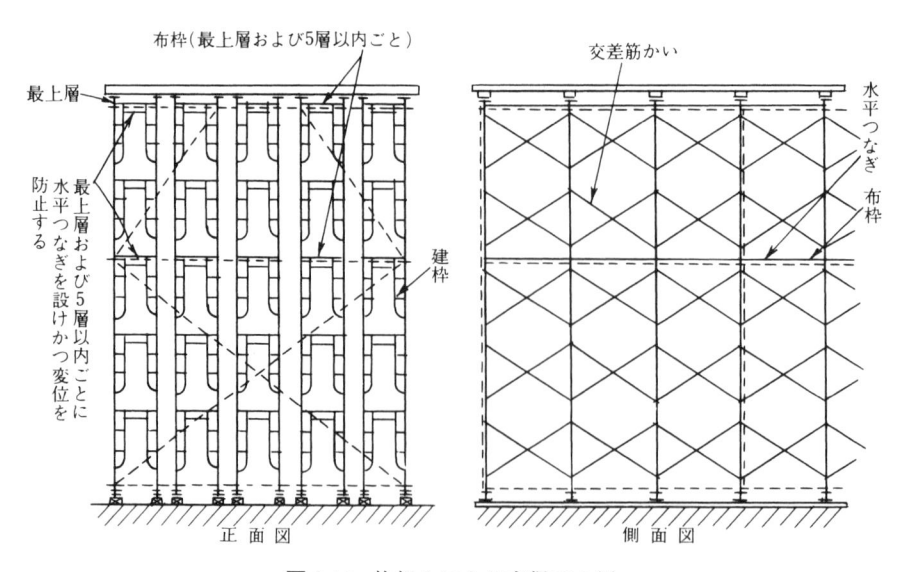

図 6.44　枠組みによる支保工の例

(ⅲ) 軽量型支保梁による支保工

軽量型支保梁は，主としてスラブの下部を通路とする場合や，階高が高い場合，全面的に支柱を立てることができない場合，SRC 造のつり型枠の場合などに用いられてる．枠組ステージを組む場合と比較すると，仮設材料が少なくて済む利点がある．種類，施工方法などについては4章「一般型枠工法」に詳しく書かれているので参照されたい．

[使用上の注意事項]

① 軽量型支保梁は組立て前に必ず，損傷・変形・腐食等の欠陥がないかとくに厳重に点検し，不良品は取り除く．軽量型支保梁の一部の欠陥は全体の強度を著しく低下し，スラブの落下など大きな災害をもたらす．

② コンクリートの打込み方法によっては偏心荷重が働くことがあるので，支柱を支保工として

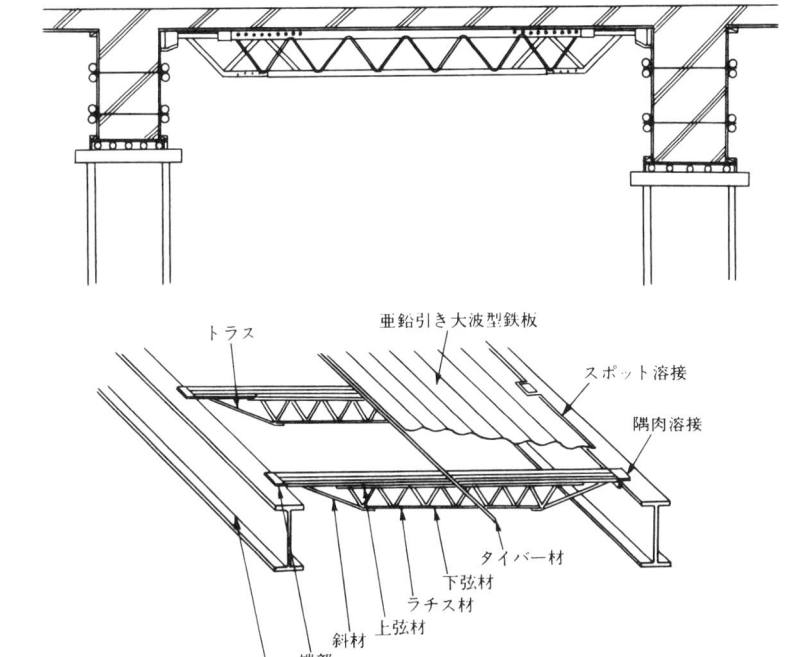

図 6.45 軽量型支保梁による支保工の例

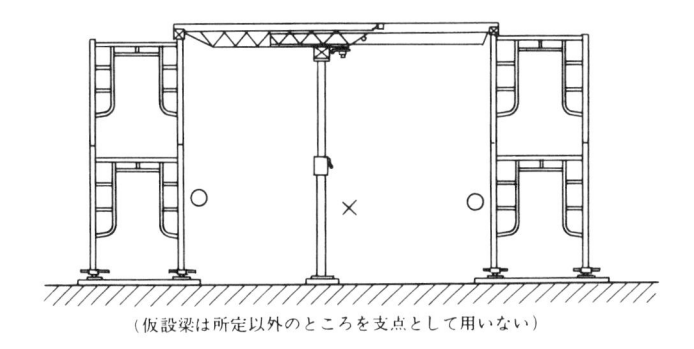

(仮設梁は所定以外のところを支点として用いない)

図 6.46 軽量型支保梁の支持方法の例

いる場合，支柱は計算値よりも安全側を見込んで多く入れ，大梁など梁のサポートは鳥居型に組み立てるようにする〔図6.45〕.

③ 軽量型支保梁は，図6.46のように，所定の支点以外のところに支柱を立てて用いない.

(6) 特殊部分

（i） 階段型枠

階段型枠の加工は，コンクリート躯体図および組立図に基づき現寸図を作成してから行う．特に，側型枠は階段の傾斜，蹴込み部の角度に合わせて開口をあけるので合板を型組し，現寸で墨出ししてから加工を行う．一般的な階段型枠の組立ての例を図6.47に示す．

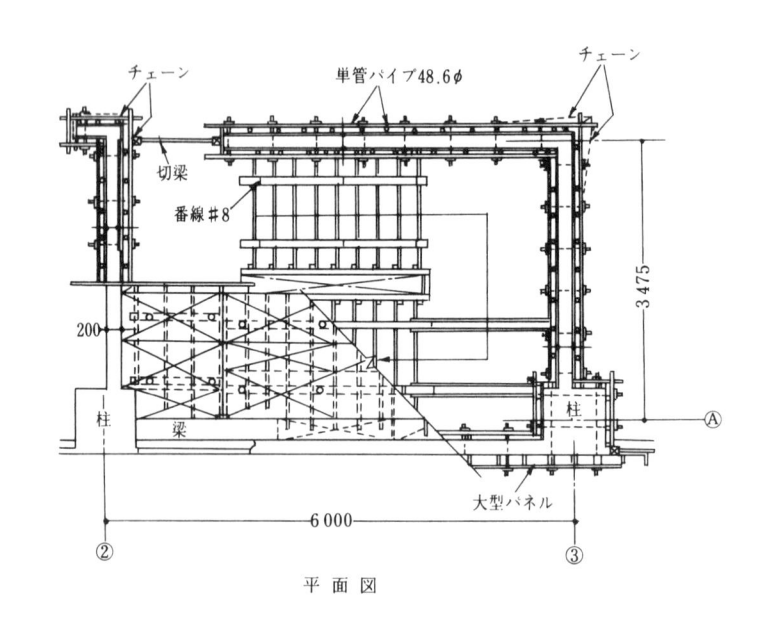

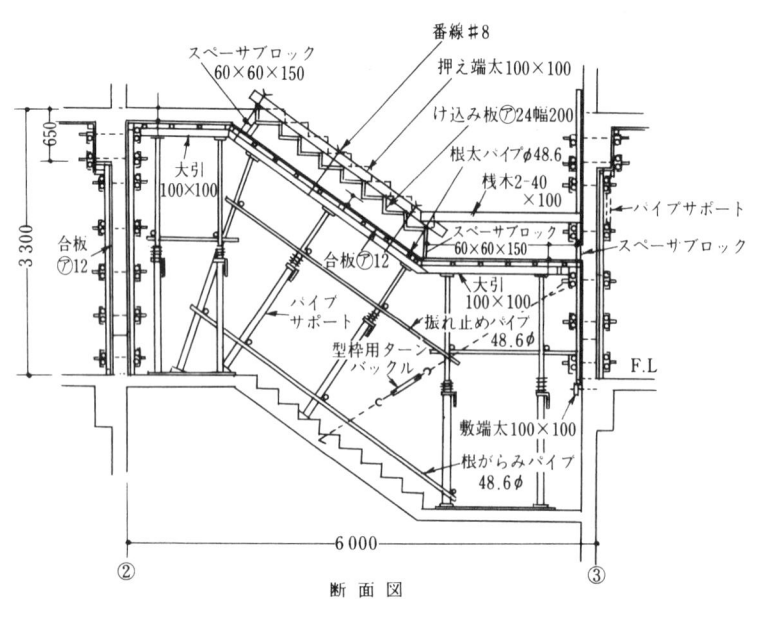

図 6.47 階段型枠の組立ての例

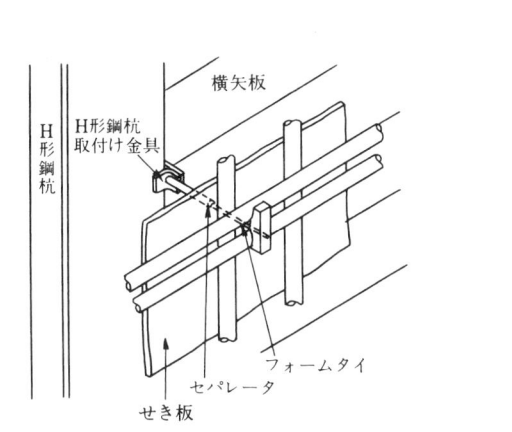

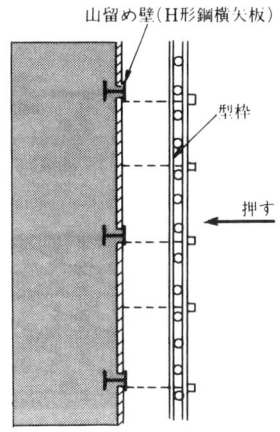

図 6.48 地下外壁の片面型枠の例

（ⅱ）　地下外壁の型枠

敷地に余裕のない建物の外壁に沿って山留め壁を設ける場合，地下外壁の型枠は片面型枠となる．特に山留め壁が鉄筋コンクリートなど剛性の高いものでできている場合は，型枠に加わる側圧は非常に大きなものになるので，型枠組立ての際は，サポートなどで補強するなどの配慮をすることが必要である．しかし，階高が高い場合にはサポートなどでの補強も難しいので，コンクリートの打込み高さを低くおさえてコンクリートの側圧を小さくする方法をとることが望ましい．

図 6.48 に地下外壁の片面型枠の組立て例を示す．

（ⅲ）　パラペット・バルコニーの手すり壁型枠

パラペットやバルコニーの手すり壁の型枠は，スラブと立上りコンクリート部材を一体にして打ち込むため，浮かし型枠となることが多い．浮かし型枠はコンクリートの締固めが不十分になりやすく，さらに，固定が難しく動きやすいため，パラペットやバルコニーの手すり壁にはひび割れが入りやすい．コンクリートが十分に固まるまで堅固に固定する．なお，これらの部位の型枠では，躯体の品質を考慮して浮かし型枠にならないよう，2 回に分けてコンクリートを打ち込む方法も採用されている．

最上階の躯体コンクリートと同時に施工する場合のパラペットの型枠組立ての例と，塔屋の防水用あご部分の型枠組立ての例を図 6.49 および図 6.50 に示す．

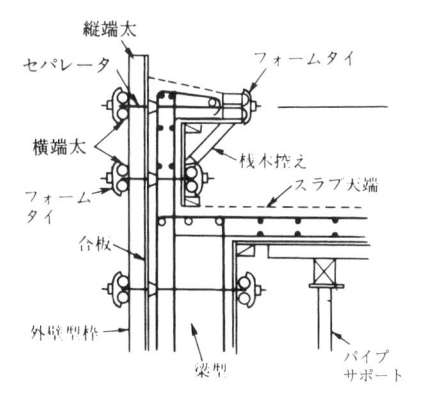

図 6.49　パラペットの型枠組立ての例 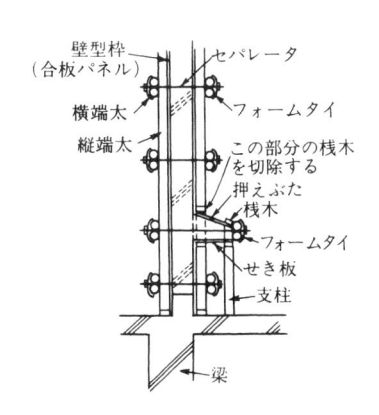　　　**図 6.50**　あご部分の型枠組立ての例

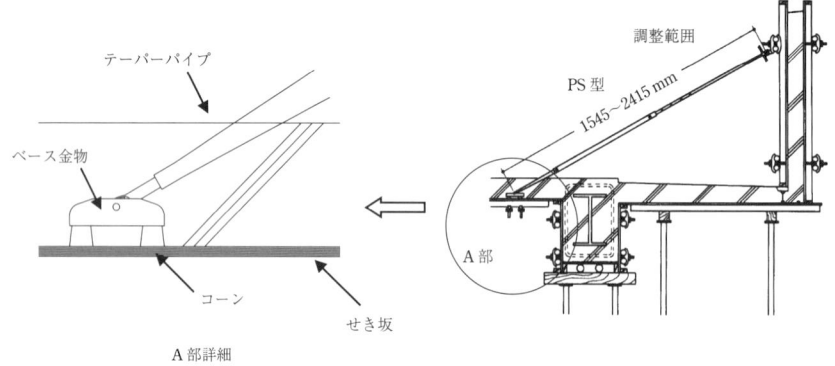

図 6.51　バルコニーの手すり壁の組立て例

　バルコニーの手すり壁の組立て例を図 6.51 に示す．ベース金物は，コンクリート中に埋め込まれるが，斜め支柱部分は，先端のテーパー状の部分がねじ固定式になっていて，コンクリートが硬化した後に抜いて転用できるようになっている．

6.4.4　埋込金物その他

　埋込金物類は正確な位置に取り付け，コンクリート打込み時や作業員の不注意により外れたり，位置が移動しないようにする．
　以下に，型枠の組立順序と各段階で取り付ける埋込金物類を列挙する．

① 型枠加工時
　・木れんが（木製建具取付用），サッシアンカー

② 型枠組立て時
　・木れんが（造作下地用），木枠（ダクトなどの貫通用・埋込機器用，ほか）
　・ボイド（配管スリーブ用），設備関係（埋込配管・電気ボックス類，ほか）
　・インシュレーション（ポリスチレンフォーム板，木毛セメント板ほか）
　・構造スリット
　・壁つなぎインサート
　・目地棒

③ 型枠組立て後
　・埋込ボルト（天井つり用，ほか），インサート（天井つり用・ダクト用ほか）

・木枠，箱，ボイド（ダクトおよび配管の貫通孔用，ほか）
・コンクリート天端ポイント金具
・目地棒

6.4.5　清　　掃

　組立てが終わった型枠内に残ったのこくずなどのごみがコンクリート中に混じると，コンクリートに悪影響を与えることになる．したがって，型枠組立て中から木片，のこくずなどを型枠内に残したりしないように努めることが大切である．しかし実際には，型枠・鉄筋・設備などの業者が錯綜して作業するうちに，ごみなどが落下したり，木の葉や砂などが風で飛んでくることがある．このため，コンクリート打込み前に型枠内の清掃が必要になる．清掃は次の要領で行うとよい．

① スラブ型枠が張り上がった段階で，鉄筋を組み立てる前に清掃を行う．とくに，階段の最下段底はごみがたまりやすいので，掃除口を設けて取り除く．
② 梁底に落ちた木片等の異物は，柄の長いリーチャー（マジックハンド）などを用いて取り除く．
③ 水や圧搾空気を用いて清掃する場合は，柱・壁に掃除口を設けてごみを取り除き，清掃後掃除口をふさぐ．

6.5　型枠の点検

　型枠の点検には，組立中に行う部分点検と，コンクリート打込み前後に行う点検あるいは地震後や悪天候前後に行う点検があるが，ここでは，組立中およびコンクリート打込み前後に行う点検について触れる．

（1）　組立中に行う点検

　型枠は組み上がると修正することが困難な場合が多いので，ある部分の組立てが終了した時点でその部分に不備がないかを点検してから，次の部分の組立てを行う必要がある．各組立て手順における点検項目の一例[6]を表6.4に示す．

（2）　コンクリート打込み前に行う点検

　コンクリート打込み前に，型枠の精度および強度上について行う最後の点検で，その主な点検，事項の一例[6]を表6.5に示す．

（3）　コンクリート打込み時の点検

① コンクリートを打ち込むときは，打込み方法によって衝撃や偏心など種々の力が型枠に作用することがあるので，前もって打込み方法・打込み順序を検討しておき，所定の方法・順序で打ち込まれていることを確認する．
② 型枠に異常を発見した場合は，ただちにコンクリートの打込みを中止させ，危険がないか確認してからすみやかに補修する．
③ 型枠振動機を使用する場合は，振動のかけすぎによって締付け金物がゆるんだり，セメントペーストやモルタルがせき板の継目から漏出することがあるので，コンクリート打込み中に

十分に点検を行う必要がある．
④　ポンプ圧送時の振動や衝撃が直接型枠に伝わっているか確認する．
⑤　設備関係のスリーブやインサート類などがコンクリートの圧力や作業の衝撃で曲がったり，はく脱していないか点検する．

（4）コンクリート打込み直後の点検
①　コンクリート打込み直後に，支持地盤の沈下がないか点検する．

表 6.4　各型枠組立て手順における点検項目の例[6]

型枠組立て手順	点 検 項 目
柱型枠の組立て	（イ）脚元の位置 （ロ）せき板の符合および寸法 （ハ）木れんが，面木などの位置 （ニ）せき板の位置（レベル墨） （ホ）掃除口
梁型枠の組立て	（イ）せき板の符合および寸法 （ロ）木れんが，面木などの位置 （ハ）梁底の掃除口 （ニ）梁の通り，梁底のむくり （ホ）スリーブの位置，大きさ
壁片面型枠の組立て	（イ）根巻き（敷桟），パッキングの位置 （ロ）パネルの接合部（すき間，段差） （ハ）設備関係の埋込み資材の位置，状態 （ニ）開口部の位置，大きさ （ホ）構造スリット用材料の位置，取付け状態 （ヘ）セパレータの位置と長さ，締付け金物本体の締付け状態
返し型枠の組立て	（イ）打継ぎ面の清掃の状態 （ロ）木れんが，木枠などの位置 （ハ）開口部の補強 （ニ）目地棒
スラブおよび梁下の支柱・大引・根太の組立て	（イ）脚元の状態（敷板，敷角） （ロ）支柱の位置，間隔 （ハ）水平つなぎ・筋かいの配置と緊結状態 （ニ）支保梁の間隔，支柱の間隔 （ホ）大引および根太の位置，高さ，間隔
柱および壁の建入検査	柱および壁の水平，垂直の通り
スラブパネルの敷込み	（イ）ハンチ部のせき板の状態 （ロ）突出部（ひさしなど）先端の通りと高さ （ハ）スラブ型枠の高低 （ニ）掃除の状態 （ホ）埋込みボルト，インサートの個数，位置
締付け後	（イ）縦端太・横端太の位置，間隔 （ロ）柱および壁の脚元・接合部の状態 （ハ）梁の開き止め （ニ）外壁のスラブ引き

表 6.5　型枠の点検例[6]

(i) 精度上の点検
　① 建入れ（垂直精度）の検査
　② 通りの検査
　③ 高さ（水平精度）の検査
　④ 部分寸法の検査

(ii) 強度上の点検
　① 締付け端太の取付位置および間隔の点検
　② 締付け金物の点検
　③ 桟木および開き止めなどの点検
　④ 型枠の倒れおよびひずみ防止の控え（切梁，ワイヤロープ，チェーンなど）の点検
　⑤ 支柱の位置・間隔・建入れ（荷重方向に垂直）および高さの点検
　⑥ 支柱脚部の状態の点検
　⑦ 根がらみ・水平つなぎおよび筋かいの配置と緊結の点検
　⑧ 大引および根太の間隔の点検
　⑨ その他支保工補強の控えなどの点検

　② 型枠に不要な衝撃を与えないように十分に注意を払う．
　③ 型枠のパンク・はらみはコンクリート打込み直後が多いので，常時見回るようにして異常の有無を点検する．木材は吸水すると強度が低下し，たわみが生じるので注意を要する．

6.6　取外し

6.6.1　一般事項

　コンクリートの打込み作業が終了すると，所要の強度が出てくるまで必要な養生期間をおいて，型枠の取外し作業が行われる．型枠の存置期間については，JASS 5および8章「存置期間」に詳しく述べられているので，それらを参照していただきたい．

　型枠の取外し時期は，型枠の転用計画や工期，施工の経済性などを大きく左右するので，事前に十分検討しておく．所定の存置期間よりも早く取り外したい場合は，その部分のコンクリートの供試体を採取し，強度試験により基準値以上のコンクリートの圧縮強度が出ていることを確かめてから取り外す必要がある．

　型枠の取外し順序としては，梁底や床型枠よりも柱・壁・梁側のほうが早期に取外しができるので，それらが先に取外しができるような納まりとして転用率を高めるなど，型枠の計画段階からの検討が必要である．

6.6.2　型枠の取外し作業

　型枠の取外し作業においては，作業手順をあらかじめ計画しておき，十分に安全を確保するとともに，若材齢のコンクリートに損傷を与えないように静かに取外しを行うことが大切である．型枠取外し時の注意事項をまとめると以下のとおりである．

［型枠取外し時の注意事項］
① 型枠の取外しは危険な作業なので，作業主任者（型枠支保工の組立て等作業主任者）を有資格者の中から選任し，作業開始前に取外しの範囲，作業順序，取り外した型枠の片付け方法，安全対策などについて十分な打合せを行う．とくに，取外し場所およびその下方には関係者以外の者が立ち入らないようにロープ囲い・標識などで区画を行う．
② 取り外した型枠の投下によって，コンクリートに衝撃や損傷を与えないように注意する．
③ 外壁に面する型枠を取り外す場合，セパレータのコンクリートに対する付着強度が低い時期にフォームタイやセパレータを動かすと，後日，漏水などの障害が起こることがあるので注意する．

6.6.3 型枠セパレータの頭処理

せき板を取り外した後，使用したセパレータの種類および要求される防水性能や表面の平滑性などに応じて型枠セパレータの頭処理を行う．

コーンを使用するセパレータ（丸セパレータB型）の場合は，コーンを取り外し，取り外した後に残る穴をモルタル等で埋める．漏水のおそれがある地下外壁などでは，防水剤入りのモルタルを充填し，さらに必要に応じて防水工事を施す．モルタルを充填する場合は，良好な仕上がり状態になるように材料の選定，充填，養生を行う．特に寒冷期の施工では，モルタルの体積が小さいので，コンクリート躯体に熱を奪われやすく凍結するおそれもあるので注意が必要である．なお，モルタルを練って穴を充填する工法以外に，あらかじめ作製したモルタルコーンをエポキシ樹脂接着剤を用いて埋め込む工法，モルタルコーンの先端に接着剤カプセルがセットされた製品を使って埋める工法などがある．

コーンを使用しないセパレータ（丸セパレータC型）の場合は，コンクリート表面に座金および頭（ねじ部分）が露出する．座金の部分はそのまま残し，頭はハンマーで叩いて折り取り，破断面に錆止め塗料を塗り付ける．

6.6.4 取り外した型枠の整理および転用

型枠取外し後は早期転用のために材料の整理を行う．
① 締付け金物は，転用材，修理材，廃却材などに分けて整理する．
② 端太材は，付着したコンクリートを除去して，品物，長さ別に集積する．
③ せき板は，ケレン，釘仕舞をし，はく離剤を塗布してサイズ別に整理集積する．
釘仕舞は材料を傷めないように丁寧に行う．
④ とくにサポート類は，転用材であるため整備が大切である．差込みピンや調整ねじの破損・変形・曲がりなどを確認しておく．変形・曲がりなどを生じたものは取り替える．

傷んだ材料のうち，修理できないものは転用材料とは別に早期に搬出する．不用材料を放置しておくことは，現場内が乱雑になり安全上からも好ましくない．なお，各種資材を若材齢のコンクリートスラブ上に集積する場合には，必ず分散させるようにする．とくに大量の鉄筋・型枠材料など

を集積する場合は，その荷重を推定し，十分な安全をみて計算によって作業開始の時期を決めなければならない．

参考文献
1) 株式会社ソキア・トプコン　カタログ
2) 日本建築学会：鉄筋コンクリート造配筋指針・同解説，2003
3) 公共建築協会：床型枠用鋼製デッキプレート（フラットデッキ）設計施工指針・同解説，2006
4) 仮設工業会：足場・型枠支保工設計指針，2002.3
5) 岡部株式会社　カタログ
6) 建設業労働災害防止協会：型わく及び型わく支保工組立て・解体工事の作業指針，1984

7章　管理と検査

7.1　工事の管理
7.1.1　一般事項

　型枠工事の管理項目は，大別すると①工程管理，②安全管理，③材料管理，④品質管理，⑤工事費管理に分類される．

　一方，躯体工事期間の現場の運営組織は，図7.1に示すような工事種別ごとの組織となるため，型枠工事の管理を行う場合には，躯体工事期間中，工事管理の主導的立場を務め，他の諸係と綿密に連絡を取り合い，工程計画を進めて行くことが求められる．また，目標とする品質を設定し，そのための品質管理項目の抽出，役割分担を含めた品質管理の実施要領を明確にする．

　工事の実施にあたっては，型枠組立てや解体作業の作業主任者および墨出し責任者等を選任し，作業における安全作業の確保，工程の遵守，作業の指揮と指導，材料点検・補給の管理，打合せ事項の周知と徹底などの遂行にあたらせ，明確な責任体制の下で管理を遂行しなければならない．また，型枠組立て等の作業主任者の選定や型枠支保工の工事計画を作成する場合などには，労働安全衛生規則等の関係法令に従い，必要となる有資格者を従事させなければならない．

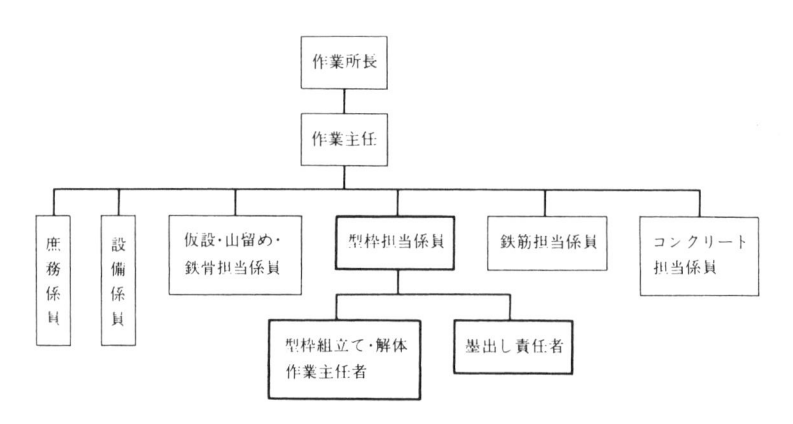

図7.1　型枠工事に関連する工事現場の運営組織の例

7.1.2　工程管理

　全体工程の中で型枠工程の占める割合は大きく，躯体工事のクリティカルパスとなる場合が多い．

　工程管理ではクリティカルパスとなっている作業の重点管理が大切であり，型枠工程の遅れは，鉄筋工事，設備工事および仕上工事の工程に影響し，コンクリートの供給事情によっては，型枠の1日の遅れが躯体工事では数日の遅れになることもある．したがって，工事の進行と工程表との対

比を絶えず行い，計画した工程から外れないよう工事を推し進めることが必要である．工程計画どおり工事を進めるうえでの管理要領を以下に示す．

（1） 建物の種類・規模，環境・近隣，型枠の種類・延面積，施工の難易，1階分の打上げ予定日数などを考慮して，加工・組立てに必要な大工の手配がなされるが，労務や材料の供給は不安定であり，工程の基本はこれに従事する作業員の人数と技量で決まる場合が多いので，事前の労務や材料の供給予測と実態の把握が必要である．

（2） 型枠工事は構成作業数や部品数がきわめて多く，労務比率が60～70%，労務のうち運搬作業が占める割合は20～40%とされ，運搬作業の効率化がその工程や歩掛りに大きく影響する．また，長期間にわたる屋外作業のため天候の影響を受けやすいなど，不確定要素が多い．したがって，決められた工程に対し必ず出面を取るなど，実績を書き入れ，絶えず現状把握および分析を行い充足率を把握し，次工区へフィードバックしながら，適切な運搬計画および人員計画を立てる．

（3） 元請業者は協力業者の労務管理状況を知り，今後の労務の充足度や緊急時の最大労務手配可能数を確認しておく．

（4） 建物の立地条件，近隣環境（作業時間・騒音等）を考慮し，工程計画を立てる．

（5） 細部工程の検討（とくに揚重機の使用予定，コンクリートの打込み予定など）にあたっては協力業者の意見を十分考慮するとともに，関連工事の係員とも十分に打ち合わせて工程計画を作成し，作業従事者全員（資材係，設備係，主要職種の責任者なども含め）に周知し，納得させた上で協力を取りつけておく必要がある．万一工程に遅れが生じた場合の管理要領を以下に示す．

① 並行して進められている鉄筋工事・設備工事などの進捗状況もつねに把握し，いち早く遅れの原因をつかみ，何がクリティカルパスであるかを的確に見極める．

② 残業，または増員によって遅れを取り戻せるか，並行作業はできないかを検討する．

③ 資材は不足していないか，足場・荷揚設備・運搬手順などに問題はないかを検討する．

④ 遅れの挽回がその階の工程内で可能かどうかを検討する．

7.1.3 安全管理

現場作業の安全管理が重要であることは言うまでもないが，型枠工事においては，以下に示すような危険要素を内在しており，事故発生率はつねに上位にある．

① 作業者の数が最も多い．

② 鋼管・サポートなどの重量物の取扱いや，資材の使用数が短期間に多量である．

③ 組立て途中の不安定な作業足場状態の期間が長い．

④ 電動の工作機器を多用している．

⑤ 上下作業，かつ高所作業が多い．

⑥ 開口部が多く，墜落または飛来落下物による危険が大きい．

⑦ 支保工や足場などはコンクリート打込み時に相当の重量が加わるため，変形・脱落・崩壊などの危険がある．

安全については，作業者一人一人の注意と自覚が必要であるが，どうしてもなおざりにされがち

であるので，毎日の作業について万全の注意を払い，作業手順の確認や法令等の遵守など安全管理を徹底させ，習慣づけることが重要である．安全に関する法規としては労働安全衛生法，労働安全衛生規則などがあり，たとえば，以下に示すような項目についての具体的な配慮が必要である．また，事故が生じた場合などの緊急時の対応についても事前に確認し，迅速な対応に努めなければならない．

① 支保工の組立て・解体は，労働安全衛生規則で定められているように作業主任者を選任し，その指揮と責任の下に作業を行わせなければならない．
② 電動の工作機器の使用責任者を選任し明示する．
③ 作業時の保護帽・安全帯の着用，服装などには十分注意し，高所作業時には安全帯が使えるよう親綱などの設備を設ける．
④ 玉掛けやクレーン，フォークリフトによる作業など，操作に資格が必要な装置，作業は有資格者以外には行わせない．
⑤ コンクリートの調合，打込みの要領などの打込み計画を把握し，打込みのためのスペースの確保，型枠の補強などの適切な安全対策を講じる．
⑥ 型枠の上へ物を置くことに対して十分な安全対策を講じる．例えば，鉄筋などの資材や施工機械などの保管場所・方法を定め，必要に応じて型枠への補強を行う．
⑦ 荷揚げ開口部などには，手すり・ネットなどの十分な墜落防止および飛来落下物防止の安全設備を設け，揚重時の安全帯掛けの設備も設けて，表示しておく．
⑧ 整理，整頓，安全通路・作業通路の確保はもちろんであるが，型枠工事はとくにこの作業スペース確保の励行が安全上，また，工程を進めるうえでも大いに有益である．
⑨ 作業場の照明は適切に確保する．
⑩ 型枠解体時は危険を及ぼす範囲も広く，明瞭な立入禁止表示を行うとともに他職種へ周知して作業にあたる．
⑪ 解体材は，釘の突出など危険物が多いため，解体後の整理整頓を早期に行い，差し筋などの養生をする．
⑫ 火気使用（喫煙・たき火）の禁止は，着工時より徹底させておくとともに，指定の喫煙場所を設けて表示しておく．

7.1.4 材料管理

型枠工事に使用する材料は，本指針の3章などを参照し，適切な材料であることを確認し，使用しなければならない．また，材料の保管状況によっては，その品質が低下したり安全性が損なわれたりする場合もあるので，保管や管理の方法に十分注意する．型枠工事の材料管理を適切に行うことが工事費にも相当の影響を与えるため，以下のような管理を必要とする．

① 型枠に使用する材料には，合板・メタルフォームなどのせき板材，桟木・端太材・コラムクランプ・パイプサポート・単管などの支保工の構成材料および緊結金具やセパレータなどの消耗材があり，複雑多岐にわたる．このため，入荷した材料の材質・寸法・数量を確認し，事前

に立案した転用計画に沿って余分な資材は持ち込ませず，必要なときにすぐ取り出せるよう在庫状況をつねに把握して，工事の円滑な進展を図る．
② 荷卸し場所と組立場所までの運搬路は事前に綿密に計画する．二重運搬や選別に多大な時間を要することがないよう，材料を整理して保管する．
③ 型枠材料を置場から組立場所へ運搬するには，できるだけ機械力を利用するよう検討する．
④ 材料の保管は，水はけおよび通風の良い場所を選び，材料別・寸法別に集積し，搬出入が便利なように適宜空間をとり，雨や直射日光にさらさないようにする．また，積み方の指定がある場合などはそれらを遵守する．
⑤ せき板の中には，硬化不良を起こすものがあり，コンクリートの補修を要することがある．せき板に使用される樹種の適正・特徴については表 3.2 を参考にするとよい．現場判定方法としては，せき板表面にセメントペーストを塗り付けて 2～3 日後にはがし，その表面状態を調べる方法などもある．また，耐アルカリ性に劣る樹種をせき板として使用すると，コンクリートが赤色あるいは黄色に着色してしまう場合，および 1～2 回の使用でせき板の表面われあるいはむしれを生じる場合がある．
⑥ 解体の終了後，早期に使用した材料の整理・修理（老朽化，欠損，釘仕舞），仕分け，けれん，金物の回収などを行う．使用した材料は，できる限り再利用するように努め，再利用ができない材料については，適切に分別して搬出する．

7.1.5 品質管理

躯体コンクリートの品質や寸法・位置・精度の不具合は，後工程や工事費に大きな負担を強いることになり，各工程に沿ってプロセスを重視した管理が必要となる．品質管理の項目には，一般的には以下のようなものがあり，それぞれ具体的には次節を参照されたい．
① 型枠材料の品質管理
② 型枠加工の管理
③ 型枠組立ての管理
④ コンクリート打込み時の型枠の管理
⑤ 型枠取外しの管理

7.2 品質管理・検査

7.2.1 一般事項

型枠は，一種の仮設物ではあるが，コンクリートの形状・寸法・位置の精度，表面の仕上がり状態などの品質に大きく関係している．また，組み立てた型枠や打ち上がったコンクリートの修正は困難な場合が多いため，品質管理が不十分であると，設計図書に示された所要の品質の確保が困難になるだけでなく，後の工程，経済性などにも悪い影響を与えることになる．したがって，型枠工事は，厳密な品質管理に基づき慎重に施工されることが必要である．

型枠の品質管理は，品質管理責任者および品質管理計画を定めて行う．

表7.1 型枠工事施工要領書の記載事項例

項　　目	主 な 内 容
1. 総　　則	適用範囲，変更・追加の場合の処置など
2. 工 事 概 要	全体工事概要（名称，場所，構造，規模，工期など），型枠工事概要（数量，工程など）
3. 工 事 組 織	組織表（管理体制）など
4. 要求品質および基本方針	設計仕様および指示事項（型枠材料の種類・品質・範囲，支給材の有無・範囲，型枠存置期間など），作業所の基本方針，近隣協定および制約事項など
5. 採用工法および使用材料	採用工法の概要（柱，外・内壁，梁，スラブなど部位別），型枠材料の種類，品質，数量（せき板，支保工，締付け金物，はく離剤など）
6. 施 工 方 法	型枠転用計画，運搬・揚重計画，作業日程，作業手順および内容（墨出し，下ごしらえ，運搬・揚重，組立て，建入れ，取外し，清掃，はく離剤塗布，後片付けなど）
7. 品質管理・検査	型枠材料，加工，組立て，打込み，取外しなどにおける管理・検査の項目，管理・規準値，頻度，方法（施工品質管理表のように別途定める場合もある）

表7.2 型枠の材料・組立て・取外しの品質管理・検査（JASS 5 表11.4）[1]

項　　目	判 定 基 準	試験・検査方法	時　　期
せき板・支保工・締付け金物などの材料	9.3，9.4および9.5の規定に適合していること	目視，寸法精度，品質表示の確認	搬入時 組立て中随時
支保工の配置・取付け	型枠計画図および工作図に合致すること．ゆるみなどのないこと	目視およびスケールなどによる測定	組立て中随時，および組立て後
締付け金物の位置・数量	型枠計画図および工作図に合致すること		
型枠の建込み位置・精度		スケール，トランジットおよびレベルなどによる測定	
せき板と最外側鉄筋とのあき	所定のかぶり厚さが得られる状態になっていること．測定ができない部分については所定のスペーサが配置されていること	スケール・定規などによる測定および目視	
せき板および支柱取外しの時期	9.10の規定に適合していること	9.10.bに示すせき板の存置期間を経過していること，あるいはJASS 5 T-603	せき板・支柱取外し前（必要に応じて）

　品質管理計画で重要な点は，所要の品質とその管理方法をできるだけ明確にし，計画的に所要の品質の実現を図ることである．このため，施工要領書，施工品質管理表（QC工程表など），チェックシートなどを作成する必要がある．一例として，型枠工事に関する施工要領書の一般的な記載事項を列挙すると，表7.1のようなものがある．通常，これらの項目は，すべてが漏れなく記載される訳ではなく，個々の施工条件に合わせて，適宜取捨選択あるいは追加されるほか，その内容についても必要に応じて粗密の差があることが多い．また，施工品質管理表には，作業工程ごとに管理項目，管理水準，管理方法，管理分担，さらに管理限界とそれを外れたときの処置などについて，品質を主体にした施工管理要領が示される．

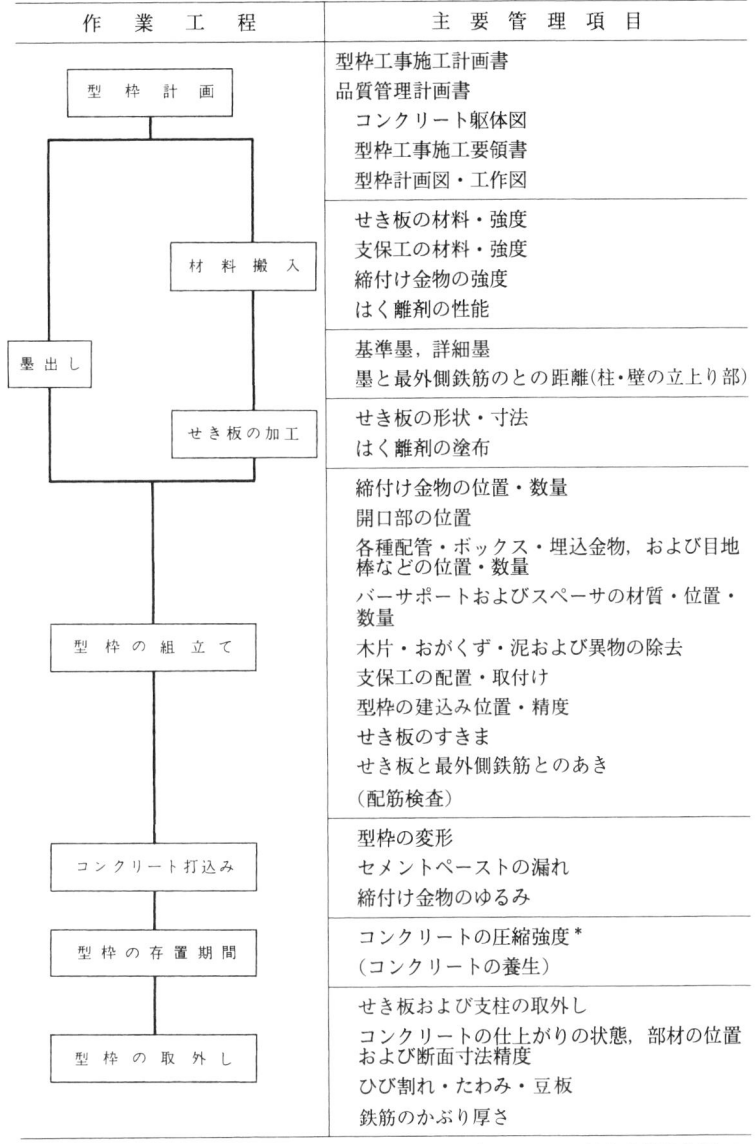

作 業 工 程	主 要 管 理 項 目
型枠計画	型枠工事施工計画書 品質管理計画書 　コンクリート躯体図 　型枠工事施工要領書 　型枠計画図・工作図
材料搬入	せき板の材料・強度 支保工の材料・強度 締付け金物の強度 はく離剤の性能
墨出し	基準墨，詳細墨 墨と最外側鉄筋のとの距離(柱・壁の立上り部)
せき板の加工	せき板の形状・寸法 はく離剤の塗布
型枠の組立て	締付け金物の位置・数量 開口部の位置 各種配管・ボックス・埋込金物，および目地棒などの位置・数量 バーサポートおよびスペーサの材質・位置・数量 木片・おがくず・泥および異物の除去 支保工の配置・取付け 型枠の建込み位置・精度 せき板のすきま せき板と最外側鉄筋とのあき (配筋検査)
コンクリート打込み	型枠の変形 セメントペーストの漏れ 締付け金物のゆるみ
型枠の存置期間	コンクリートの圧縮強度* (コンクリートの養生)
型枠の取外し	せき板および支柱の取外し コンクリートの仕上がりの状態，部材の位置および断面寸法精度 ひび割れ・たわみ・豆板 鉄筋のかぶり厚さ

[注] ＊ JASS 5 T-603（構造体コンクリートの強度推定のための圧縮強度試験方法）による．

図 7.2 型枠の計画から取外しまでの作業工程と主要品質管理項目（例）
（JASS 5 解説図 9.1）

型枠工事の品質管理，検査の項目として，JASS 5 の 11 節では表 7.2 に示す項目が規定されている．また，JASS 5 の 9 節では，図 7.2 に示すように型枠工事の作業工程と主要管理項目の例が示されている．

以下の項においては，型枠工事における主要な管理・検査について述べる．

7.2.2 型枠材料の品質管理・検査

型枠材料の品質管理・検査の内容は，表 7.3 を参考に定めるとよい．

型枠材料の種類・品質は，躯体コンクリートの表面状態や仕上がり寸法に大きく影響する．材料の検査は，型枠の加工場あるいは現場への搬入時あるいは再使用を行う場合にすみやかに行い，検査の結果が不合格だった場合はすみやかに合格品を調達・納入させ，数量を確認し，不適当な材料を使用することがないようにする．

管理項目のうち，木製せき板の硬化不良，はく離剤の性能については，試験・検査方法が明確に定められておらず，必要に応じて個々に簡易な現場試験を行って検討しているのが現状である．これらは，いずれもコンクリート表面の仕上がりに影響するもので，型枠工事開始後は仕上がり状態と連動させて，そのつど材料の品質管理を行う必要がある．型枠取外し後は，すみやかに仕上がり状態を検査し，せき板あるいははく離剤に起因すると考えられる場合はこれを是正する処置を講じる．

7.2.3 型枠加工の管理・検査

型枠加工の管理・検査の内容は，表7.4を参考に定める．

コンクリート躯体図は，設計図書に基づき作成されるが，見落し，設計変更，仕上げ・設備その

表7.3 型枠材料の品質管理・検査

項　　目	試験方法	時期・回数	判定基準
1. せき板			
（1） 木製せき板			
a. 合板の種類・材質・数量	種類・品質表示および数量を目視・寸法測定などにより確認	搬入時	日本農林規格「合板」に適合する指定の種類が所定数量あること
b. 合板の着色・表面われ・むしれ	日本農林規格「合板」に定められる耐アルカリ試験結果の確認	搬入時（必要に応じて）	左記の耐アルカリ試験に適合していること
c. 製材の板類の種類・材質・数量	種類・品質表示・数量の確認	搬入時	日本農林規格「製材」に適合する指定の種類，品質のものが所定の数量あること
d. 硬化不良	せき板表面にセメントペースト・モルタルなどを塗りつけ，またはコンクリートを打ち込み，2～3日後にはがしてその表面状態を調査	搬入時（必要に応じて）および材質の変化が認められたとき	せき板に接したセメントペースト，モルタルまたはコンクリート表面に有害な硬化不良が認められないこと
（2） 鋼製せき板			
a. 種類・材質・数量	種類・品質表示および数量を目視・寸法測定などにより確認	搬入時	JIS A 8652（金属製型わくパネル）に適合するものが所定の種類・数量あること
（3） せき板の再使用			
a. 清掃	塵あい，さびなどの付着の有無を目視により確認	再使用時	塵あい，さびなどがないこと
b. 貫通孔・破損	貫通孔あるいはひずみ・へこみなどの破損のないこと	再使用時	所定の仕上がり状態が確保できること

表 7.3 型枠材料の品質管理・検査（つづき）

項　　目	試 験 方 法	時期・回数	判 定 基 準
2.　支保工			
（1）　各種支保工			
a.　パイプサポート・単管支柱，枠組支柱の種類・材質・数量	種類・品質表示および数量を目視・寸法測定などにより確認	搬入時	（一社）仮設工業会の定めた「仮設機材認定基準」に適合するものが所定の種類・数量あること
b.　鋼製仮設梁，組立鋼柱の種類・材質・数量	種類・許容荷重表示および数量を確認	搬入時	信頼できる試験機関が耐力試験などにより許容荷重を表示しているものが所定の種類・数量あること
c.　丸パイプの種類・材質・数量	種類・品質表示および数量を確認	搬入時	JIS G 3444（一般構造用炭素鋼鋼管）に適合するものが所定の種類・数量あること
d.　角パイプの種類・材質・数量	種類・品質表示および数量を確認	搬入時	JIS G 3466（一般構造用角形鋼管）に適合するものが所定の種類・数量あること
e.　軽量形鋼の種類・材質・数量	種類・品質表示および数量を確認	搬入時	JIS G 3350（一般構造用軽量形鋼）に適合するものが所定の種類・数量あること
（2）　支保工の再使用	損傷・変形・腐食などの有無を目視により確認	再使用時	（一社）仮設工業会の定めた「経年仮設機材の管理に関する技術基準」に適合すること
3.　その他の材料			
（1）　締付け金物			
a.　種類・材質・数量	種類・許容引張力および数量を目視・寸法測定などにより確認	搬入時	製造業者が耐力試験により許容引張力を保証したものが，所定の種類・数量あること
（2）　はく離材			
a.　種類・数量	種類・数量の確認	搬入時	所定の種類・数量あること
b.　性能	はく離性，コンクリート表面の変色・気泡・硬化遅延・硬化不良，仕上材の付着不良などの有無を確認	搬入時（必要に応じて）	コンクリートの品質および表面仕上材の付着に有害な影響を与えないこと
（3）　目地材・面木材			
a.　種類・材質・数量	種類，材質，断面形状・寸法，数量を目視・寸法測定などにより確認	搬入時	コンクリートが所定の形状・寸法に仕上がること

他関連工事との納まりの調整などがあるので，型枠加工前に再度確認しておく．

型枠の加工においては，良好な寸法精度の確保が大切であり，適切な管理目標値を定めて品質管理を行う．加工が複雑な部位（階段室，ひさし，曲面壁など）では，一般に現寸図や必要に応じて現寸型板を作成するので，これらを検査する．

表 7.4 型枠加工の管理・検査

項　　目	試　験　方　法	時期・回数	判　定　基　準
1. コンクリート躯体図	設計図書，指示・変更事項，仕上げ・設備その他関連工事との納まりなどに矛盾しないことを確認	型枠工事開始前	設計図書，指示・変更事項などと照合し，見落し・誤りのないこと
2. 型枠工事施工図	型枠加工図（下ごしらえ図）・矩計図・原寸図などが躯体図に矛盾しないことを確認	型枠工事開始前	コンクリート躯体図と照合し，見落し・誤りのないことを確認
3. 加工精度	加工された型枠の幅・長さ，桟木間隔などの寸法測定	加工された型枠搬入時	加工図その他の施工図に照合して，所定の管理目標値の範囲内であること

7.2.4 型枠組立ての管理・検査

型枠組立ての管理・検査は，表 7.5 を参考に定める．

墨出しの精度は，コンクリート躯体の精度を決める大きな要因である．次のような墨については，型枠組立て前に測量して検査し，十分に正確であることを確認する．また，その種別と量の表示方法も併せて確認しておく．

（1） 柱心・通り心などの心墨およびその逃げ墨，基準高さを示す陸墨（基準墨）
（2） 開口部の表示墨，階段の地墨（段鼻返り墨・手すり心墨など）
（3） 柱・壁などの型枠墨（型枠を建て込む位置に出す墨）

なお，床型枠を組み立ててから出す墨（埋込金物，差し筋その他）や，壁の外または内型枠が建った時点で出す墨（目地・サッシ・換気口などの開口部その他）は，そのつど検査する．

型枠支保工組立てについては，労働安全衛生規則で作業主任者を選任し，型枠支保工組立図に基づいて安全に行うように定められている．また，型枠を組み立てた後では修正が困難な場合が多く，組立てが始まったら表 7.6 に示すような項目について適宜確認する必要がある．とくに，支保工の配置・取付け，締付け金物の位置・数量および型枠の建込み位置・精度の検査は，型枠組立て中にはできるだけ頻繁に行い，不良箇所を修正するようにすれば，組立て後の検査回数を減らすことができる．また，せき板と最外側鉄筋とのあき，バーサポートおよびスペーサの材質と配置，各種配管，ボックス，埋込み金物類の位置，数量についての検査は，型枠の組立てが終了した段階では困難であるため，型枠の組立ての各工程において検査を行う．

型枠の組立精度については，明確な基準値が定められていない．例えば JASS 5 には，表 7.7 および表 7.8 に示すように，コンクリート部材の位置および断面寸法の許容差の標準値，コンクリートの仕上がりの平たんさの標準値が明記されているので，これを満足できるように，打込み・締固めによる移動・変形や，仕上材の種類や下地処理の仕様などを考慮して型枠を組み立てる．したがって，型枠精度はこれらの標準値よりもさらに高い精度でなければならない．

表7.5 型枠組立ての管理・検査

項　目	試験方法	時期・回数	判定基準
1. 墨出しの精度	トランシット・レベル・スケールなどを用いた精密な測量	型枠組立前（必要に応じて組立中・組立後）	十分に正確であること
2. 型枠の組立て			
（1） 型枠組立図	型枠組立図に誤りのないことを確認	型枠組立前	型枠の設計，構造計算結果を満足していること
（2） 型枠組立作業主任者	型枠組立作業主任者の選任	型枠組立前	労働安全衛生規則に適合する者であること
（3） 組立作業	組立作業の方法・手順・安全性の確認	型枠組立時	労働安全衛生規則および所定の組立作業の方法・手順・安全性が順守されていること
（4） 支保工の配置	支保工の配置状態の確認	型枠組立時	型枠組立図に合致していること
（5） 締付け金物の位置・締付け状態	締付け金物の位置・間隔・締付け状態の確認	型枠組立時	型枠組立図に合致し，締付け状態のよいこと
（6） 埋込物の種類・位置・数量	埋込物の種類・位置・数量の確認	型枠組立時	コンクリート躯体図に合致していること
（7） 開口部・貫通孔の位置・大きさ	開口部・貫通孔の位置・大きさの確認	型枠組立時	コンクリート躯体図に合致していること
（8） 組立精度	各部材の位置・断面寸法をスケール，水糸，下げ振り，レベルなどを用いて測定	型枠組立時・組立後	所定の許容差に適合していること
（9） かぶり厚さ	バーサポート・スペーサの材質・位置・数量の確認およびかぶり厚さの測定	型枠組立時・組立後	バーサポート・スペーサが所定の材質・位置・数量で用いられ，また，所定のかぶり厚さが得られていること

　実際の工事においては，(社)建築業協会・型枠小委員会のアンケート調査[2]によると，図7.3および図7.4に示すように，型枠の位置および断面寸法の管理上の許容差を±5mmとしている回答が多かった．また，通常作業所ではこれらの項目に加えて，柱・壁の垂直度（倒れ），梁・スラブの水平度，ひさし・バルコニー鼻先の通りなども精度管理をしている．このアンケート調査では，コンクリートの仕上がり精度として，垂直度および水平度の規定を必要とする回答が90%を占めていた．なお，ACI規準（ACI 117-06）[3]には，この垂直度および水平度の許容差についての規定が盛り込まれている．表7.9に，ACI規準に規定された現場打ちコンクリートの一般構造物における部材の位置・寸法，スラブ表面仕上げなどの許容差の概要を示す．また，表7.10にユーロコード（EURO CODE 2 コンクリート構造物）[4]における断面寸法の許容差の概要を示すので，一つの参考にされたい．

　柱・壁の垂直度の精度については，せき板から一定の距離を確保するための枠（トンボ枠）等を介し下げ振りを用いて確認する方法，通りの精度については型枠の外側に水糸やピアノ線を張って型枠との間隔を測定する方法などが行われている．

表7.6　部位別型枠組立て時の確認項目

部位	確認項目	部位	確認項目
基礎	・捨コンクリートの天端 ・通り心・型枠墨などの地墨 ・根切り面からの型枠建込み代 ・型枠の位置，寸法，通り ・縦，横の端太間隔 ・セパレータの位置 ・締付け状態 ・貫通孔の位置，大きさ ・鉄筋のかぶり厚さ ・床・梁などの差し筋の位置，間隔 ・独立基礎型枠の浮上り防止 ・その他	梁・スラブ	・梁の断面寸法 ・型枠の高さ ・梁底・スラブ型枠のむくり ・バルコニー鼻先の通り ・埋込物の種類，位置，数量 ・縦，横の端太間隔 ・セパレータの位置 ・締付け状態 ・開口部・貫通孔の位置，大きさ，補強状態 ・鉄筋のかぶり厚さ ・差し筋の位置・間隔 ・梁の開き止め ・支柱の支持地盤・位置・間隔・倒れ・頭部の固定状態，水平つなぎ，筋交い ・その他
柱・壁	・型枠根元の位置 ・根巻き方法 ・柱の断面寸法 ・壁厚 ・建込み位置の清掃状態 ・型枠の高さ，倒れ，ねじれ，通り ・埋込物の種類，位置，数量 ・縦，横の端太間隔 ・セパレータの位置 ・締付け状態 ・開口部・貫通孔の位置，大きさ，補強状態 ・鉄筋のかぶり厚さ ・差し筋の位置・間隔 ・掃除口の有無 ・柱と壁型枠の取合い ・その他	階段	・勾配 ・蹴込み・踏み面・踊り場の位置・寸法 ・支柱のすべり止め ・手すり壁の支持方法 ・その他

表7.7　コンクリート部材の位置および断面寸法の許容差の標準値（JASS 5　本文　表2.1）[1]

項　　目		許容差（mm）
位置	設計図に示された位置に対する各部材の位置	±20
構造体および部材の断面寸法	柱・梁・壁の断面寸法	−5，+20
	床スラブ・屋根スラブの厚さ	
	基礎の断面寸法	−10，+50

表7.8 コンクリートの仕上がりの平たんさの標準値（JASS 5 本文 表2.2）[1]

コンクリートの内外装仕上げ	平たんさ（凹凸の差）（mm）
仕上げ厚さが7mm以上の場合，または下地の影響をあまり受けない場合	1mにつき10以下
仕上げ厚さが7mm未満の場合，その他かなり良好な平たんさが必要な場合	3mにつき10以下
コンクリートが見え掛りとなる場合，または仕上げ厚さがきわめて薄い場合，その他良好な表面状態が必要な場合	3mにつき7以下

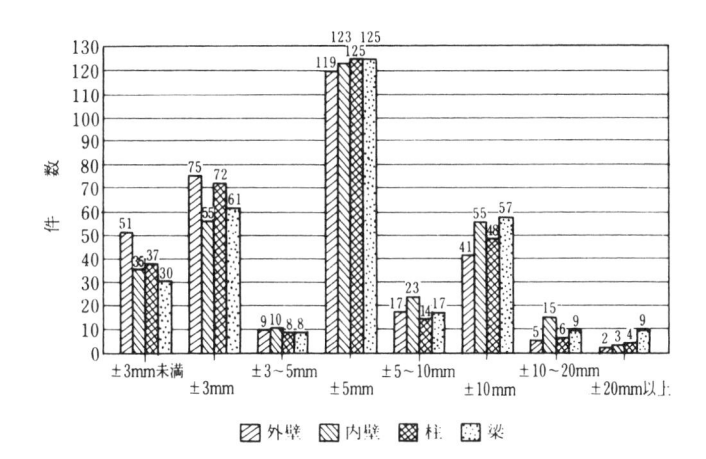

図7.3 型枠位置の許容差に対するアンケート調査結果（$n=316$）[2]

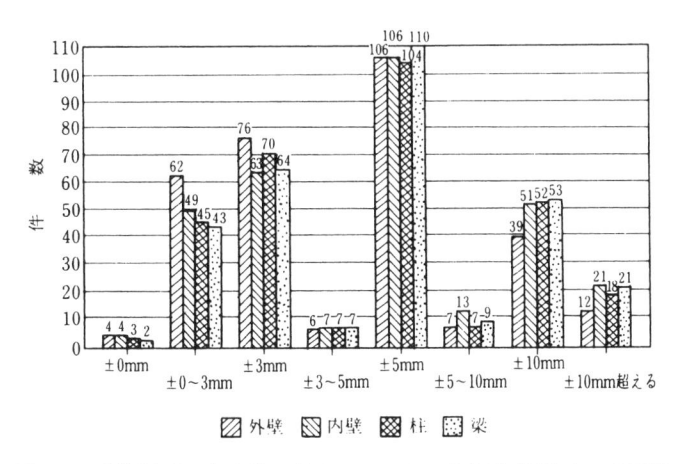

図7.4 型枠断面の許容差に対するアンケート調査結果（$n=312$）[2]

表 7.9 ACI 117-06における現場打ち鉄筋コンクリート建築部材の寸法精度[3]

項　　目		許　容　差
鉛直の精度	基礎上面から 25.4 m 以下の高さの部分 ・隅柱の出隅，見え掛りのひび割れ制御目地 ・上記以外の部分	高さの 0.2% 未満または 13 mm 未満 高さの 0.3% 未満または 25 mm 未満
	基礎上面から 25.4 m を超える高さの部分の ・隅柱の出隅，見え掛りのひび割れ制御目地 ・上記以外の部分	高さの 0.05% または 76 mm 未満 高さの 0.1% 未満または 152 mm 未満
位置の精度	部材の位置	±25 mm
	開口部の端部の位置	±13 mm
	床の切込み目地，継目，埋設物の位置	±19 mm
高さの精度	スラブ上面の高さ ・土間コンクリート ・支柱取外し前の床	±19 mm ±19 mm
	支柱取外し前のスラブ下面の高さ，壁の高さ	±19 mm
	まぐさ，敷居，パラペット，水平溝，他の見え掛りの線	±13 mm
断面寸法	柱，梁，壁（厚） ・305 mm 以下の寸法 ・305 mm を超え 90 cm 以下の寸法 ・90 cm を超える寸法	±10 mm，−6 mm ±13 mm，−10 mm ±25 mm，−19 mm
	地中梁，地中壁	−5%
	床	−6 mm
	土間コンクリート ・平均 ・最大	−10 mm −19 mm
型枠成型面	3 m 以上の傾斜面・平面における型枠成型面の平面度 ・隅柱の出隅 ・見え掛りのひび割れ制御目地 ・その他	±0.2% ±0.2% ±0.3%
	型枠成型面の凹凸 ・A 級（特に重要な外観で，公衆の視線にさらされる面） ・B 級（しっくい，羽目板仕上げとなる粗い面） ・C 級（仕上げ指定のない一般的な打放し面） ・D 級（常時隠れる箇所で，平たんさの要求されない面）	3 mm 6 mm 13 mm 25 mm
フーチング基礎	水平寸法 ・型枠のある場合 ・土に接して打ち込む場合 　幅が 60 cm 以下の場合 　幅が 60 cm を超える場合	+51 mm，−13 mm +76 mm，−13 mm +152 mm，−13 mm
	鉛直寸法	−5%
その他の寸法・距離・精度	開口部の幅または高さ	−13 mm，+25 mm
	切込み目地の深さ	±6 mm
	階段 ・蹴上げの高さ ・踏み面の幅	±5 mm ±5 mm
	隣接部位間の水平距離 ・51 mm 以下の規定幅 ・51 mm を超え 305 mm 以下の規定幅 ・その他の部位	±3 mm ±6 mm ±25 mm

［注］　1 inch = 25.4 mm として換算

表7.10 コンクリート部材の断面寸法の許容差（EURO CODE 2）[4]

部　　　材		許容差（mm）
梁のせい・幅 スラブ厚 柱　の　幅	150 mm 以下	±5
	400 mm	±15
	2500 mm 以上	±305

表7.11 ACI 117-06におけるコンクリート床の仕上がりの平たんさ[3]

平たんさの分類	Fナンバー法		直定規による許容ギャップ	
	平たん度	水平度	90%の試験結果	100%の試験結果
通　　常	20	15	13 mm	19 mm
中程度に平たん	25	20	10 mm	16 mm
平 た ん	35	25	6 mm	10 mm
高度に平たん	45	35	—	—
超高度に平たん	60	40	—	—

表7.12 日本床施工技術研究協議会提案の床表面のグレード[5]

グレード	最大すき間（mm）	最大高低差（mm）
Ⅰ	2.0 未満	3.0 未満
Ⅱ	2.0 以上 4.0 未満	3.0 以上 6.0 未満
Ⅲ	4.0 以上 6.0 未満	6.0 以上 9.0 未満
Ⅳ	6.0 以上	9.0 以上

　仕上がりの平たんさについては，実際の管理ではJASS 5の標準値に比べもう少し厳しい管理が行われているようである．表7.11にACI基準におけるコンクリート床の仕上がりの平たんさの規定，表7.12に日本床施工技術研究協議会によって示されている床表面のグレード[5]を示す．ACI基準では，Fナンバー（ASTM E 1155に規定）または直定規による方法の二通りの測定方法で許容差を定めている．日本床施工技術研究協議会の方法は，長さ2mの測線を"田"の字型に6本の測線を設定し，直定規と厚さゲージを用いて定規と床表面との最大のすき間を測定する方法である．

7.2.5　コンクリート打込み時の型枠の管理・検査

　コンクリート打込み時の型枠の管理・検査の内容は，表7.13を参考に定める．
　コンクリート打込み中は，型枠のはらみ・倒れ・通りなどの変形，梁・スラブ下端の沈下，セメントペースト等のせき板継目からの漏れについて，巡回しながら監視し，異状が認められたときは打込み作業を中止し，適切な措置を講じる．

表 7.13 コンクリート打込み時の型枠の管理・検査

項目	試験方法	時期・回数	判定基準
1. 打込み開始前の点検	型枠組立状態の目視点検	打込み開始前	組み立てた型枠の状態に異状が認められないこと
2. 打込み中の点検 （1）型枠の変形	型枠のはらみ・倒れ・通り・沈下をトランシット，レベル，水糸，下げ振り，目視などにより確認	打込み中随時	型枠に異状な変形が認められないこと
（2）せき板の継目	せき板の継目からセメントペースト，モルタルの漏れの有無を目視確認		型枠の継目から著しいセメントペースト，モルタルの漏れがないこと

7.2.6 型枠取外しの管理・検査

型枠取外しの管理・検査の内容は，表 7.14 を参考に定める．

型枠取外しには，組立てと同じく作業主任者を選任し，その直接指揮の下に安全に作業するよう，労働安全衛生規則で定められている．

型枠の存置期間は，コンクリートの圧縮強度が所定の値以上得られたことを確認するまでというのが原則である．JASS 5 では，計画供用期間の級が短期および標準の場合はコンクリートの圧縮強度が $5\,\text{N/mm}^2$ 以上，長期および超長期の場合は $10\,\text{N/mm}^2$ 以上であることを確認することとされている．ただし，基礎，梁側，柱および壁のせき板については，打込み後の平均気温に応じて，所定の日数以上経過するまでとしてもよいこととされている．この時の所定の日数については，1971 年（昭和 46 年）建設省告示第 110 号（以下，建告 110 号）および JASS 5 に定められている〔表 8.2〕．ここで建設省告示第 110 号の規定とは平均温度の区分が異なるが，JASS 5 の存置期間が実質的に長く設定されており，より安全側かつ耐久性の確保に配慮した管理であると言える．

表 7.14 型枠取外しの管理・検査

項目	試験方法	時期・回数	判定基準
1. 型枠取外し作業主任者の選任	—	型枠取外し前	労働安全衛生規則に適合する者であること
2. 取外し作業の確認	型枠取外し作業の方法・手順・安全性の確認	型枠取外し時	労働安全衛生規則および所定の取外し作業の方法・手順・安全性が順守されていること
3. 型枠の存置期間			
（1）日数による場合	コンクリート打込み後の気温測定および材齢の確認	型枠取外し前	所定の平均気温および日数以上であること
（2）強度による場合	コンクリートの圧縮強度を JASS 5T-603 により試験	型枠取外し前	所定の圧縮強度以上であること
4. 盛替え	盛替えの範囲・方法の確認およびそのときの圧縮強度を JASS 5T-603 により試験	型枠取外し前および取外し時	建設省告示第 110 号および所定の盛替えの範囲・方法に適合していること

圧縮強度については，型枠取外し前にJASS 5T-603（構造体コンクリートの強度推定のための圧縮強度試験方法）に示す試験を行って，所定の強度以上であることを確認する必要がある．また日数による場合は，単に所定の日数が経過したというだけでなく，毎日の気温測定により，平均気温が所定の温度以上であることを確認する必要がある．

　支柱の盛替えは原則として避けるべきであるが，やむを得ず行う必要がある場合は，建告110号によるとともに，その範囲と方法を具体的に定めておく必要がある．

参 考 文 献

1) 日本建築学会：建築工事標準仕様書・同解説 JASS 5 鉄筋コンクリート工事，2009
2) 末吉康一・前田義一・横須賀誠一：型枠に関する実態調査報告（その2），日本建築学会大会学術講演梗概集，1987.10
3) ACI Committee 117：Standard Tolerances for Concrete Construction and Materials（ACI117-06）
4) British Standard Institution：Eurocode 2：Design of concrete structures Part1. General rules and rules for buildings, 1992
5) 日本床施工技術研究協議会：コンクリート床下地表層部の諸品質の測定方法，グレード，2006.4

8章 存置期間

8.1 せき板の存置期間
8.1.1 JASS 5 の規定に関して
（1） 規定の根拠

JASS 5 の 9.10「型枠の存置期間」a 項においては,「基礎・梁側・柱および壁のせき板の存置期間は, 計画供用期間の級が短期および標準の場合はコンクリートの圧縮強度が $5\,\mathrm{N/mm^2}$ 以上, 長期および超長期の場合は $10\,\mathrm{N/mm^2}$ 以上に達したことが確認されるまでとする. ただし, せき板の取外し後, 8.2b に示す圧縮強度が得られるまで湿潤養生をしない場合は, それぞれ $10\,\mathrm{N/mm^2}$ 以上, $15\,\mathrm{N/mm^2}$ 以上に達するまでせき板を存置するものとする.」としている. これは, 若材齢のコンクリートが初期凍害を受けることなく, また, 容易に傷つけられることのない最低限の強度の基準値として定められたものである. したがって, 脱型後とくに損傷を受けやすい部位についてはせき板の存置期間を延長し, コンクリートの保護に務める必要がある.

(a) 内スラブ残存支柱架設	(b) 内スラブ残存支柱存置
(c) 片持スラブ残存支柱架設	(d) 片持スラブ残存支柱存置

写真 8.1 支柱を除去せずせき板を取り外せる施工法の例

同じくd項においては、「スラブ下および梁下のせき板は、原則として支柱を取り外した後に取り外す.」と規定している. 昭和61年（1986年）の改定以前では、施工の級"乙"種の場合、設計基準強度の50%の強度発現において取外し可能としていたが、これは支柱の盛替え作業に必要な強度の基準値として定められたものである. 昭和61年の改定で、所要強度（設計基準強度）発現前の支柱の盛替えを原則として認めないこととしたため、床スラブ下のせき板など支柱をいったん取り外さないと脱型できない部分については、支柱を除去した後に取り外すことになる.

すなわち、この規定はあくまで支柱の盛替え作業という二次的な要因によって定められたものであるので、たとえば写真8.1に示すように支柱を取り外すことなく、せき板を脱型できるような施工法を採用した場合などは、この限りではない. そのような場合については、JASS 5の9.10の解説に「設計基準強度50%の強度発現を準用するか、あるいは適切な構造計算により十分安全であることを確かめられれば、支柱を取り外す前にせき板を取り外してもよい.」と述べられている. ここで壁などの規定と同じく計画供用期間の級が短期および標準の場合は$5\,\text{N/mm}^2$以上、長期および超長期の場合は$10\,\text{N/mm}^2$以上の強度発現で取外し可能としていないのは、大引などを除去してしまうと、とくにスラブでは局所的な荷重が作用し、クリープによるたわみやサポートヘッド部でのパンチングシェアによる損傷などが懸念されるからである.

したがって、これらについて適切な構造計算を行い、十分に安全であることを確認すれば、50%の強度発現以前（ただし計画供用期間の級が短期および標準の場合は、$5\,\text{N/mm}^2$（$50\,\text{kgf/cm}^2$）以上、長期および超長期の場合は$10\,\text{N/mm}^2$（$100\,\text{kgf/cm}^2$）以上）でせき板を取り外してもよい.

また、高強度コンクリートについてはJASS5の17.12「型枠」b項においては、「せき板の存置期間は、コンクリートの圧縮強度が$10\,\text{N/mm}^2$以上に達したことが確認されるまでとする.」としている. これは、長期および超長期の場合でも同様である.

以上のように、せき板の取外し強度は条件によって異なってくる. 施工管理・品質管理にあたっては条件をよく確認し、注意して管理する必要がある. これらの内容についてまとめたものを表8.1に示す.

表8.1 基礎・梁側・柱および壁のせき板の存置期間を定めるためのコンクリートの材齢

コンクリート区分	普通コンクリート（設計基準強度$18\,\text{N/mm}^2$以上$36\,\text{N/mm}^2$以下）		高強度コンクリート（設計基準強度$36\,\text{N/mm}^2$を超える）	
取外し区分	短期および標準	長期および超長期	短期および標準	長期および超長期
せき板およびせき板の支保工取外し	$5\,\text{N/mm}^2$（$50\,\text{kgf/cm}^2$）以上	$10\,\text{N/mm}^2$（$100\,\text{kgf/cm}^2$）以上	$10\,\text{N/mm}^2$（$100\,\text{kgf/cm}^2$）以上	$10\,\text{N/mm}^2$（$100\,\text{kgf/cm}^2$）以上
せき板で湿潤養生する場合	$10\,\text{N/mm}^2$（$100\,\text{kgf/cm}^2$）以上	$15\,\text{N/mm}^2$（$150\,\text{kgf/cm}^2$）以上	日数管理	日数管理

せき板の取外しに際して，そのつどコンクリートの圧縮強度試験を行うのは煩わしいので，JASS 5 の 9.10 の b 項で計画供用期間の級が短期および標準の場合，平均気温 10℃ 以上であれば，コンクリートの材齢が表 8.2 に示す日数以上経過すれば，圧縮強度試験を必要とすることなく取り外すことができるとしている．

表 8.2 基礎・梁側・柱および壁のせき板および支保工の存置期間

セメントの種類 平均気温	早強ポルトランドセメント	普通ポルトランドセメント 高炉セメント A 種 シリカセメント A 種 フライアッシュセメント A 種	高炉セメント B 種 シリカセメント B 種 フライアッシュセメント B 種
	コンクリートの材齢（日）		
20℃ 以上	2	4	5
20℃ 未満 10℃ 以上	3	6	8

計画供用期間の級が短期および標準の場合で中庸熱ポルトランドセメントを使用する場合の基礎，梁側，柱および壁のせき板の存置期間は，表 8.2 の高炉セメント B 種等と同様と考えられる．

なお，コンクリートは若材齢時に直射日光や風が当たることにより過度に乾燥すると，その後の強度発現や耐久性に悪影響が生じる．そのため，JASS 5 の 8.2「湿潤養生」では，短期および標準の場合，材齢 5 日未満でせき板を取り外す場合は，材齢 5 日まで湿潤養生を行うことが規定されている（早強セメントの場合は 3 日間）．せき板の脱型時期および初期養生とコンクリートの品質に関する既往の実験結果を本指針の 8.1.2 項以降に示したので施工計画の参考にするとよい．

(2) 運用方法

前項に示したように，JASS 5 ではせき板の存置期間について，コンクリートの圧縮強度による場合（強度管理），およびコンクリートの材齢による場合（材齢管理）とを規定している．ここでは，それらの運用方法について示す．

（i） 強度管理

JASS 5 の 9.10「型枠の存置期間」a 項では，コンクリートの圧縮強度試験結果によってせき板の存置期間を決める場合，その試験は，「構造体コンクリートの強度推定のための試験方法は JASS 5T-603 によるものとし，供試体の養生方法は，現場水中養生または現場封かん養生とする．」としている．

この試験における留意点を以下に示す．

① 試験回数は，原則として工事監理者の指示による．通常は 1 日の打込み工区ごと，かつ 150 m³ またはその端数ごとに 1 回の試験を行う．また，1 回の試験に用いる供試体の数は 3 個とする．

② 供試体は，検査の対象とするコンクリート全体の品質を代表する必要がある．そのため，たとえばレディーミクストコンクリートの場合は，運搬車の 1 台から 3 個作製するのではなく，打込み当日に適当な間隔をおいて無作為に選んだ運搬車から 1 個ずつ，合計 3 個の供試体を作

製する．
③　養生方法は，対象とする構造体コンクリートにできるだけ近似した温度条件となるよう，現場における水中養生あるいは封かん養生とする．封かん養生は，密封できる金属かんやプラスチック容器に保管する，プラスチックのフイルムで覆う（JASS 5T-603），あるいは膜養生剤を塗布するなどの方法がある．

　また，供試体の型枠脱型までの養生条件もコンクリートの圧縮強度に少なからぬ影響を及ぼす．そのため，とくに夏期は直射日光を当てないよう，冬期は直接寒気にさらされないように注意する．

④　圧縮強度試験は，JIS A 1108（コンクリートの圧縮強度試験方法）によって行う．
⑤　試験は，計画供用期間の級が短期および標準の場合は $5\,\mathrm{N/mm^2}$（$50\,\mathrm{kgf/cm^2}$）以上，長期および超長期の場合は，$10\,\mathrm{N/mm^2}$（$100\,\mathrm{kgf/cm^2}$）以上の圧縮強度が得られる材齢を予測して行う．圧縮強度 $5\,\mathrm{N/mm^2}$（$50\,\mathrm{kgf/cm^2}$）が得られる材齢は，JASS 5 の 9.10 の解説表 9.4 を参考にするとよい．
⑥　予測日における試験の結果，所要の強度が得られない場合も考慮し，予備を含む 2 回の試験が行える供試体数（6 個）を用意しておくことが望ましい．

（ⅱ）　材齢管理

コンクリートの材齢によってせき板の取外しを決める場合，せき板存置期間中の平均気温を知る必要がある．この平均気温とは，せき板存置期間における毎日の平均気温をさらに算術平均したものである．また，ここでいう毎日の平均気温は，自記温度計や日最高最低温度計などにより得られた 1 日 24 時間の最高気温と最低気温の平均値をとるなどの近似的方法で求めてよい．また，日平均気温は午前 10 時ごろの気温と一致することが多いため，どうしても上記の温度計が得られない場合は，午前 10 時の気温をその日の平均気温とみなしてもよい．

8.1.2　せき板の脱型時期および初期養生とコンクリートの品質

（1）　JASS 5 の 8 節「養生」に関する規定

せき板の取外しに関係のある規定として，JASS 5 の 8 節「養生」がある．コンクリートは若材齢において乾燥を受けるとその後の強度発現が鈍り，また，中性化が早く進行するなど耐久性にも悪影響を及ぼすといわれている．したがって，JASS 5 の 8.2「湿潤養生」では付録 1.2 に示す a 項から d 項を規定している．

打込み後のコンクリートが，透水性の小さいせき板で保護されている場合は，湿潤養生と考えてもよい．しかし，コンクリートの打込み上面などでコンクリート面が露出している場合，あるいは透水性の大きいせき板を用いる場合には，日光の直射，風などにより乾燥しやすいので，初期の湿潤養生が不可欠となる．湿潤養生には以下のような方法が有効である．

①　養生マットまたは水密シートなどで覆い，水分を維持する方法
②　連続または断続的に散水または噴霧を行い，水分を供給する方法
③　膜養生剤の塗布により，水分の逸散を防ぐ方法

表 8.3　湿潤養生に関する土木学会および諸外国の基準の例

土木学会			
日平均気温	普通ポルトランドセメント	混合セメント	早強ポルトランドセメント
15℃以上	5日	7日	3日
10℃以上	7日	9日	4日
5℃以上	9日	12日	5日

ACI および EN	
基　　準	内　　容
ACI 308R-01	N：7日以上，H：3日以上，L：14日以上
EN 13670：2006	材齢28日強度に対する目標強度比，部材表面温度に応じて最小湿潤養生期間を限定

［注］　N：普通ポルトランドセメント
　　　H：早強ポルトランドセメント
　　　L：低熱ポルトランドセメント

　湿潤養生の開始時期は，透水性の小さいせき板にコンクリートが接している場合には特に問題にならずそのままでよいが，上記の①の方法では仕上げ後，上記②の方法ではセメントの凝結が終了した後，上記③の方法ではブリーディングの終了後に行う必要がある．

　表 8.3 に湿潤養生に関する土木学会「コンクリート標準示方書」の基準や諸外国の基準を示す．

　次にせき板の脱型時期と初期養生条件（方法）がその後のコンクリートの品質に与える影響について，いくつかの実験例を示したので，その結果を初期養生の方法の検討の際に参考としていただきたい．

（2）　既往の実験例

　（ⅰ）　笠井の実験[1]

　コンクリートの圧縮強度が型枠脱型時期や，その後の養生方法によってどのような影響を受けるかということについて φ100×200 mm の円柱供試体を用いて実験を行っている．

　夏期や風の強い日に施工した床スラブ・ひさしなど薄い部材では，コンクリートがすみやかに乾燥するため，特に初期の湿潤養生が大切である．また，混合セメントを使用するときには特に早期における乾燥を防ぐようにする．

　（ⅱ）　押田，和泉，嵩の実験[2]

　セメントの種類および養生条件を変えたコンクリートに関する中性化促進試験を行っている．供試体は φ100×200 mm 円柱供試体である．

　初期の湿潤養生の期間が短いほど，かつ水和速度の遅いセメントほど中性化が早く進行する．

　（ⅲ）　セメント協会の実験[3]

　乾燥開始材齢（型枠脱型材齢）を1日から7日まで変化させ，それが圧縮強度・弾性係数・中性化・細孔径分布などに与える影響について実験を行っている．供試体は，φ100×200 mm 円柱供試体である．笠井の実験と同様，脱型時期が早いほど圧縮強度は小さくなり，その傾向は材齢2日以前の脱型で著しい．

（iv） 建築業協会の実験 1[4]

建築業協会では，「せき板の存置期間」と「初期養生の程度」がその後の強度発現性状や耐久性に及ぼす影響を明らかにする実験を行っている．試験体は厚さ 180 mm の壁模擬試験体であり，初期養生は，噴霧器により壁面を湿潤にするなど，実際の現場における施工状況を考慮したものである．また $\phi100\times200$ mm 円柱供試体による実験も行っており，実際の壁と供試体との違いも把握している．

壁模擬試験体では，$\phi100\times200$ mm 円柱供試体に比べてせき板存置期間およびその後の初期養生の影響度合は小さい．

（v） 建築業協会の実験 2[5]

建築業協会では，（iv）より，せき板の存置期間および初期養生が構造体コンクリートの品質に及ぼす影響について，材齢よりもコンクリートの圧縮強度の発現に基づくほうが妥当であるとの観点から，せき板脱型時強度がどの程度あれば構造体コンクリートの所要の品質が確保されるかについて実験的研究を行っている．

図 8.1〜8.3 は，せき板存置期間を 1〜7 日とした場合の脱型時強度と，材齢 7 日までせき板を存置した場合を基準にした各存置期間の材齢 28 日圧縮強度比，ヤング係数比および促進中性化期間 26 週における中性化深さの関係を示したものである[5]．

図 8.1 から脱型時強度を 10 N/mm² 以上とすれば，せき板を材齢 7 日以前に取り外しその後の湿潤養生を行わなくとも，7 日存置に対する 28 日強度比は少なくとも 90% 以上を確保できることがわかる．また，この程度の値が確保できていれば，材齢 91 日において 7 日存置の 28 日圧縮強度を十分に上回る．

図 8.2 から，ヤング係数はせき板存置期間に依存せず，早期に取り外しても 7 日存置の場合に比して大差がないことがわかる．

図 8.3 から，促進中性化期間 26 週の中性化深さは，脱型時強度が大きくなるに従って小さくなる傾向にあることがわかる．本会「高耐久性鉄筋コンクリート造設計施工指針（案）・同解説」で

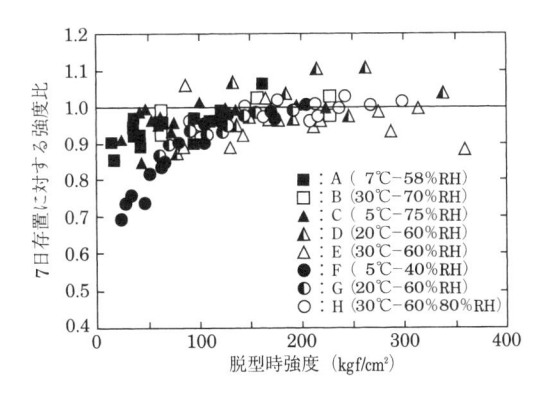

図 8.1 脱型強度とせき板 7 日存置の場合を基準とする材齢 28 日圧縮強度比の関係[5]

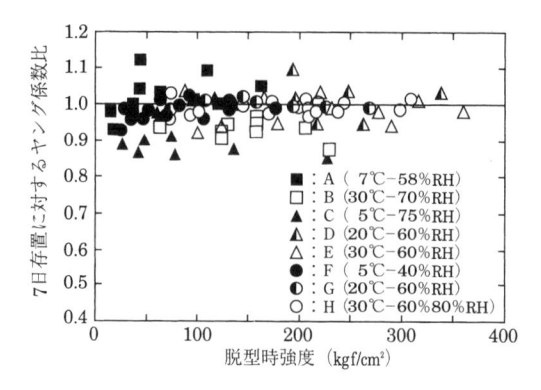

図 8.2 脱型強度とせき板 7 日存置の場合を基準とする材齢 28 日ヤング係数比の関係[5]

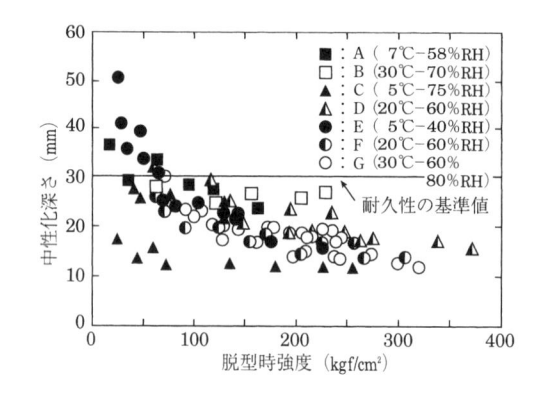

図 8.3 脱型時強度と中性化深さ（促進 26 週）の関係[5]

は，温度 20℃，相対湿度 60%，CO_2 濃度 5% の促進中性化試験で 25 mm 以下の値を要求している．図 8.3 の値は，温度 30℃ でその他は同じ条件下の中性化探さを示している．温度が 20℃ から 30℃ になると，中性化深さは 1.2 倍になるとの報告[6]があり，耐久性上要求される中性化深さは，上記 20℃ の 25 mm の値を温度 30℃ に換算して 1.2 倍した 30 mm を基準値と考えることができる．脱型時強度が 10 N/mm² 以上であれば，上記基準値 30 mm 以下となることがわかる．

(vi) 建設会社 10 社による共同研究[7]

コンクリートのひび割れ抑制や，高強度コンクリートへの対応などから，建築工事においても中庸熱ポルトランドセメントを使用する事例が増加している．図 8.4 に示すように中庸熱ポルトランドセメントを用いた場合でも，普通ポルトランドセメントを用いた場合と同様に圧縮強度がおおむね 10 N/mm² 以上確保されていれば，湿潤養生を打ち切った場合に，湿潤養生を継続した場合と比較して材齢 28 日の強度は低下するものの，材齢 91 日の圧縮強度は確保されることがわかる．また，中庸熱ポルトランドセメントを用いた場合でも脱型時の圧縮強度と中性化速度係数には相関があり，脱型時圧縮強度を確保すれば十分な耐久性が得られることになる．

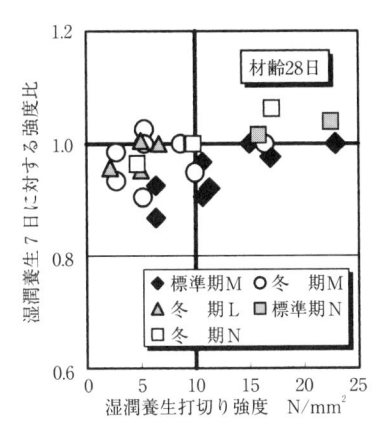

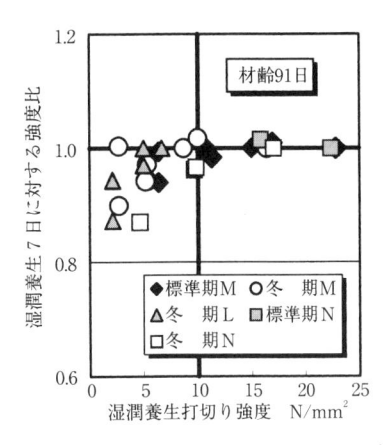

図 8.4 湿潤養生打ち切り時の圧縮強度と湿潤養生7日間を基準とした強度比[7]
（M：中庸熱ポルトランドセメント，L：低熱ポルトランドセメント，N：普通ポルトランドセメント）

以上により，計画供用期間の級が短期および標準の場合においては，構造体コンクリートの圧縮強度が$10\,\text{N/mm}^2$以上であれば，以降の湿潤養生を行わなくても所要の品質を確保できることになる．長期および超長期の場合，脱型時強度を$15\,\text{N/mm}^2$とすれば，せき板を材齢7日以前に取り外しその後の湿潤養生を行わなくとも，7日存置に対する28日強度比はほぼ100%確保できることがわかる．このため，JASS 5では長期および超長期の場合は，脱型強度を$15\,\text{N/mm}^2$以上としている．

せき板の転用計画の制約などから，やむを得ず上記に示す日数または圧縮強度に達する前にせき板を取り外す場合には，その日数の間または所定の圧縮強度が発現するまでコンクリートを湿潤に保たなければならない．

図 8.5 は，圧縮強度に及ぼす水中養生の効果を示すものである[8]．いずれのセメントを用いた場合もコンクリートの強度発現は，初期乾燥による影響を著しく受ける．すなわち，脱型後の全期間を通じて気中養生を行ったコンクリートでは，材齢7日以後の強度発現はほぼ停止しており，材齢91日においても強度比はおおよそ60%以下となっている．養生方法を水中養生から気中養生に変換したコンクリートの強度比は，全期間気中養生とした場合に比べて大きく，また，湿潤養生期間が長いほど大きい．

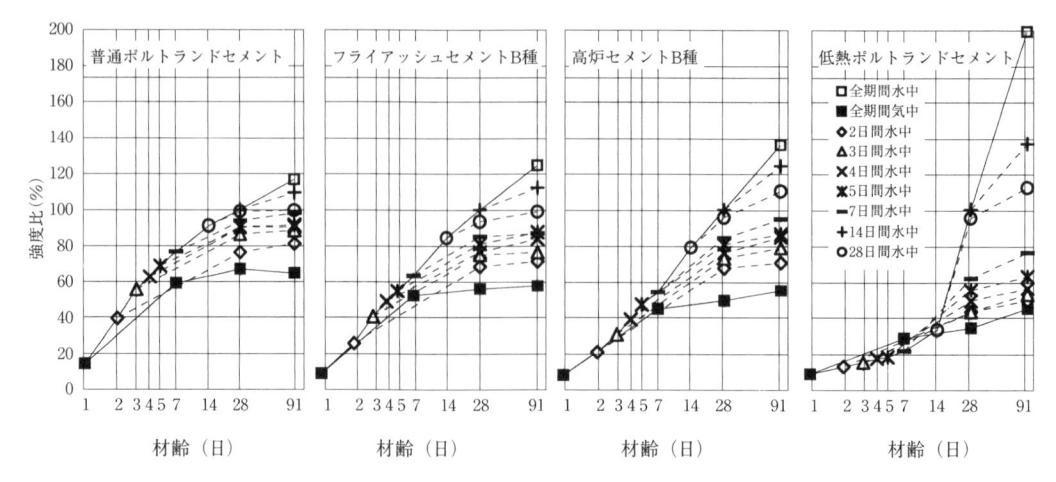

図 8.5 型枠存置期間と圧縮強度百分率との関係[8]
（養生温度 20℃，材齢 28 日の場合：水中養生 20℃，材齢 28 日を基準とした強度百分率，コンクリート供試体寸法 $\phi 100 \times 200$ mm）

（3）まとめ

（i）～（vi）の実験結果より，$\phi 100 \times 200$ mm 円柱供試体のように体積に対して表面積が大きいもの（乾燥しやすいもの）については，型枠の脱型時期や初期の養生の影響が認められた．しかし，（iv）～（vi）の実験に示したような，実際の壁部分を模擬した試験体を用いた実験では，型枠脱型時期や初期養生の程度がその後のコンクリートの品質に及ぼす影響は大きくなく，供試体レベルでの実験ほど敏感でない結果が得られている．実際の部材では，コンクリートの圧縮強度が計画供用期間の級が短期および標準の場合は 10 N/mm^2（100 kgf/cm^2）以上，長期および超長期の場合は 15 N/mm^2（150 kgf/cm^2）以上に達したことを確認すれば，以降の湿潤養生を行わなくても所要の品質を確保できることになる．

高強度コンクリートについては，JASS 5 の 17.11「養生」b 項において，「打込み後の湿潤養生の期間は，セメントの種類および設計基準強度に応じて表 8.4 に示す値とする．ただし，これ以外のセメントを使用する場合や高炉スラグ微粉末などの混和材を使用する場合は，試験または信頼できる資料によって必要な湿潤養生の期間を定める」としている．

表 8.4 高強度コンクリートの湿潤養生期間

セメントの種類 \ 設計基準強度(N/mm^2)	36 超～40 以下	40 超～50 以下	50 超～60 以下
普通ポルトランドセメント	5 日以上	4 日以上	3 日以上
中庸熱ポルトランドセメント	6 日以上	4 日以上	3 日以上
低熱ポルトランドセメント	7 日以上	5 日以上	4 日以上

8.2 支柱の存置期間
8.2.1 一般事項

　支柱の存置期間に関して，建設省告示第 110 号（昭和 46 年 1 月 29 日．最終改正：昭和 63 年 7 月 26 日）「型わく及び支柱の取外しに関する基準を定める件」が定められている．

　一方，JASS 5 の改定が 1986 年に行われたが，このとき支柱の存置期間の条項についても一部改正された．改正の要点は，施工荷重の大きさに基づいて支柱存置期間を合理的に決めることのできる計算式を活用しやすいように具体的に提示していること，また，この計算を行わず一律に除去する場合は，これまでの存置期間よりやや厳しくしていることがあげられる．

　旧版の JASS 5（1975）によると，スラブ下の支柱存置期間は，設計基準強度の 85% で取外しができたが，現行の JASS 5 では原則としてスラブ下についても，梁下と同様に設計基準強度の 100% 以上のコンクリートの圧縮強度が得られたことが確認されるまでとしている．この理由は，スラブの場合，梁に比べてせいが低くまた鉄筋比も小さいため，ひとたび曲げひび割れが入ると剛性低下が著しく，有害なたわみの原因にもなりかねないことを考慮している．

　そのため，計算によらない場合は，従来より支柱の存置期間が長くなる．ただし，適切な計算式によって，解体後に有害なひび割れ，たわみを生じず，安全であることが確認されれば，従来よりも早期に除去でき有利となる場合も十分考えられる．

　本節では，主に JASS 5「型枠の存置期間」の解説に示された合理的な計算式の使用方法について述べている．なお，この計算式は，建築業協会の共同研究成果報告書「型枠支保工の存置期間算定マニュアル」[9]を参考に作成している．

8.2.2 存置期間算定の考え方

（1）　現行の JASS 5 における考え方

　以下に現行の JASS 5 の 9.10 における存置期間の考え方の骨子を示す．

①　支柱は，コンクリートが施工中の荷重によって有害なひび割れやたわみを生じることのない圧縮強度以上になるまで取り外さないことを基本とする．

②　床スラブが有害なひび割れを起こす可能性のある条件として，施工荷重時の曲げ応力が $0.64\sqrt{F}$ N/mm^2（F：構造体コンクリート強度）（$2.0\sqrt{F}$（kgf/cm^2））以上となる場合を 1 つの目安としている．ただし，梁部材は一般に鉄筋量も多く，部材せいも大きく，したがって，たわみやひびわれへの影響は小さいと考え，この規定から除外する．

③　支柱を早期に（設計基準強度未満）取り外すための条件として，上述の $0.64\sqrt{F}$ N/mm^2 を安全率 1.25 で除した許容曲げ応力 $0.51\sqrt{F}$ N/mm^2（$1.6\sqrt{F}$（kgf/cm^2））を掲げ，施工荷重時の曲げ応力 σ_0 が，この数値以下となることとしている．

④　最下階支持スラブ，梁に作用する施工荷重の値を示している．この場合，コンクリート打込み時，支保工 1 層受けと 2 層受け以上でそれぞれ異なる．

⑤　上記①から④の条件を満たすのに必要な強度管理は，JASS 5 の 9.10 に示されているセメントの種類，支柱の取外し時期に応じた養生方法（標準養生，現場水中養生，現場封かん養生）

の供試体の圧縮強度試験値を使用する．すなわち，施工荷重による曲げ応力 σ_0 に対して取外し可能なコンクリートの圧縮強度 F_0 を「所要圧縮強度」と定義し，$F_0=\sigma_0^2/0.51^2$ として，圧縮強度試験により管理する．これらの内容について，せき板の取外しも含めてまとめたものを表8.5に示す．JASS 5 では養生方法に標準養生が加わっているが，現場水中養生および現場封かん養生で管理できる．

また，支保工を取り外すためのコンクリート圧縮強度の判定は，構造体コンクリート強度を最終的に保障するものではないのでこのように定めた．

表8.5 型枠の存置期間を定める供試体の養生方法

	材齢28日以前に取り外す場合	材齢28日を超えて取り外す場合
せき板およびせき板の支保工	現場水中養生 現場封かん養生	
〈支柱の取外し〉 普通ポルトランドセメント フライアッシュセメントセメントB種	現場水中養生 現場封かん養生 標準養生[※1]	現場水中養生 現場封かん養生 標準養生
〈支柱の取外し〉 中庸熱ポルトランドセメントセメント 低熱ポルトランドセメントセメント 高炉セメントB種	現場水中養生 現場封かん養生 標準養生[※1]	現場水中養生 現場封かん養生
その他のセメント	現場水中養生 現場封かん養生	現場水中養生 現場封かん養生

［判定基準］
　表8.5に示す供試体の養生方法別の判定基準は，次の①または②による．
① 現場水中養生および現場封かん養生の判定基準は，次のaまたはbによる．
　a．圧縮強度試験結果≧所要圧縮強度以上（取外し可能なコンクリートの圧縮強度）
　b．圧縮強度試験結果≧設計基準強度（F_c）
② 標準養生の判定基準は，次のaまたはbによる．
　a．材齢28日以前に取り外す場合
　　圧縮強度試験結果≧設計基準強度（F_c）＋標準養生供試体と構造体コンクリートとの差
　　　※1　支柱の取外しは，材齢28日以前に取り外す場合が多い．標準養生を採用した場合は，標準養生供試体と構造体コンクリートとの差について別途定める必要があるので，現場水中養生および現場封かん養生で管理する方法が実用的であると考えられる．
　b．材齢28日を超えて取り外す場合
　　圧縮強度試験結果≧設計基準強度（F_c）＋構造体温度補正値（S）

(2) 計算法の運用

JASS 5 の9.10の考え方に基づき算定式の運用方法を示す．支柱存置期間算定のためのフローを図8.6に示す．ここでの設計基準強度は，その部材の設計基準強度を示す．スラブであればスラブの設計基準強度を示す．

① まず施工荷重を求め，施工荷重が設計荷重の1.5倍を超えないこと，すなわち，鉄筋の短期許容応力度を上回らないことを確認する．
② 次に，施工荷重によって生じるスラブおよび梁の最大曲げ応力を算定する．
　　このとき，部材寸法やスパン長によって応力の大きさが変化するので，個々に計算が必要で

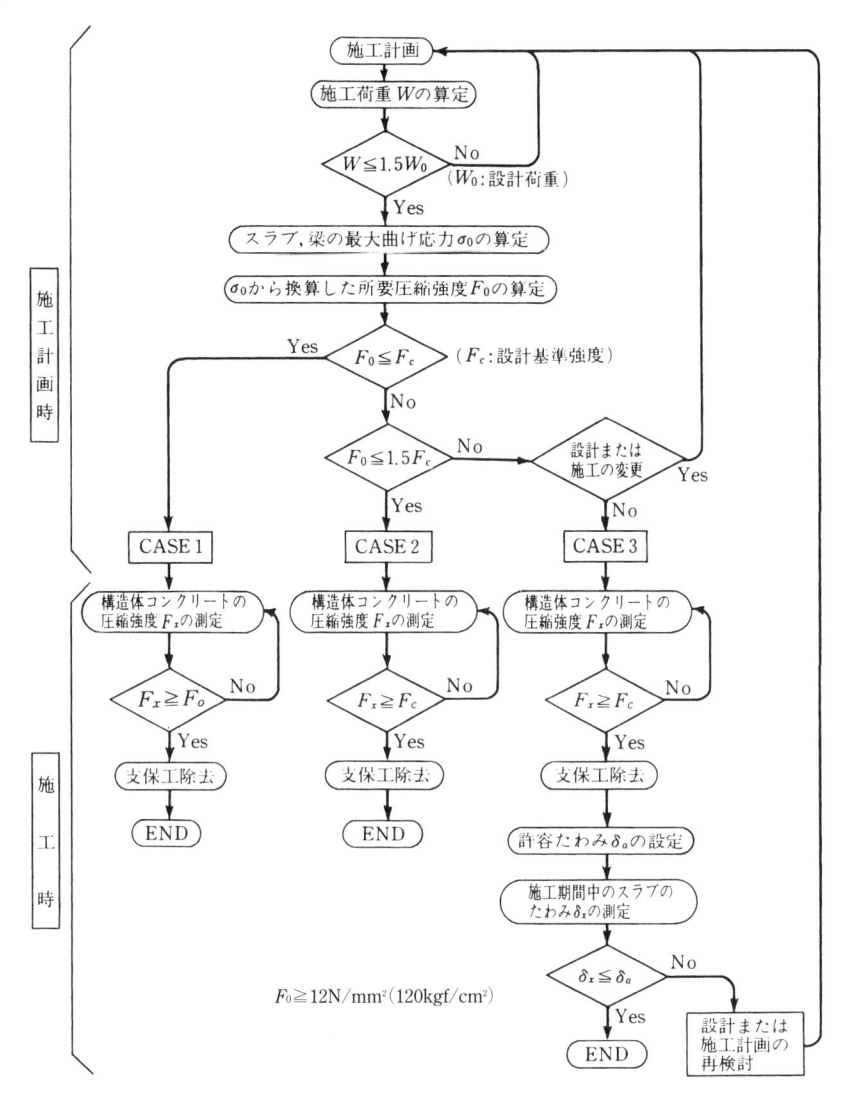

図 8.6 支保工存置期間算定のフロー

ある．

③ 最大曲げ応力 σ_0 の大きさによって，3つのケースに分けられる F_c（設計基準強度）：30N/mm² 以下の場合

CASE1：$\sigma_0 < 0.51\sqrt{F_c}$（設計基準強度未満で取外し可能）

CASE2：$0.51\sqrt{F_c} \leq \sigma_0 \leq 0.64\sqrt{F_c}$（設計基準強度以上で取外し）

CASE3：$0.64\sqrt{F_c} < \sigma_0$（床スラブに対してはひび割れ対策必要）

CASE1 の場合，つまり床スラブ・梁の最大曲げ応力が $0.51\sqrt{F_c}$ を下回るときを考える．設計基準強度時のコンクリートの曲げ強度は，$0.64\sqrt{F_c}$ 前後と判断されるので，この場合は施工荷重で構造ひび割れが入ることはまずない．設計基準強度未満で支保工の取外しが可能となるケースである．

CASE2 の場合，最大曲げ応力が $0.64\sqrt{F_c}$ 以下であるため，大きなひび割れになることは少ないが，多少のひび割れ発生の可能性がないとは言えないケースである．このケースでは設計基準強度

以上に達した時点で取り外す．

CASE3 の場合，つまり，最大曲げ応力が $0.64\sqrt{F_c}$ を上回る場合，曲げひび割れの発生の可能性が高い．床スラブでは，場合によっては過大なたわみを生じるおそれがある．このような場合，設計もしくは施工計画の変更を行うこと望ましい（ただし，梁は除く）．やむを得ない場合でも，設計基準強度以上で取り外し，その後に床スラブのたわみの測定を行い，過大なたわみが生じないことを確認する必要がある．

なお，図 8.6 のフローは，$F_0 = \sigma_0^2/0.51^2$ に，$\sigma_0 \geqq 0.64\sqrt{F_c}$ を代入して $F_0 \geqq 1.56F_c \fallingdotseq 1.5F_c$ の形に置き換え，有害なひびわれを生じるおそれのある所要圧縮強度 $1.5F_c$ として場合分けしている．

8.2.3 施工荷重の設定

（1） 一般的な床スラブの施工荷重の値

施工荷重の設定については，表 8.6 に示す数値を JASS 5 の解説では推奨している．この表は，一般的な小梁付床スラブについて，建築業協会における共同研究をはじめ，数多くの実験データを整理したものである[10]．

なお，JASS 5 ではコンクリートの単位容積質量という用語が用いられているが，型枠の構造計算では単位容積重量を用いるのが一般的であるため，5 章「構造計算」および 8 章「存置期間」では，単位容積重量という用語を単位容積質量に重力加速度を乗じたものとして用いている．

表 8.6 施工荷重 W の算定（一般的な小梁付きスラブ）

単位：kN/m² （kgf/m²）

支柱層数	一般部材	片持梁
2層以上	$1.8(\rho \cdot t + W_f) + C_L$	$2.1(\rho \cdot t + W_f) + C_L$
1層	$2.1(\rho \cdot t + W_f) + C_L$	$2.3(\rho \cdot t + W_f) + C_L$

ρ：単位容積重量 23.5〜25 kN/m³ （2.35〜2.5 tf/m³） t：スラブ厚（m）
C_L：床スラブに載る資材荷重 kN/m² （kgf/m²） W_f：型枠重量 kN/m² （kgf/m²）

このとき，W_f はコンクリート打込み時の型枠重量であり，C_L は建込みのためにスラブ上に積み上げた資材荷重のことである．C_L は，資材置場とする場合はこの荷重を加算することとするが，この荷重が 0.5 kN/m²（50 kgf/m²）以下の場合 $C_L = 0$ としてよい．なお，資材荷重が集中して置かれており，それを等分布にならして考える場合は，適当な割増係数を乗じるなどの処置が必要である．

コンクリート打込み時に支保工に加わる施工荷重の研究については近藤の体系的な研究[11]がある．近藤は，その論文の中で詳細な弾性解析から，種々のケースについてケーススタディを行い，最終的に「何階分の支柱を用いても，何日間支柱を存置させても，最下支柱に伝達される応力は最上支柱の負担する応力の 1.0〜1.1 倍である」と結論づけている．この理論上の根拠に基づいて，支柱存置期間を定めるための下降支柱取外し後にスラブが負担する荷重として，

$$2.1(D_L + W_f) \quad (D_L：スラブ自重)$$

を提唱している．この考え方は，施工荷重の実状が不明であった当時としては，かなりち密に検討

された優れたもので，同時に，単純明快で実用的な提案であった．そのため JASS 5 を改定した 1986 年当時まで「支保工の存置期間」を決めるための理論的な裏付けとして大きな役割を果たしてきた．

JASS 5（1986）以降，現行の JASS 5 で提案している施工荷重は，1 階分の支柱を用いる場合，$2.1(D_L + W_f)$ で近藤の提案を踏襲して，同じ数値を用いているが，2 階分以上の支柱を用いる場合は，$1.8(D_L + W_f)$ といくぶん小さくしている．

このような数値を提案した理由を以下に述べる．

① 一連の実験的研究から，最下支柱床の負担する応力（施工荷重）実測結果は，近藤の主張する応力より一般にやや低めに出ることが多いことが明らかになったこと，不確定な要素が多い施工荷重に対して安全側に設定するという点では望ましいが，1986 年以降の JASS 5 では平均的に施工荷重のデータを整理して，かつ若干の安全率を考慮した．

② 1 階分の支柱を用いる場合（コンクリート打込み時，支柱 1 層受け）と 2 階分以上の支柱を用いる場合では，弾性解析上からは同じであっても，現実には 1 階分の支柱のほうがやはり不利であるものと考えられること．これは，まだ固まらないコンクリートが直下の支柱を通じて，直接支持スラブあるいは支持梁に負担されるのに対して，2 階分以上の支柱の場合，打込み直後は，ほぼ 1 の応力が加わるものの，時間の経過とともに，応力が低減していくためである（この低減は梁の場合に顕著で，スラブにおいては梁ほどでもないにしても，一般にこの傾向が認められる）．

このように応力が低減していく現象は，打ち込まれた梁（スラブ）の強度および剛性が向上するのに伴い，次第に自重をその部材自身に肩代わりされていくためと考えられる．すなわち，支持部材のクリープたわみの進行による支柱応力の減少を起こし，施工荷重の再配分が生ずるためと思われる．中西らの報告[12]によれば，クリープを考慮した解析を行い，クリープを考慮しないケースに比較して支柱応力が低減することが確認されている．

以上の理由から，1 階分の支柱を用いる場合と 2 階分以上の支柱を用いる場合でそれぞれ施工荷重に差異をつけることにした．

このとき，「打込み時 2 層受け」とは，コンクリート打込み時に支える支柱の層数のことであり，仮に打込み時には 2 層受けであっても，材齢 2 日以下，あるいは圧縮強度が $12\,\mathrm{N/mm^2}$（$120\,\mathrm{kgf/m^2}$）未満で最下階支柱を除去すればこの場合，「打込み時 1 層受け」の施工荷重設定値となる．

(2) 大梁の施工荷重の値

大梁の支柱に作用する荷重を計測した結果，打込み直後には，ほぼ計算値（矩形断面＋型枠重量）に近い荷重が作用していること，その後，時間の経過とともに荷重の減少があることなどが確認されている．特に最下階の大梁支柱を取り外す場合に，その直上階の大梁支柱でこの傾向が大きい．打込み時 2 層受けの場合，この減少荷重分は，新設された上階の梁が負担することになる．

これまでの荷重計測結果から，大梁の施工荷重設定についても床スラブと同様に表 8.6 を用いてよい．なお，SRC 造梁の場合，鉄骨が生コンクリートの重量を一部負担するため，やや小さい支柱荷重となるようであるが，測定データが少ないため，ここでは構造の違いの影響を考慮しない．

(3) 支柱の一部残存による施工荷重軽減の考え方
① 内スラブ支柱の一部残存工法

　床スラブの施工荷重負担を軽減するため，支柱取外し時に支柱を一部残したままとする工法がある．これは，支柱をせき板に直接接触させるなどしてコンクリート打込み後から支柱をそのままの状態で存置させておく方法で，いわゆる盛替えとは異なる．この取扱いについて，一つの考え方を以下に示す．

　一般的な小梁付きスラブでの2層受けの場合，支保工を介して支持部材に作用する最大荷重は，これまでの計測実験データから，自重を除けばおよそ $0.8 \times (D_L + W_f)$ 前後である．そこで，支柱取外しの対象となる床スラブにおいて，たとえば床版1枚の全支柱の1/3を残存すると，それによって対象スラブが軽減される施工荷重分は，$1/3 \times 0.8 \times (D_L + W_f)$ と考えられる．すなわち，対象スラブに作用する最大施工荷重は，$1.8 \times (D_L + W_f) - 1/3 \times 0.8 \times (D_L + W_f)$ と考えてよい〔図8.7〕．ただし，残存支柱は極力スラブ中央付近とし，梁際を残す場合は，軽減する荷重を低めに評価するなどの対応が必要であろう．また，残存支柱はあらかじめ架設しておく必要がある．

　精細に解析する場合は，残存支柱を鉛直方向に対して剛な支点として検討すると危険側になる．支柱と支柱を受けている床の合成ばね定数を設定し，さらに安全性を見込む必要がある．この時の残存支柱の負担荷重は8 kN/本程度以下とするとよい．

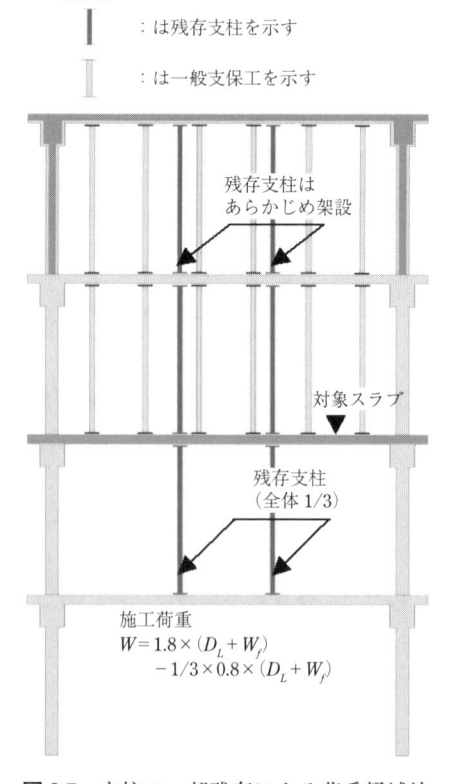

図8.7　支柱の一部残存による荷重軽減法

② 大型スラブ支柱の一部残存工法[13]

図 8.8, 8.9 に示す大型スラブ (PRC スラブ) で残存支柱の軸力を計測した結果を図 8.10, 8.11 に示す．支柱層数はコンクリート打設時 2 層受け + 3 層目残存支柱である．図 8.10 は一般部支柱の軸力測定結果の平均値で，図 8.11 は残存支柱の軸力測定結果の平均値である．

この測定結果によると，26 日目の一般部支柱解体後の残存支柱負担荷重は，8〜10 kN で，平均 9 kN となり，FEM 解析値での支柱負担荷重と近い値であった．

次に，本指針の「支柱の一部残存による施工荷重軽減の考え方」での提案式による計算値と FEM 解析値（残存支柱の計測値を採用）によるスラブ端部最大縁応力の比較を試みた．軽減率を算定するために必要な大型スラブの施工荷重 W は，実測結果より $2.0 \times (D_L + W_f)$ とした．

2 層受けでの施工荷重 $W_1 = 2.0 \times (D_L + W_f)$，本指針提案式による施工荷重 $W_2 = 2.0 \times (D_L + W_f) - 1/6 \times (D_L + W_f)$ より，施工荷重軽減率は $(1 - W_2/W_1) \times 100 = 8.3\%$ となる．スラブ端部の最大縁応力は施工荷重に比例するので，最大縁応力の軽減率は 8.3% となる．そして，FEM 解析値（残存支柱の計測値を採用）の最大縁応力軽減率は 15.0% であった．

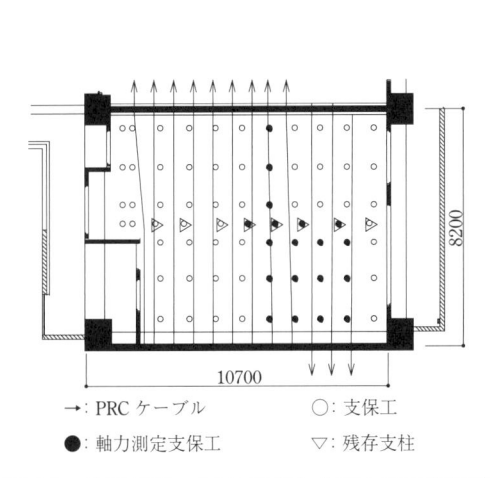

図 8.8 計測計画の PRC 配線および支保工配置[13]

図 8.9 支柱配置計画

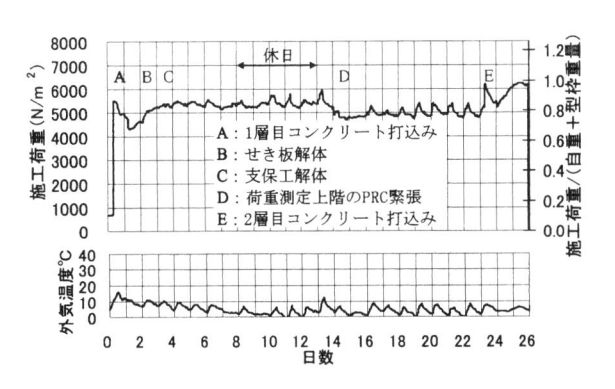

図 8.10 一般支柱施工荷重の経時変化[13]

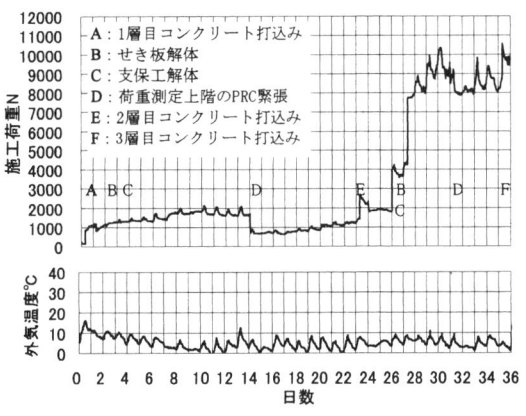

図 8.11 残存支柱施工荷重の経時変化[13]

この検討結果では，本指針の提案式が安全側に設定されていることが推定できる．ただし，大型スラブで一部残存工法を採用する場合は荷重の躯体負担割合が少なくなり，残存支柱にかかる負担分は大きくなる．残存支柱計画では，残存支柱の負担荷重を 8 kN/本程度以下とするとよい．

③ 片持スラブ支柱の一部残存工法

片持スラブは施工時に，コンクリート手すりの有無，スラブ元端厚，出寸法等の条件によっては支保工 2 層受け〔図 8.12 ①〕で曲げひび割れを起こす可能性がある．このような場合，3 層受け〔図 8.12 ②〕ではなく，2 層受け＋3 層目先端残存支柱〔図 8.12 ③〕として施工荷重負担を軽減するとよい．

■：は若材齢コンクリートを示す
｜：は先端残存支柱を示す
｜：は一般支柱を示す

① : 支柱 2 層受け　　② : 支柱 3 層受け　　③ : 支柱 2 層受け
　　　　　　　　　　　　　　　　　　　　　　　＋3 層目先端残存支柱

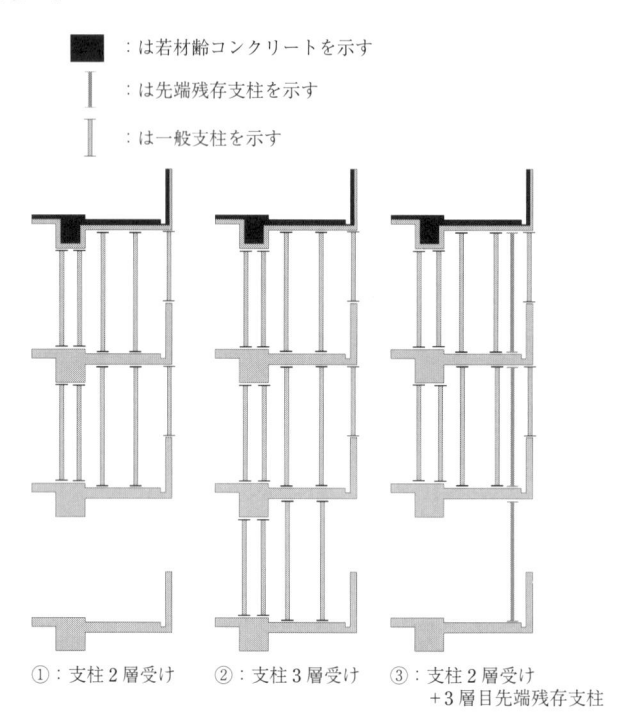

図 8.12 支柱の一部残存による荷重軽減法（2 層受けを対象とした場合）

(4) 施工荷重設定上の留意点

① 躯体コンクリートの立上りが早い場合

小梁付きスラブ，小梁，大梁の場合，打込み時に 3 層受けでも，一般には施工荷重 $1.8(D_L + W_f)$ と考えてよい．ただし，打込み時において直下の支持梁，スラブの材齢は少なくとも 7 日以上経過していることが望ましい．あるいは圧縮強度が，少なくとも 12 N/mm^2（120 kgf/cm²）以上であることが望ましい．これは，躯体の立上りピッチが短くなった場合，直下階の支持部材がほとんど支持能力を有しない状態で打込み重量が作用するので，最下階の床スラブへの負担が大きくなるおそれがあるためである．

また，大型スラブ，片持スラブなどの剛性の低いスラブは，荷重が累積される可能性があるので注意が必要になる．参考として，大型スラブ（PRC スラブ）での 3 層受けの支柱施工荷重測定結果を図 8.13 に示す[14]．

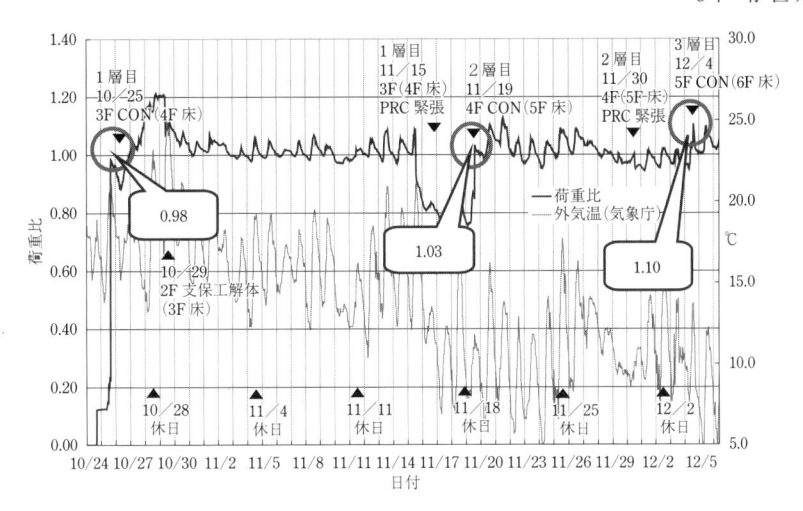

図 8.13 大型スラブ 3 層受け軸力測定結果[14]

測定結果は，測定支柱が負担する範囲の重量（スラブ自重＋型枠重量）を 1.0 として支柱伝達荷重を荷重比で表現した．軸力測定結果は，伝達荷重比で 1 層目コンクリート打設時 0.98 に対して 2 層目コンクリート打設時 1.03，3 層目コンクリート打設時 1.10 となっている．施工荷重は若干の累積傾向にある．

3 層受けで有害な曲げひび割れを起こすおそれがある場合は，残存支柱を設けて施工荷重を軽減する方法がある．

② 特殊な打込み方法による場合

打込み時に作用する作業荷重については，ポンプ打ちの場合はとくに考慮する必要がない．これはポンプ打ちの衝撃荷重は，単位面積にならした場合，約 150 N/m² (15 kgf/m²) であったと報告[17]されており，とくに問題はない．一方，バケット打ちの場合，ポンプ打ちの 1.2～1.3 倍の衝撃荷重であったという報告[18]もあり，特殊な打込み方法の場合，作業荷重の設定については注意する必要があろう．

③ プレストレスを導入した大型スラブ工法の施工荷重[13],[14]

プレストレスを導入した床スラブは一般にスパンが長いことから，施工荷重は同じでも，曲げ部材に作用する応力は大きくなる．そのため，支柱の存置についても十分配慮する必要がある．プレストレスを導入した工法の施工荷重は，計測結果（PRC スラブ）によると $2.0(D_L + W_f)$ となる．

④ プレストレスを導入した大型スラブ工法のたわみ[14]

図 8.14 の計画で，支柱 2 層受けでのたわみを計測した事例を図 8.15 に示す．

図 8.15 では，打設 3 日目までに 1.4 mm 程度たわみ，最大たわみは上々階コンクリート打設時の 3.93 mm であり，支柱解体後に復元して 2.6 mm となる．ある程度コンクリートの硬化が進行し，たわみが安定した 3 日目以降と比較した残留たわみは 1.2 mm 程度であり，1.33 mm の復元量を示した．計算値であるスラブ自重の弾性たわみ 0.82 mm（FEM 解析値）と近い値である．

図 8.14　計測計画図[14)]

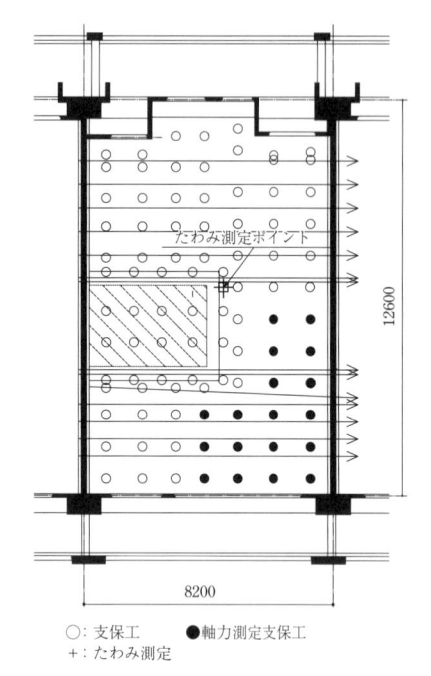

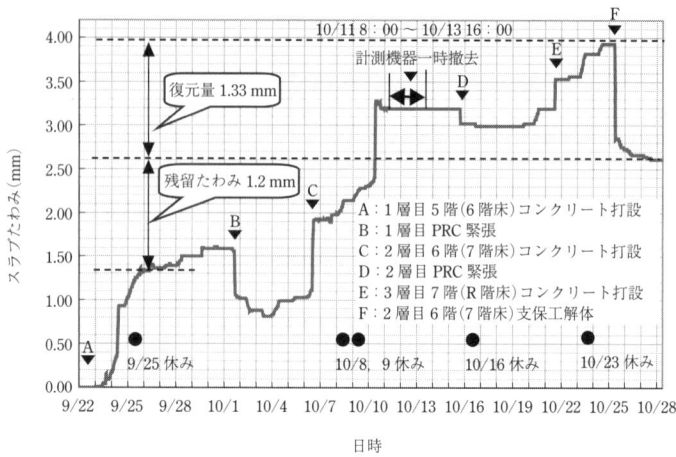

図 8.15　スラブたわみの経時変化[14)]

　PRC スラブはたわみに対する復元があり，ひび割れに対して安全性が高いことがわかる．大型スラブには施工時の安全性を考慮してプレストレスを導入するとよい．

⑤　軽量コンクリートの場合

　軽量コンクリートは弾性係数が小さく，そのため，同一の荷重に対してたわみなどが大きくなる．そこで，本来，軽量コンクリートの比重は普通コンクリートよりも小さいが，弾性係数も小さいというマイナス面を考慮して施工荷重を設定する際の比重を普通コンクリートと同じ 2.4 を採用することが望ましい．

⑥　無支柱スラブ

　一般にデッキ型枠を利用した無支柱工法の場合，若材齢のコンクリート部材はかろうじて自立できる状態であり，資材荷重を負担するような耐力を有していないことが多い．そのため，資材荷重によって構造ひび割れを生じるおそれがあるため，少なくとも 3〜5 日間または 12 N/mm^2（120 kgf/cm^2）以上の強度発現があるまでは有害な震動・外力を与えないようにする．また，荷重を支持しているせき板を解体しないようにする．

⑦　屋上屋根スラブの場合

　最上階屋根スラブを直接支持する支保工は，主に自重あるいは資材荷重 C_L である．一般階の場合，C_L が 0.5 N/mm^2（50 kgf/cm^2）以下では無視してよいと前述したが，屋根スラブの場合，安全をとって C_L を厳密に考慮するか，または施工荷重 $1.4(D_L + W_f)$ をとるのが望ましい．

　最上階屋根片持スラブは（積載荷重を見込んでいないひさしは除く），図 8.6 の支柱存置期間算定のフローに従って検討すれば，設計基準強度 F_c 未満で取り外して問題ないと考えられ

8.2.4 部材の最大曲げ応力算定

（1） スラブの最大曲げ応力

［支持梁が十分な剛性を有する場合］

小梁のないスラブあるいは周辺の支持梁が十分な曲げ剛性を有すると判断される小梁付きスラブ（場所打ち壁付き梁など）の場合，スラブの曲げ応力 σ_0 は下式から求めることができる．

$$\sigma_0 = M_x \cdot 10^3 / Z \quad (\text{N/m}^2) \tag{8.1}$$

このとき，M_x：最大曲げモーメント（N·m/m），Z：スラブ断面係数（mm³/m）である．

固定スラブの曲げモーメントは，短辺スパン端部で最大となり，その曲げモーメントは，

$$M_x = 1/12 \cdot l_y^4 / (l_x^4 + l_y^4) \cdot W \cdot l_x^2 \quad (\text{N·m/m}) \tag{8.2}$$

あるいは

$$M_x = 0.8 \times 1/12 \cdot L_y^4 / (L_x^4 + L_y^4) \cdot W \cdot L_x^2 \quad (\text{N·m/m}) \tag{8.3}$$

のいずれかを用いる

ここに，l_x：短辺内法スパン（m），l_y：長辺内法スパン（m）

L_x：短辺心々スパン（m），L_y：長辺心々スパン（m）

W：施工荷重（N/m²）

単位幅 1m あたりの断面係数 Z は，下式で表される．鉄筋を無視し安全側に考慮している．

$$Z = 10^3 \times t^2 / 6 \quad (\text{mm}^3) \qquad t：スラブ厚（mm）$$

「建築業協会算定マニュアル」[10]では，後述する付加応力を含めた全曲げモーメントの取扱いとの関係から内法寸法ではなく，心々スパン L_x を用いるため，(8.3)式を使用している．ただし，壁式構造の場合，(8.3)式の 0.8 の代わりに 1.0 を用いる必要がある．

［支持梁が十分な曲げ剛性を有すると判断されない場合］

小梁付きスラブの場合は，梁のたわみによる付加応力を考慮し，スラブの曲げ応力を求めなければならない．

この付加応力の算定は，表 8.7 に示した T 型梁のたわみ略算式あるいは適切と思われる解析法により行う．この表は，RC 規準の 18 条の解説を参考に作成している．

以上のようにして付加応力 $\Delta\sigma$ を求め，(8.1)式から得られる σ_0 と合計した曲げ応力を使う．

・小梁付きスラブの内スパンと外スパンの取扱い

RC 規準の 18 条の解説では，小梁の曲げ剛性が小さくて付加たわみを検討する場合，連続スパン（内スパン），端部のスパン（外スパン）を分けて取り扱っている〔表 8.7 参照〕．これは，小梁が外端梁に直交に取り付くときに，大梁のねじれなどから，内スパンに比べて外スパンの小梁のたわみが大きくなることがあるためである．

そのため，小梁方向が外端梁に平行のときや小梁せいが大きく十分な曲げ剛性を有する場合あるいは壁付外端梁のようにねじれが小さい場合は，端部のスパン（外スパン）も連続スパン（内スパン）として取り扱ってよいが，小梁せいがスパンの 1/12 未満のように剛性が小さい場合で外端梁

表 8.7 支持梁が十分な剛性を有しないスラブの最大曲げ応力（σ_0）の算定

〈計算式〉 (単位幅につき)	日型床スラブ	目型床スラブ
$\Delta\delta$ による付加曲げモーメント $\Delta M_x = 0.8 \times \Delta\delta \cdot \dfrac{6EI_s}{L_x^2}$ スラブの曲げ応力 $\sigma_0 = \dfrac{(M_x + \Delta M_x)}{Z}$ 〈荷重算定〉2層受けの場合 ○$W_{By} = WL_x + $（平行大梁自重）$\times 1.8$ ○$W_{Bx} = $（直交大梁自重）$\times 1.8$ ○W：施工荷重 ○$W_b = WL_x + $（小梁自重）$\times 1.8$ ○$P = WL_xL_y + $（小梁自重）$\times 1.8$	（小梁）（直交大梁）	（小梁）（直交大梁）

		日型床スラブ	目型床スラブ
内スパン	δ_0：小梁のたわみ	$\dfrac{W_b}{384EI_b}L_y^4$	$\dfrac{W_b}{384EI_b}L_y^4$
	δ_{Bx}：直交大梁のたわみ	$\dfrac{P(2L_x)^3}{192EI_{Bx}}$	$\dfrac{P(3L_x)^3}{162EI_{Bx}}$
	δ_b：小梁の全たわみ	$\delta_0 + \delta_{Bx}$	$\delta_0 + \delta_{Bx}$
	δ_{By}：平行大梁のたわみ	$\dfrac{W_{By}L_y^4}{384EI_{By}}$	$\dfrac{W_{By}L_y^4}{384EI_{By}}$
	$\Delta\delta$：小梁と平行大梁のたわみ差	$\delta_b - \delta_{By}$	$\delta_b - \delta_{By}$
外スパン	δ_b：小梁の全たわみ	δ_b（内スパン）$\times (0.3\lambda_0 + 1.05)$ ただし $\lambda_0 = L_y/6$ （L_y：単位 m）	
	$\Delta\delta$：たわみ差	δ_b（外スパン）$- \delta_{By}$（内スパン）$\times \mu_1$	
単スパン	δ_b：小梁の全たわみ	δ_b（内スパン）$- (0.7\lambda_0 + 1.15)$	
	$\Delta\delta$：たわみ差	δ_b（単スパン）$- \delta_{By}$（内スパン）$\times \mu_2$	

［注］ μ_1, μ_2 は内スパンの δ_{By} に対する外スパンおよび単スパンの δ_{By} の比率
　　　I_b, I_{Bx}, I_{By}：小梁，直交大梁，平行大梁の断面2次モーメント（有効幅を考慮する）
　　　I：スラブの断面2次モーメント
　　　E：コンクリートのヤング係数
　　　M_x：四辺固定スラブの短辺最大負曲げモーメント

に直交して取り付く場合には，この外スパンの考慮が必要となろう．

（2）梁の最大曲げ応力

　梁の曲げ応力は荷重状態に応じて曲げモーメントを求め，スラブの有効幅を考慮したT形梁として表8.8に従って算定する．通常のT形梁の場合は，スパン中央下端の曲げ応力が最も大きくなるので，中央曲げモーメントより曲げ応力を求める．

　T形梁におけるスラブの有効幅 B_e は，RC規準に準じて算定する．また，等分布荷重を受ける床スラブを支える梁は，亀甲形の荷重配分となるが，後述する例題では簡便でかつ安全側の仮定となる矩形荷重とみなしている．

$$B_e = 0.2 \cdot l + B \quad (a \geq 0.5 \cdot l) \tag{8.4}$$

表 8.8 梁最大曲げ応力 (σ_0) の算定

	$\sigma_0 = M/Z$	
	M_c 梁中央曲げモーメント	M_e 同端部曲げモーメント
〈直交梁〉 小梁1本	$\dfrac{1}{8}P \cdot L + \dfrac{1}{24}W_{Bx} \cdot L^2$	$\dfrac{1}{8}P \cdot L + \dfrac{1}{12}W_{Bx} \cdot L^2$
小梁2本	$\dfrac{1}{9}P \cdot L + \dfrac{1}{24}W_{Bx} \cdot L^2$	$\dfrac{2}{9}P \cdot L + \dfrac{1}{12}W_{Bx} \cdot L^2$
〈小梁または平行大梁〉 W_b or (W_{By})	$\dfrac{1}{24}W_b \cdot L^2$ $(24 W_{By} \cdot L^2)$	$\dfrac{1}{12}W_b \cdot L^2$ $\left(\dfrac{1}{12}W_{By} \cdot L^2\right)$
Z の求め方 有効幅 図心	$Z = I/x$ $Z_b = I/(D-x)$ I：T形梁の断面2次モーメント	

〈荷重算定〉2層受けの場合
$P = W \cdot L_x \cdot L_y + (小梁自重) \times 1.8$
W：施工荷重
$W_{Bx} = (直交大梁自重) \times 1.8$
$W_{By} = W \cdot L_x + (平行大梁自重) \times 1.8$
$W_b = W \cdot L_x + (小梁自重) \times 1.8$

$$B_e = (0.5 - 0.6 \cdot a/l) \cdot 2\alpha + B \quad (\alpha < 0.5 \cdot l) \tag{8.5}$$

ここに，α：並列T形梁では側面から隣の材の側面までの距離（m）

l：T形梁のスパン長さ（m）

B：T形梁下面の幅（m）

・壁付梁の支保工存置の取扱い

JASS 5の解説によれば，壁付梁の場合，壁に隣接している支柱については，せき板と同様に取り扱い，所要圧縮強度 5 N/mm² (50 kgf/cm²) で取り外してよいと述べている．

これは，壁が梁中央に取り付いている場合，支柱と壁，それぞれの剛性の比較（通常の支柱配置で壁厚 120 mm のほうが 2.0 倍以上の剛性をもつ）や支保工で支える荷重の壁への移行による壁圧縮応力の検討（通常の梁架構ではせいぜい圧縮応力度 0.1 N/mm² (1.0 kgf/cm² 程度)）などから，せき板と同様に取り外しても問題ないからである．

ただし，壁が梁中央から偏っている場合には梁自重が壁への偏心モーメントとして作用するため，場合によっては壁のひび割れなどに留意する必要があろう．以下に，壁が梁の片方に偏心して取り付く壁付梁の場合の1つの検討方法を示す．

偏心した壁の場合，梁自重とその偏りから偏心モーメントを求め，壁の断面係数で除して，壁に作用する曲げ応力 σ_w を算定する．壁のひび割れ防止の上からは極力この曲げ応力は小さいほうが

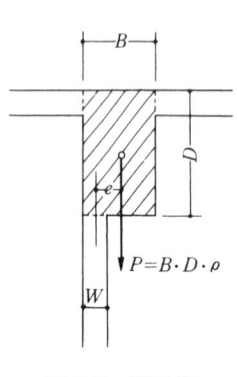

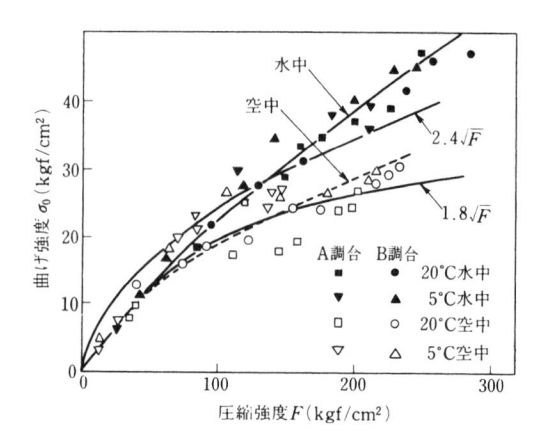

図 8.16　壁付梁　　　　図 8.17　圧縮強度と曲げ強度の関係（旧単位表示）[9]

よい．図 8.17 に示す圧縮強度と曲げ強度との関係（旧単位表示）なども参考にして，できるだけ $0.4\,\mathrm{N/mm^2}$（$4\,\mathrm{kgf/cm^2}$）以下に抑えることとする．

梁せい，梁幅を D，B とし，壁厚を W とすると，図 8.16 に示すように偏心モーメント M_e は，$M_e = B \cdot D \cdot \rho \cdot (B/2 - W/2)$ となる（ρ：単位容重 $24\,\mathrm{kN/m^3}$）．壁の断面係数は $10^3 \times W^2/6$（$\mathrm{mm^3}$）で表される．

$B = 450\,\mathrm{mm}$，$D = 800\,\mathrm{mm}$，$W = 150\,\mathrm{mm}$ の場合，$M_e = 1296\,\mathrm{kN \cdot mm/m}$ となり，曲げ応力 $\sigma_w = 0.35\,\mathrm{N/mm^2}$（$3.5\,\mathrm{kgf/cm^2}$）$< 0.4\,\mathrm{N/mm^2}$（$4.0\,\mathrm{kgf/cm^2}$）が得られる．このため，梁形状として幅 450 mm 以下，梁せい 800 mm 以下また壁厚 150 mm 以上であれば，まず問題ないと判断する．

その他，壁付梁であっても一部出入口などの開口部がある場合，その直下には梁支保工が当然必要となる．この部分については，一般の梁部材と同様に取り扱う必要があり，設計基準強度より早く取り外したい場合には，計算で所要強度を求め安全性を確認しなければならない．

8.2.5　コンクリートの所要圧縮強度の算定

支保工取外し可能な所要圧縮強度の算定にあたっては，コンクリートの曲げ強度と圧縮強度の関係および構造体コンクリート推定のための供試体と実際の部材の強度の関係を考慮する必要がある．

（1）JASS 5 の所要圧縮強度算定式

JASS 5 では施工荷重による最大縁応力 σ_0 に対して，所要圧縮強度 F_0 は一般的に下式で表されるとしている．

$$F_0 = \sigma_0^2 / 0.51^2 \quad (\mathrm{N/mm^2}) \tag{8.6}$$

これは，曲げひび割れを起こさないよう，コンクリートの曲げ強度 σ_0 と圧縮強度 F の関係を安全側に $\sigma_B = 0.51\sqrt{F}$ と設定し，換算したものである．

（2）建築業協会の所要圧縮強度算定式

建築業協会によれば，所要圧縮強度 F_0 は，$F_0 = \sigma_0 / K_2$ で表されるとしている．このとき，σ_0 は，梁・スラブの最大応力である．また K は，$K = k_1 \sqrt{k_2}$ で表される係数で k_1，k_2 はそれぞれ以下

の考え方から定めている．

　コンクリートの曲げ強度は，図8.17に示すように養生条件別に圧縮強度の関数として $\sigma_B = k_1\sqrt{F}$ と表される．ここで，k_1 は養生条件による係数で気中養生の場合1.8，水中養生で2.4程度であることから，安全側を採って $k_1 = 1.8$ とすることを提案している．また，梁・スラブ部材の圧縮強度は，一般に現場水中養生供試体の強度より低いことが指摘されており，この低下の割合は，通常85％程度と考えられることを考慮して，通常 $k_2 = 0.85$ を提案している．

　建築業協会で提案している一般的な所要圧縮強度算定式の係数 K は，$K = 1.8\sqrt{0.85} = 1.66 \rightarrow 1.60$（SI単位では0.51）としており，JASS 5の算定式と同じ値である．

　ただし，(8.6)式の結果にかかわらず，所要圧縮強度の最小値は $12\,\mathrm{N/mm^2}$（$120\,\mathrm{kgf/cm^2}$）とする．

（3）所要圧縮強度の最小値 $12\,\mathrm{N/mm^2}$（$120\,\mathrm{kgf/cm^2}$）の根拠

　計算上ひび割れが入らない場合でも，あまり強度が低いと，弾性係数が小さいことやコンクリートのクリープ現象が大きくなることなどから，たわみが大きくなるおそれも出てくる．そこで，支保工取外しが可能な最低強度として $12\,\mathrm{N/mm^2}$（$120\,\mathrm{kgf/cm^2}$）を決めている．この強度は，建築基準法施行令第74条の普通コンクリートの設計基準強度の下限値と同じである．また，この強度は弾性係数 $1.96 \times 10^4\,\mathrm{N/mm^2}$ 前後であり，この数値は，通常のコンクリートの弾性係数 $2.10 \times 10^4\,\mathrm{N/mm^2}$ の少なくとも2/3以上は確保している．

（4）所要圧縮強度が設計基準強度を上回った場合

　梁部材の場合に計算式から得られる所要圧縮強度が設計基準強度を上回ったとき，その所要圧縮強度の大きさにかかわらず，設計基準強度の100％の圧縮強度を確認した段階で支保工の取外しができる．

　また，床スラブの場合に所要圧縮強度の大きさが設計基準強度を上回ったときでも，所要圧縮強度≦設計基準強度×1.5であれば，有害なひび割れを生じることなく問題ないと判断し，設計基準強度の100％の圧縮強度を確認した段階で取外しができる．すなわち，「所要圧縮強度」は，設計基準強度と同じ値と考えてよい．

　床スラブの場合に，所要圧縮強度＞設計基準強度×1.5のときには，有害なひび割れの発生する条件となり，将来的に床のたわみやひび割れによる障害を招くおそれがあると判断される．そのため，できる限り支保工を長く置くのが望ましい．また，8.2.3項に述べているように支柱を一部残しておき，施工荷重を軽減させる方法を用いるか，補強筋を追加するなどの対策が必要となる．

8.2.6　所要圧縮強度の算定

　上記の計算手法を簡便に利用できるように，所要圧縮強度の算定図を作成したので紹介する．図8.19～8.22にこの算定図を示す．梁架構型式は，口型に限定している．これ以外の梁架構の場合，表8.9に示すように，実際のものを安全側に仮定するか，図8.6の支保工存置期間算定のフローに従った計算方法による．計算例を後述の「型枠用支保工存置期間の算定」に示したので，参考にしてプログラムを作成するとよい．

表 8.9 スラブ支保工存置期間の検討における仮定の例

スラブ架構型式	実　際	仮　定
スラブ架構型式	田型	日型, 口型に分解して検討し, 所要強度の低い方とする.
	L, L_{x1}, L_{x1} 田型	$L/2$, $L/2$ 日型
	L, L_{x}, L_{x} 田型	$L/3$, $L/3$ 日型
	田型	日型, 口型に分解して検討し, 所要強度の低い方とする.
変形スラブ	L_{y1}, L_{y2}	L_{y2}
小梁位置の偏り	L_{x2}, L_{x1}	L_{x2}, L_{x2}
壁（同時打ち RC 壁）の取扱い 壁なし梁支保工は F_0 まで存置すること ○　柱 ――　梁 ……　壁	（日型）	（口型が 2 つ）
	（日型）	（口型が 2 つ）
		（口型が 2 つ）
	（日型）	（口型と日型）

（1）スラブにおける所要圧縮強度の算定図

コンクリート打込み時, 2 層受けで連続スラブを条件に, 以下の図を用いて支保工取外しのための所要圧縮強度を求めることができる.

口型スラブまたは支持梁が十分な曲げ剛性を有する小梁付きスラブの場合について, 図 8.6 の支保工存置期間算定のフローに従い, 図 8.19～8.22 に算定図を示した.

なお, 図 8.19 および図 8.20 の中で所要圧縮強度が 30 N/mm² を超える場合, 図 8.19 の中で RC 規準の 18 条「床スラブ」の規定による床スラブの厚さの最小値が 150 mm 以下となる場合については破線で示した.

8.2.7 施工期間中のたわみ管理

一般に, 以上の手順に従って施工荷重時の最大応力を求め, ひび割れの点検・確認を行えば, とくにたわみ管理は必要ない. しかし, 有害なひび割れやたわみのおそれのある場合には, このたわみ管理が必要である. そこで許容される長期たわみという観点から, 施工期間中の許容たわみ量の目安を考える.

建物使用上の許容たわみは, 用途によって多少異なると思われるが, RC 規準の考え方を参考に

して，有効スパンの 1/250 以下あるいは 20 mm 以下と判断すると，施工期間中の床スラブたわみ測定値（自重だけの状態）は，有効スパンの 1/1000 または 5 mm 以内に制限するほうが望ましい．

次に，施工期間中のたわみ予測について検討する．

建築現場で測定した施工時のたわみの測定値を計算値と比較して図 8.18 に示す．このとき，たわみの測定値は，打込み後 2～3 日を基準として材齢 3 か月程度での変形量を示しており，スラブ上に積載荷重がない状態で測定している．

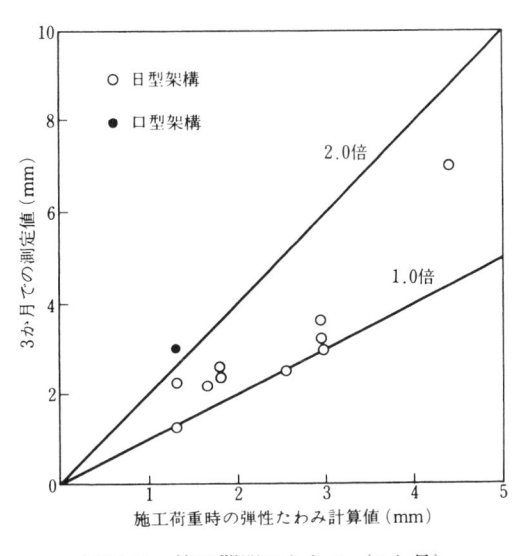

図 8.18 施工期間のたわみ（3 か月）

また，計算上の条件として，施工時の荷重を $1.8(D_L + W_f)$ と設定し，コンクリートの弾性係数を $2.1 \times 10^4 \, \text{N/mm}^2$（$2.1 \times 10^5 \, \text{kgf/cm}^2$）と仮定する．また，たわみの計算式は表 8.7 を用いる．この算定式は，小梁付きスラブにおいて両端固定の小梁のたわみとこれに直交する大梁のたわみをそれぞれ計算し，その和を小梁中央のたわみとする方法で，全たわみ計算値は，この梁たわみに床スラブ中央のたわみを加えたものとして求めている．この図から，施工期間 3 か月程度におけるたわみの実測値は，施工荷重作用時の弾性たわみの計算値の 1.5 倍前後（自重作用時とすると 3.0 倍前後）と言える．

このようなデータを参考にたわみ予測計算を行い，管理するとよい．上記のたわみ推定値を大きく外れる場合には，曲げひび割れ発生が考えられる．

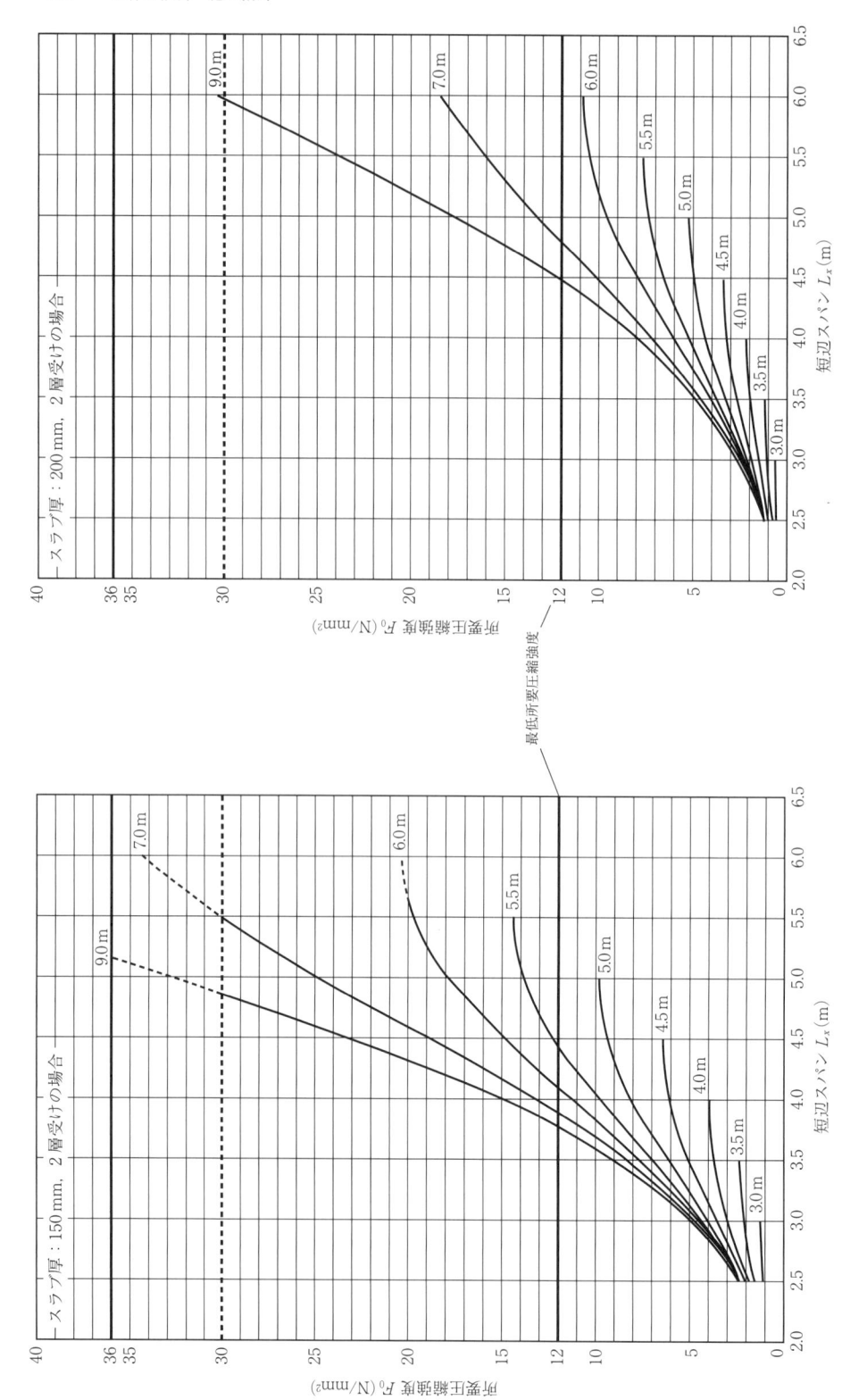

図 8.19 ロ型スラブまたは支持梁が十分な剛性を有する小梁付きスラブの所要圧縮強度 (1)

図 8.20 ロ型スラブまたは支持梁が十分な剛性を有する小梁付きスラブの所要圧縮強度 (2)

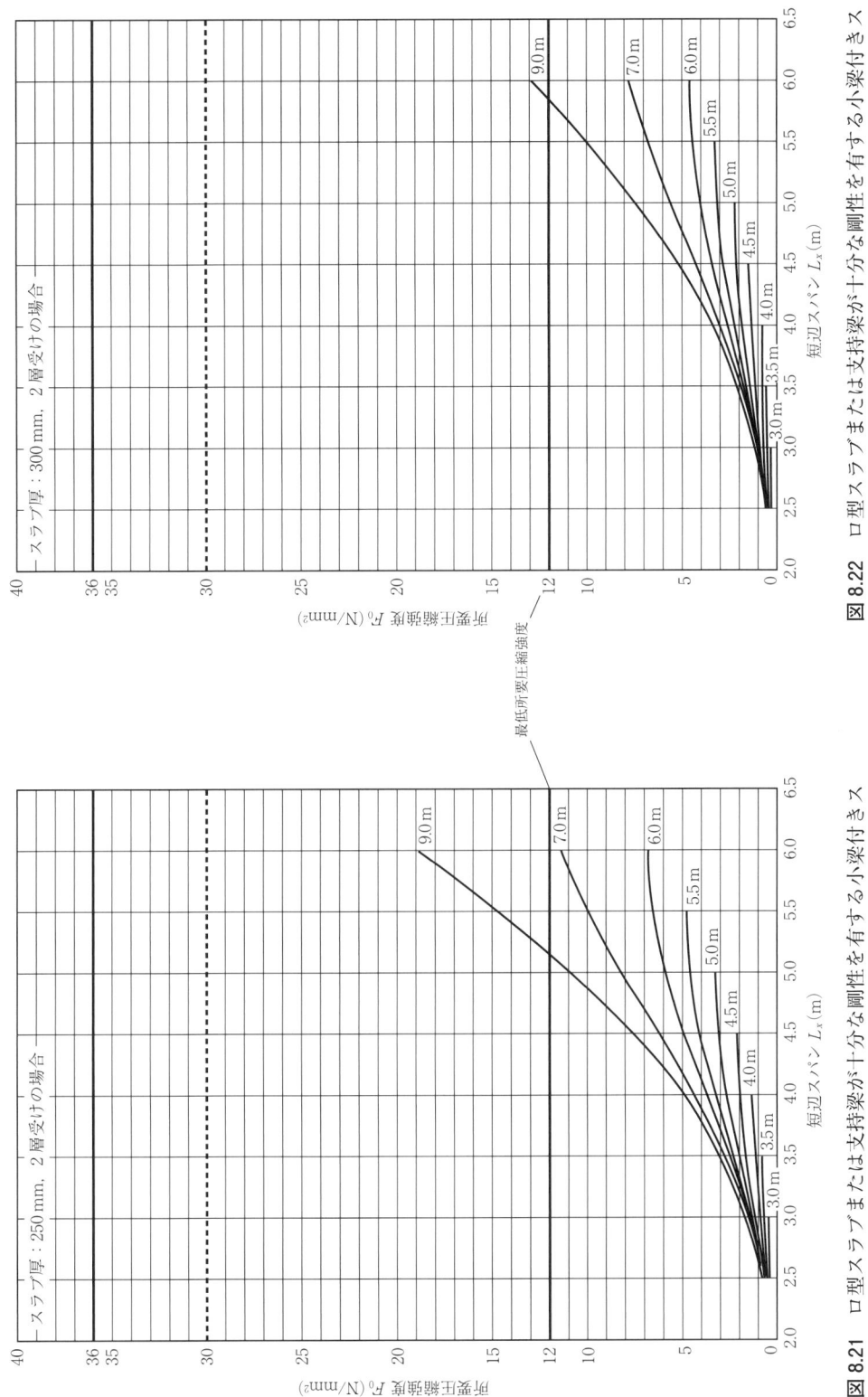

図 8.21　ロ型スラブまたは支持梁が十分な剛性を有する小梁付きスラブの所要圧縮強度 (3)

図 8.22　ロ型スラブまたは支持梁が十分な剛性を有する小梁付きスラブの所要圧縮強度 (4)

◆◆◆型枠用支保工存置期間の算定◆◆◆

[例題] 小梁目型配置の床スラブの場合についての検討例を示す．

1. 部材条件
（1） 床スラブの形状は，小梁目型配置の床スラブとする．
（2） 各部材の寸法は以下のとおりとする．

L_x：床スラブ短辺心々スパン長さ＝3000（mm）

L_y：床スラブ長辺心々スパン長さ＝7000（mm）

t：床スラブ厚さ＝150（mm）

b：小梁の幅＝300（mm）

D：小梁のせい＝700（mm）

L：X方向（小梁に直交方向）大梁のスパン長さ＝9000（mm）

$_{gx}B$：X方向（小梁に直交方向）大梁の幅＝400（mm）

$_{gx}D$：X方向（小梁に直交方向）大梁のせい＝900（mm）

$_{gy}B$：Y方向（小梁に平行方向）大梁の幅＝300（mm）

$_{gy}D$：Y方向（小梁に平行方向）大梁のせい＝700（mm）

（3） コンクリートの諸性能

F_c：設計基準強度＝21（N/mm²）

ρ：単位容積重量＝24（kN/m³）

E：ヤング係数＝2.0×10⁴（N/mm²）＝20.0（kN/mm²）

（最低所要圧縮強度12N/mm²の時の値）とする．

（4） C_L：資材荷重（積載荷重）＝0.0（kN/mm²）
（5） コンクリート打込み時に支保工は2層受けとする．
（6） 梁下には一体打ちの壁はないものとする．

2. 諸量の算定
（1） 施工荷重 W の算定

表8.6「施工荷重 W の算定（一般的な小梁付きスラブ）」の一般部材支柱層数2層以上の式を使う．

W_b：小梁単位長さ重量（kN/m）

$W_b = 1.8 \times \rho \times b(D-t) = 1.8 \times 24 \times 0.3 \times (0.7-0.15) = 7.13$（kN/m）

W_{gx}：X方向大梁単位長さ重量（kN/m）

$W_{gx} = 1.8 \times \rho \times {_{gx}B}({_{gx}D}-t) = 1.8 \times 24 \times 0.4 \times (0.9-0.15) = 13.0$（kN/m）

W_{gy}：Y方向大梁単位長さ重量（kN/m）

$W_{gy} = 1.8 \times \rho \times {_{gy}B}({_{gy}D}-t) = 1.8 \times 24 \times 0.3 \times (0.7-0.15) = 7.13$（kN/m）

W_{SL}：スラブ単位面積重量（kN/m²）

$W_{SL} = 1.8 \times (\rho \times t + 0.4) = 1.8 \times (24 \times 0.15 + 0.4) = 7.2$（kN/m²）

W：施工重量（kN/m²）

$W = W_{SL} + C_L = 7.2 + 0.0 = 7.2$（kN/m²）$= 7.2 \times 10^{-6}$（kN/mm²）

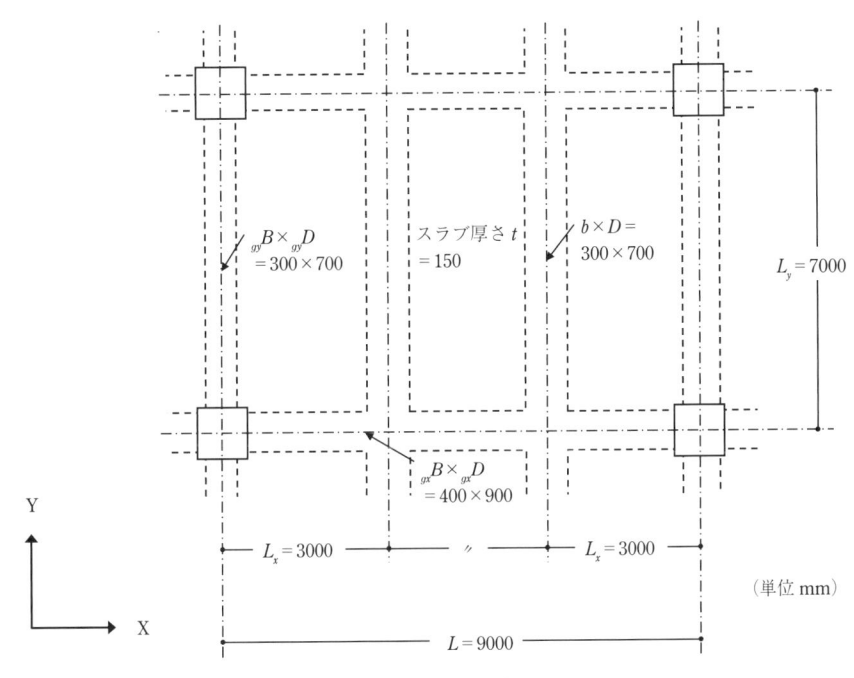

図 8.23 小梁付き（目形）床スラブ図

（2） 有効幅の算定：

RC 規準の 8 条「構造解析の基本事項」により算定する．

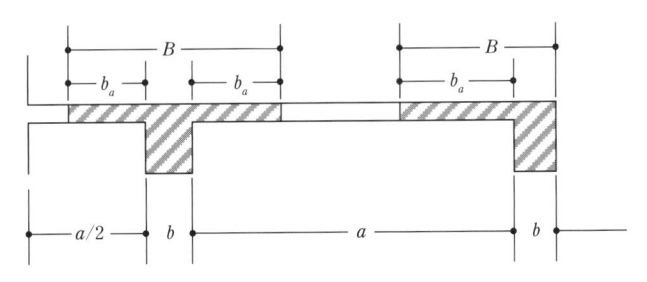

図 8.24 T 形断面部材の板部の有効幅 B（RC 規準 8 条より）

a：並列 T 形断面部材では材の側面から隣の材の側面までの距離〔図 8.24 参照〕

単独 T 形断面部材ではその片側フランジ幅の 2 倍

L：ラーメン材または連続梁のスパンの長さ

$\left(\dfrac{a}{L} < 0.5 \text{ の場合}\right) \qquad b_a = \left(0.5 - 0.6 \times \dfrac{a}{L}\right) a$

$\left(\dfrac{a}{L} \geq 0.5 \text{ の場合}\right) \qquad b_a = 0.1L$

上記より，

b_e：小梁の有効幅（mm）

$$b_e = 2 \times \left(0.5 - 0.6 \frac{L_x}{L_y}\right) \times L_x + b \qquad \left(\frac{L_x}{L_y} < 0.5\right)$$

$$= 2 \times \left(0.5 - 0.6 \times \frac{3000}{7000}\right) \times 3000 + 300 = 1757 \text{ (mm)}$$

$_xB_e$：X方向大梁の有効幅（mm）

$$_xB_e = 2 \times (0.1 \times L) + {}_{gx}B \qquad \left(\frac{L_y}{L} \geqq 0.5\right)$$

$$= 2 \times (0.1 \times 9000) + 400 = 2200 \text{ (mm)}$$

$_yB_e$：Y方向大梁の有効幅

$$_yB_e = b_e - b + {}_{gy}B$$

$$= 1757 - 300 + 300 = 1757 \text{ (mm)}$$

3. 部材剛性計算

（1） 小梁断面2次モーメントの算定

I_{0b}：矩形断面2次モーメント

$$I_{0b} = \frac{bD^3}{12} = \frac{300 \times 700^3}{12} = 858000 \; (\times 10^4 \text{ mm}^4)$$

I_{tb}：T形断面2次モーメント

$$I_{tb} = I_{0b} \times \left[4 \times \{1 + (b_1 - 1) \times t_1^3\} - 3 \times \frac{\{1 + (b_1 - 1)t_1^2\}^2}{1 + (b_1 - 1)t_1}\right]$$

$$= 8.58 \times 10^9 \times \left[4 \times \{1 + (5.86 - 1) \times 0.21^3\} - 3 \times \frac{\{1 + (5.86 - 1) \times 0.21^2\}^2}{1 + (5.86 - 1) \times 0.21}\right] = 1710000$$

$$(\times 10^4 \text{ mm}^4)$$

$$b_1 = \frac{b_e}{b} = \frac{1757}{300} = 5.86$$

$$t_1 = \frac{t}{D} = \frac{150}{700} = 0.21$$

（2） X方向大梁断面2次モーメントの算定

I_{gx}：矩形断面2次モーメント

$$I_{gx} = \frac{{}_{gx}B \times {}_{gx}D^3}{12} = \frac{400 \times 900^3}{12} = 2430000 \; (\times 10^4 \text{ mm}^4)$$

I_{tx}：T形断面2次モーメント

$$I_{tx} = I_{gx} \times \left[4 \times \{1 + (b_1 - 1) \times t_1^3\} - 3 \times \frac{\{1 + (b_1 - 1)t_1^2\}^2}{1 + (b_1 - 1)t_1}\right]$$

$$= 24.3 \times 10^9 \times \left[4 \times \{1 + (5.5 - 1) \times 0.17^3\} - 3 \times \frac{\{1 + (5.5 - 1) \times 0.17^2\}^2}{1 + (5.5 - 1) \times 0.17}\right] = 4660000$$

$$(\times 10^4 \text{ mm}^4)$$

$$b_1 = \frac{{}_xB_e}{{}_{gx}B} = \frac{2200}{400} = 5.5$$

$$t_1 = \frac{t}{{}_{gx}D} = \frac{150}{900} = 0.17$$

(3) Y方向大梁断面2次モーメントの算定

I_{gx}：矩形断面2次モーメント

$$I_{gy} = \frac{{}_{gy}B \times {}_{gy}D^3}{12} = \frac{300 \times 700^3}{12} = 858000 \ (\times 10^4 \text{ mm}^4)$$

I_{ty}：T形断面2次モーメント

$$I_{ty} = I_{gy} \times \left[4\{1 + (b_1-1) \times t_1^3\} - 3 \times \frac{\{1+(b_1-1)t_1^2\}^2}{1+(b_1-1)t_1} \right]$$

$$= 8.58 \times 10^9 \times \left[4 \times \{1+(5.86-1) \times 0.21^3\} - 3 \times \frac{\{1+(5.86-1) \times 0.21^2\}^2}{1+(5.86-1) \times 0.21} \right]$$

$$= 1710000 \ (\times 10^4 \text{ mm}^4)$$

$$b_1 = \frac{{}_yB_e}{{}_{gy}B} = \frac{1757}{300} = 5.86$$

$$t_1 = \frac{t}{{}_{gy}D} = \frac{150}{700} = 0.21$$

(4) スラブ1m幅あたりの断面2次モーメント，断面係数の算定

I_{SL}：スラブ1m幅あたりの断面2次モーメント

$$I_{SL} = \frac{1000 \times t^3}{12} = \frac{1000 \times 150^3}{12} = 28100 \ (\times 10^4 \text{ mm}^4/\text{m})$$

Z_{SL}：スラブ1m幅あたりの断面係数

$$Z_{SL} = \frac{1000 \times t^2}{6} = \frac{1000 \times 150^2}{6} = 3750 \ (\times 10^3 \text{ mm}^3/\text{m})$$

4. たわみの算定

λ：床スラブの辺長比

$$\lambda = \frac{L_y}{L_x} = \frac{7000}{3000} = 2.33$$

P：小梁負担重量

$$P = (W \times L_x + W_b) \times L_y = (7.2 \times 10^{-6} \times 3000 + 7.13 \times 10^{-3}) \times 7000 = 201.1 \ (\text{kN})$$

(1) δ_b：小梁たわみの算定

$$\delta_b = \frac{(W \times L_x + W_b) \times L_y^4}{384 \times E \times I_{tb}}$$

$$= \frac{(7.2 \times 10^{-6} \times 3000 + 7.13 \times 10^{-3}) \times 7000^4}{384 \times 20.0 \times 17.1 \times 10^9} = 0.53 \ (\text{mm})$$

(2) δ_x：X方向大梁たわみの算定

$$\delta_x = \frac{P \times (3 \times L_x)^3}{162 \times E \times I_{tx}}$$

$$= \frac{201.1 \times (3 \times 3000)^3}{162 \times 20.0 \times 46.6 \times 10^9} = 0.97 \text{ (mm)}$$

（3） δ_y：Y方向大梁たわみの算定

$$\delta_y = \frac{(W \times L_x + W_{gy}) \times L_y^4}{384 \times E \times I_{ty}}$$

$$= \frac{(7.2 \times 10^{-6} \times 3000 + 7.13 \times 10^{-3}) \times 7000^4}{384 \times 20.0 \times 17.1 \times 10^9} = 0.53 \text{ (mm)}$$

（4） δ_s：スラブたわみの算定

$$\delta_s = \frac{1}{32} \times \frac{\lambda^4}{1+\lambda^4} \times W \times \frac{L_x^4}{Et^3} = \frac{1}{32} \times \frac{2.33^4}{1+2.33^4} \times 7.2 \times 10^{-6} \times \frac{3000^4}{20.0 \times 150^3} = 0.26 \text{ (mm)}$$

（5） δ_F：最大小梁たわみの算定

$$\delta_F = \delta_b + \delta_x = 0.53 + 0.97 = 1.50 \text{ (mm)}$$

（6） δ_E：付加たわみの算定

$$\delta_E = \delta_F - \delta_y = 1.50 - 0.53 = 0.97 \text{ (mm)}$$

5. 応力の算定

（1） スラブ縁応力度の算定

(8.3)式より，スラブの負曲げモーメント M_x を算定する．

M_x：スラブの負曲げモーメント

$$M_x = -\frac{L_y^4 \times W \times L_x^2 \times 0.8}{12 \times (L_x^4 + L_y^4)}$$

$$= -\frac{7000^4 \times 7.2 \times 10^{-6} \times 3000^2 \times 0.8}{12 \times (3000^4 + 7000^4)} = -4.18 \text{ (kNm/m)} = -4.18 \times 10^6 \text{ (Nmm/m)}$$

σ_x：スラブの負曲げモーメント M_x によるスラブの縁応力度

$$\sigma_x = \frac{M_x}{Z_{SL}} = -\frac{4.18 \times 10^6}{3.75 \times 10^6} = -1.11 \text{ (N/mm}^2\text{)}$$

付加曲げモーメント ΔM_x は表8.7「支持梁が十分な剛性を有しないスラブの最大曲げ応力（σ_0）の算定」の中の計算式により算定する．

ΔM_x：付加曲げモーメント

$$\Delta M_x = -0.8 \times \delta_E \times \frac{6EI_{SL}}{L_x^2}$$

$$= -0.8 \times 0.97 \times \frac{6 \times 20.0 \times 2.81 \times 10^8}{3000^2} = -2.91 \times 10^3 \text{ (kNmm/m)} = -2.91 \times 10^6 \text{ (Nmm/m)}$$

$\Delta\sigma_x$：付加曲げモーメント ΔM_x によるスラブの縁応力度

$$\Delta\sigma_x = \Delta\frac{M_x}{Z_{SL}} = -\frac{2.91 \times 10^6}{3.75 \times 10^6} = -0.78 \text{ (N/mm}^2\text{)}$$

σ_0：スラブ最大縁応力度

$$\sigma_0 = \sigma_x + \Delta\sigma_x = -1.11 - 0.78 = -1.89 \text{ (N/mm}^2\text{)}$$

（2） 梁曲げ応力度の算定

表 8.8「梁最大曲げ応力（σ_0）の算定」より，各梁の中央曲げモーメントを算定する．

（a） B_{mc}：小梁中央曲げモーメント

$$B_{mc} = -\frac{(W \times L_x + W_b) \times L_y^2}{24}$$

$$= -\frac{(7.2 \times 10^{-6} \times 3000 + 7.13 \times 10^{-3}) \times 7000^2}{24} = -58.7 \times 10^3 \text{ (kNmm)} = -58.7 \text{ (kNm)}$$

G：中立軸（上端より）

$$G = 0.5 \times \frac{(b_e - b) \times t^2 + b \times D^2}{(b_e - b) \times t + b \times D} = 0.5 \times \frac{(1757 - 300) \times 150^2 + 300 \times 700^2}{(1757 - 300) \times 150 + 300 \times 700} = 210 \text{ (mm)}$$

σ_B：下端応力度

$$\sigma_B = B_{mc} \times \frac{D - G}{I_{tb}} = -58.7 \times 10^6 \times \frac{700 - 210}{17.1 \times 10^9} = -1.68 \text{ (N/mm}^2\text{)}$$

（b） X_{mc}：X方向大梁中央曲げモーメント

$$X_{mc} = -\frac{1}{9} \times P \times L + W_{gx} \times \frac{L^2}{24} = -\frac{1}{9} \times P \times (3 \times L_x) - W_{gx} \times \frac{L^2}{24}$$

$$= -\frac{1}{9} \times 201.1 \times 3 \times 3000 - 13.0 \times 10^{-3} \times \frac{(3 \times 3000)^2}{24} = -245 \times 10^3 \text{ (kNmm)}$$

$$= -245.0 \text{ (kNm)}$$

G：中立軸（上端より）

$$G = 0.5 \times \frac{(_xB_e - _{gx}B) \times t^2 + _{gx}B \times _{gx}D^2}{(_xB_e - _{gx}B) \times t + _{gx}B \times _{gx}D}$$

$$= 0.5 \times \frac{(2200 - 400) \times 150^2 + 400 \times 900^2}{(2200 - 400) \times 150 + 400 \times 900} = 289 \text{ (mm)}$$

σ_B：下端応力度

$$\sigma_B = X_{mc} \times \frac{_{gx}D - G}{I_{tx}} = -245.0 \times 10^6 \times \frac{900 - 289}{46.6 \times 10^9} = -3.21 \text{ (N/mm}^2\text{)}$$

（c） Y_{mc}：Y方向大梁中央曲げモーメント

$$Y_{mc} = -\frac{(W \times L_x + W_{gy}) \times L_y^2}{24}$$

$$= -\frac{(7.2 \times 10^{-6} \times 3000 + 7.13 \times 10^{-3}) \times 7000^2}{24} = -58.7 \times 10^3 \text{ (kNmm)}$$

$$= -58.7 \text{ (kNm)}$$

G：中立軸（上端より）

$$G = 0.5 \times \frac{(_yB_e - _{gy}B) \times t^2 + _{gy}B \times _{gy}D^2}{(_yB_e - _{gy}B) \times t + _{gy}B \times _{gy}D}$$

$$= 0.5 \times \frac{(1757 - 300) \times 150^2 + 300 \times 700^2}{(1757 - 300) \times 150 + 300 \times 700} = 210 \text{ (mm)}$$

σ_B：下端応力度

$$\sigma_B = Y_{mc} \times \frac{{}_{gy}D - G}{I_{ty}} = -58.7 \times 10^6 \times \frac{700 - 210}{17.1 \times 10^9} = -1.68 \ (\mathrm{N/mm^2})$$

6. コンクリート所要圧縮強度の算定

JASS 5 のコンクリート所要圧縮強度の算定式により，各部材下支保工除去時の所要圧縮強度を算定する．

部材名　　　　　　　　所要圧縮強度

F_{0s}：床スラブ下支保工除去時　　　：$\left(\dfrac{\sigma_0}{0.51}\right)^2 = \left(-\dfrac{1.89}{0.51}\right)^2 = 13.7 \ (\mathrm{N/mm^2})$

F_{0b}：小梁下支保工除去時　　　　　：$\left(\dfrac{\sigma_B}{0.51}\right)^2 = \left(-\dfrac{1.68}{0.51}\right)^2 = 10.9 \ (\mathrm{N/mm^2})$

F_{0x}：X 方向大梁下支保工除去時　　：$\left(\dfrac{\sigma_B}{0.51}\right)^2 = \left(-\dfrac{3.21}{0.51}\right)^2 = 39.6 \ (\mathrm{N/mm^2})$

F_{0y}：Y 方向大梁下支保工除去時　　：$\left(\dfrac{\sigma_B}{0.51}\right)^2 = \left(-\dfrac{1.68}{0.51}\right)^2 = 10.9 \ (\mathrm{N/mm^2})$

以上により，床スラブ下支保工は，所要圧縮強度 13.7 N/mm² で除去できる．平行大梁，小梁下支保工は，床スラブより早く除去できないので，同じく 13.7 N/mm² で除去することができる．

一方，X 方向大梁は，所要強度 39.6 N/mm² という結果で，$1.5F_c = 1.5 \times 21 = 31.5 \ \mathrm{N/mm^2}$ を超えるが，床スラブと異なり有害なひび割れ条件は適用されないため，設計基準強度以上の強度発現で除去できる．

参考文献

1) 笠井芳夫：極く早期脱型するコンクリートの強度に関する実験研究（その 1），（その 2），日本建築学会論文報告集，179，180 号，1971.1，1971.2
2) 押田文雄・和泉意登志・嵩英雄：コンクリートの中性化に及ぼすセメントの種類・調合および養生条件の影響（その 1，2），日本建築学会大会学術講演梗概集，1985.10
3) セメント協会：初期の乾燥がコンクリートの諸性質に及ぼす影響，コンクリート専門委員会報告，F-38，1985.7
4) 桜本文敏ほか：せき板の存置期間及び初期養生がコンクリートの品質に及ぼす影響（その 1〜その 3），日本建築学会大会学術講演梗概集，1987.10
5) 和泉意登志ほか：せき板の存置期間および初期養生が構造体コンクリートの品質に及ぼす影響に関する研究，日本建築学会構造系論文集，No. 449，1993.7
6) 阿部道彦・桝田佳寛・田中斉・柳啓・和泉意登志・友澤史紀：コンクリートの促進中性化試験法の評価に関する研究，日本建築学会構造系論文集，No. 409，1990.3
7) 大倉真人・桝田佳寛ほか：各種セメントを用いたコンクリートの合理的な湿潤養生期間に関する実験（その 14 総合考察），日本建築学会大会学術講演梗概集，2007.8
8) 洪杰・假屋園礼文・全洪珠・志村重顕，嵩英雄：低発熱形セメントを用いたコンクリートの強度発現に及ぼす養生の影響に関する研究（その 1）圧縮強度及び静弾性係数に及ぼすセメントの種類と養生の影響，日本建築学会大会学術講演梗概集，2002.8
9) 建築業協会：型枠支保工の存置期間算定マニュアル，型枠支保工研究委員会，1987.1
10) 山本俊彦・高橋久雄・小柳光生：型わく支保工の存置期間に関する研究—その 6 既往の測定データによる支保工伝達荷重（スラブ），日本建築学会大会学術講演梗概集，1982.10

11) 近藤基樹：多層建築物のコンクリート工事における型わく支柱による作業荷重の伝播と支柱の存置期間について（第1報）（第2報），日本建築学会論文報告集，No.113, 1965.7
12) 中西正俊・鈴木忠彦・山崎庸行・高田博尾・坂口昇：せき板，支保工の脱型時期の適正化に関する検討（その1）（その2），日本建築学会大会学術講演梗概集，1981.9
13) 熊谷正樹・西村進・大久保博之・濱口智・中沢雅：アンボンド工法PRCスラブの型枠支保工施工荷重の実測（その1）（その2），日本建築学会大会学術講演梗概集，2005.9
14) 熊谷正樹・田川篤人・大久保博之・中岡章郎・鴨川直昌：アンボンド工法PRCスラブの型枠支保工施工荷重の実測（その3）（その4），日本建築学会大会学術講演梗概集，2008.9
15) 佐々木晴夫ほか：型わく支保工の存置期間に関する研究―その5 現場支保工伝達荷車の測定Ⅲ，日本建築学会大会学術講演梗概集，1982.10
16) 藤田組技術研究所：型枠支柱に加わる荷重，建築技術，No.165, 1965.5

9章　各種型枠工法

9.1　一般事項

　建築工事現場の生産性向上や品質向上の指向が活発となった近年，多様な型枠工法が提案され実施されている．これらの工法には，転用性の高い合板以外の代替材を使用する方法や，コンクリート構築物の一部（鉄筋やコンクリートなど）を型枠として利用する方法，型枠材を構造物の一部に取り込む方法，コンクリートの余剰水を積極的に脱水し品質向上を図る方法，コンクリート打込み後，数時間以内のきわめて早期にせき板を脱型，移動する方法，施工の管理を容易にした方法および従来のせき板・支保工を改善改良した方法などがある．

　これらの型枠工法を採用する際に検討すべき項目は，基本的には従来の工法についてと同様であり，経済性や工期に偏ることなく，その型枠工法がコンクリート構築物の品質にどのような影響を与えるか，工事の安全性について何を検討しておかなければならないか，などを事前に詳細に詰めておくことが大切である．

　JASS 5 の 9.3「せき板の材料・種類」では金属製型枠パネル，床用鋼製デッキプレート，透水型枠，打込み型枠，プラスチック型枠などについての規定が明記されたが，9.1「総則」では，「本節

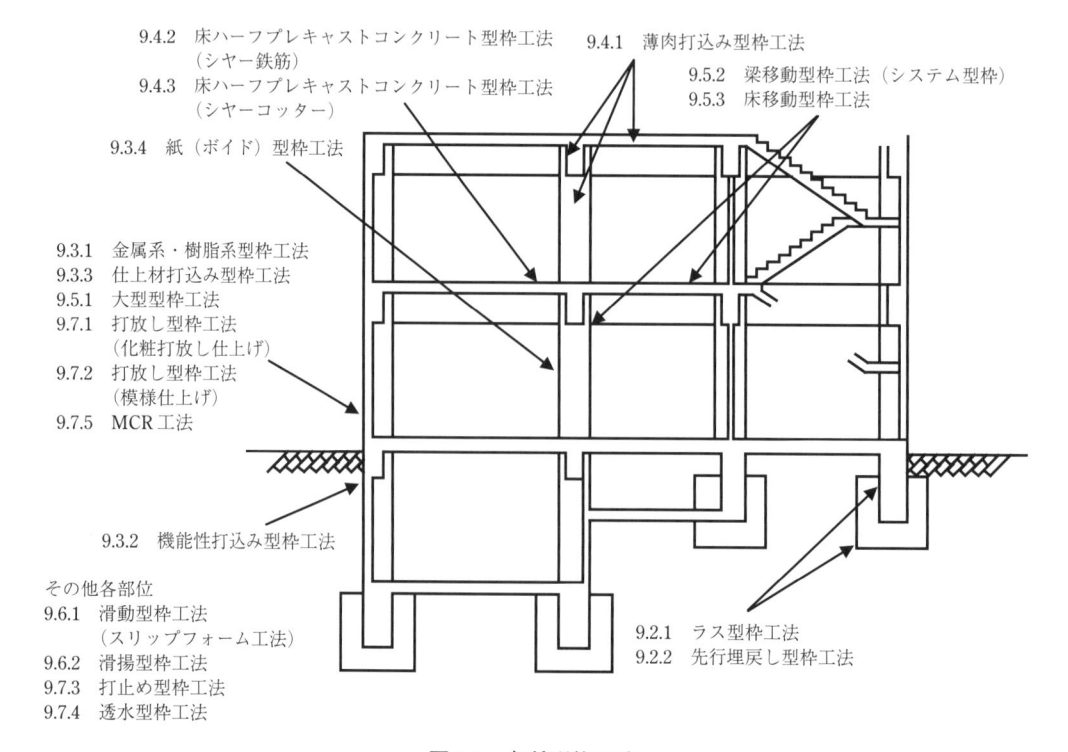

図9.1　各種型枠工法

に規定されていない種類の型枠の材料・設計・加工・組立ておよび取外しは，必要事項を定めて工事監理者の承認を受ける」こととしている．したがって，在来の型枠工法の範囲外で特記などに記載がない型枠工法についても，施工者側から積極的に提案し，当該型枠工法の材料，強度，打込みの精度，取外し，養生，品質管理などについて，設計者および監理者が十分に納得できる資料を取りそろえることによって現場で採用できることになっている．

本章では，現在，比較的多く使用されている図9.1に示す工法を採り上げ，各種工法の概要，施工方法，施工上の留意点を記述している．型枠工法の検討にあたっては，各工事現場の特徴，コンクリート構築物の特徴および設計，施工の基本方針に合わせて，最適な組合せを選定することが望ましい．

9.2 基礎型枠工法

9.2.1 ラス型枠工法

（1）工法概要

本工法は，合板の代わりに特殊リブラス（鋼製ネット）をせき板に使用し，鋼製フレーム（ハット型金物を組み合わせたもの）または桟木と鋼製ネットを組み合わせたものを，従来の締付け金物（セパレータ・フォームタイ）と横端太材で固定するもの，あるいは専用の締付け金物，端太材で固定してコンクリートを打ち込むものである．コンクリートの締固め状況が目視できるとともに，せき板の解体作業がないことにより施工の省力化・工期短縮が可能となる．使用部位としては地中梁・基礎に多い．

（2）施工方法

① 鋼製ネット脚部は地墨に合わせて桟木，アングル，釘で固定する．
② セパレータ位置に鋼製フレームを取り付け，水平・垂直の通りを確認して緊結する．
③ 鋼製フレーム間の桟木は25～30cmピッチを目安に建て込み，横端太の取付け後，緊結する．
④ 鋼製ネット天端は桟木，アングルで固定し，通り直しはサポート，パイプで支持をとる．

写真9.1 ラス型枠工法[1]

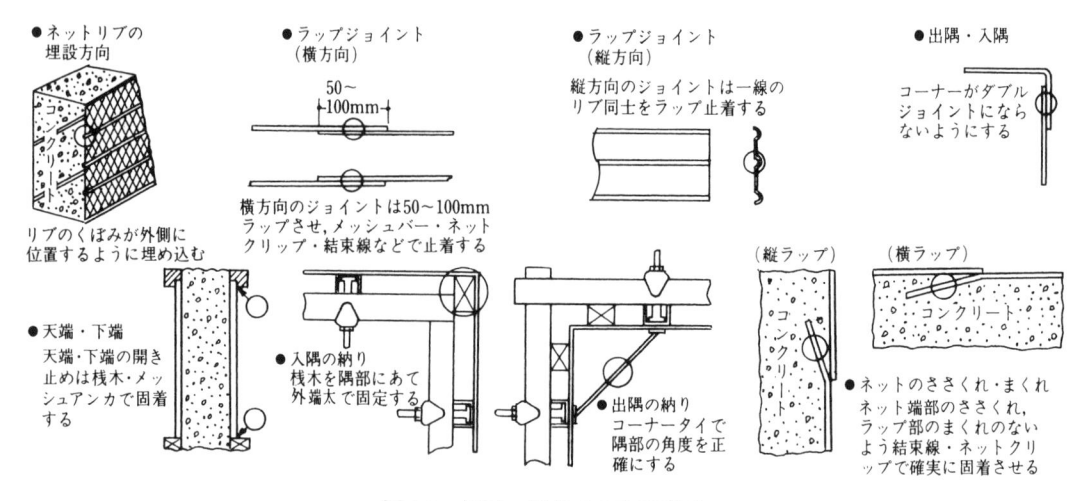

図 9.2 加工・組立ての注意事項

（3） 施工上の留意点
① コンクリートの初期養生（寒中・暑中）に対する配慮が必要である．経年による発錆（せい）が問題となる部位では使用しない．
② ネットのリブ凸部を躯体側（埋込側）に向けて使用するタイプのものは，必要な構造体の断面寸法が確保されるよう，ふかし等の処置をとる．
③ 一般にはコンクリート表面の腐食や耐久性を懸念して，在来型枠使用時より 10～20 mm 増打ちするが，耐久性が従来型枠と同等以上であるという「建設技術審査証明」を有する製品もある．
④ 軟練りコンクリートは鋼製ネットからのセメントペーストの流出が多くなるので，スランプは 15 cm 以下を原則とする．
⑤ コンクリートの打込みは棒状バイブレータを使用し，約 60 cm ピッチで中央部に挿入する．
⑥ 打込み後は単管などに付着したセメントペーストを早目に水洗いする必要がある．
⑦ 鋼製ネットの加工・組立て上の注意事項は図 9.2 による．

9.2.2 先行埋戻し型枠工法

（1） 工法概要

本工法は基礎地中梁の躯体工事で，合板の代わりに土圧に耐える構造とした鋼製型枠等を用い，地組した型枠を上弦材や幅止め材，火打ちなどで補強して据付け，埋戻しを行った後にコンクリートを打込むことで，余分な残土搬出を抑えるとともに工期短縮を図ることが可能になる．

（2） 施工方法
① 基礎，梁に合わせて最小限の余掘りで掘削する．
② 砕石を入念に転圧したのち，地組した型枠をセットする
③ 埋戻しによる土圧で型枠が変形しないよう，埋戻し土の足元は捨てコンクリート打ちや控え巾止め，上部は火打ちや巾止め等で補強する．

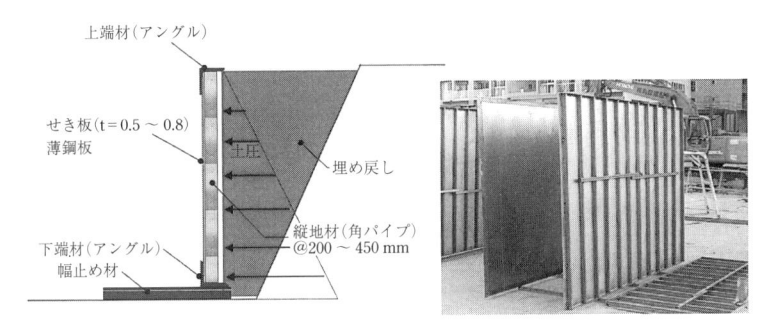

図 9.3　先行埋戻し用鋼製型枠の例[2]

写真 9.2　先行埋戻し状況[2]　　　　**写真 9.3　配筋状況**[2]

④　余堀り部分の埋戻しを行ったのち捨てコンクリートを打ち込む．
⑤　地組した鉄筋を落とし込み，コンクリートを打ち込む．

（3）施工上の留意点

① 製作品となるため，納期を考慮した手配が必要である
② 高さは約 3.5 m 程度までが限度となる
③ 土工事，鉄筋工事と円滑に連携しないとコストメリットが出にくい
④ 埋戻し土の十分な転圧や天端面への捨てコンクリート打ちを行わないと，地中梁と同時打ちとする床スラブに，埋戻し土の沈降に伴う初期ひび割れが発生しやすいので注意する．

9.3　合板代替型枠工法

9.3.1　金属系・樹脂系型枠工法

（1）工法概要

　金属系・樹脂系型枠工法には，主に柱や壁等の垂直部材に用いる，鋼材を素材とした鋼製型枠工法およびプラスチックを素材とした樹脂型枠工法などがある．なお，床に用いる金属系型枠工法については，4.7.3「デッキプレート型枠工法」において述べている．

　金属系・樹脂系型枠は転用を前提としているので，定尺部材を割り付けた後，半端や役物は合板等で補う．したがって，転用性の悪い建物や開口部まわりの役物には不向きである．

　一般の鋼製型枠はメタルフォームと呼ばれ，JIS A 8652 として規格化されており，幅や長さも標

写真 9.4 薄鋼板打込み型枠[3]

写真 9.5 樹脂型枠

写真 9.6 鋼製型枠

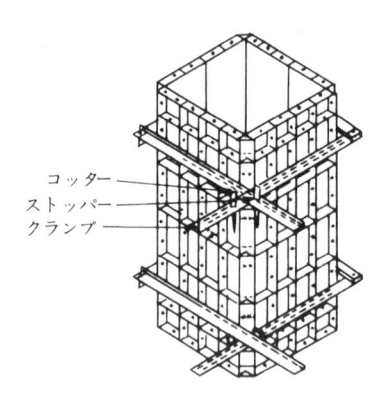

図 9.4 柱鋼製型枠の組立状況

準化されているので，メーカーがどこであっても混乱することはない．

最近はステンレス鋼を使用したもの，緊結を型枠リブで取れるものなどがある．鋼製型枠の特徴は，比較的安価で，精度がよく，転用回数が多く，補修も容易などであるが，重く，さびやすい欠点をもっている．使用例はほとんどが土木工事で，建築工事に使用する例は工場や現場で製造するPCa部材などの用途に限られている．また，軽量である薄鋼板を用いた打込み型枠などもあるが，高価となるため費用対効果を検討する必要がある．

樹脂系型枠には単にせき板をプラスチック材に置き換えたもののほか，特定の寸法でリブ補強によりパネル化しているもの等があり，転用回数が多く，使用後に回収され再利用できるものもあるが，熱変形等の影響により，面精度が金属系や木質系に若干劣るので使用部位，使用環境等に注意が必要である．

（2） 施工方法

① できるだけ転用回数が増えるように転用計画を立案する．

② パネル割図を作成し，できるだけ半端がでないよう規格寸法のパネルを割り付ける．定尺で納まらない部分については補助材として，合板などで割り付ける．

③ パネル割りでは，小払しの大きさ，緊結位置，柱や梁，出入り隅の詳細を検討しておく．
④ パネル建込み時の留め付けはクリップやクランプ等により緊結し，堅固に組み立てる．
⑤ 鉄筋を組み，返し型枠を組み立てる．

(3) 施工上の留意点
① 型枠の表面をけれん等により傷付けないよう，使用する度にはく離剤を塗布する．
② 締付け用のクリップ類など専用の小物が多いので，紛失しないよう，専用ケースなどに入れ，整理保管しておく．
③ 樹脂系型枠の剛性は比較的小さいため，カラムクランプを締め付けすぎると型枠変形を生じやすい．型枠組立て時は仕上がり精度が悪くならないように締付けの管理に留意する．

9.3.2 機能性打込み型枠工法

(1) 工法概要

あらかじめ壁体に要求される諸性能の中のいくつかを持つ素材でパネル化しておき，これを所定の壁体場所に建て込み，コンクリートの打込み時には型枠のせき板として機能し，コンクリートの硬化後は壁体の一部として所定の機能を発揮するパネルを使用する型枠工法である．

パネルに付加される機能として，主に断熱性や地下二重壁などがある．おのおのの性能に合わせ，断熱材張りや中空排水層などのパネル材が打込み型枠材として使用される．

本工法は型枠解体が不要になるとともに，断熱工事や二重壁工事がコンクリート打設と同時に施工できるため，工程の短縮が可能である．

(2) 施工方法

壁躯体図を早めに作成し，さらにパネル組立ての手順を考慮に入れてパネル割りを行い，このパネル割付寸法で発注する．納入されたパネルを，組立順序に沿って支保工を用いて精度を確保しながら建て込む．パネル裏面のインサートなどに緊結材を取り付けるとともに，返し型枠を建て込む．パネルジョイントからのモルタル流出を防止するため，パネルの根固め，ジョイント部分のシールなどを行い，壁全体の通り・倒れ・目違いなどを調整した後，表面の養生を行いコンクリートを打ち込む．

写真 9.7 地下二重壁機能を有した打込み型枠[4]

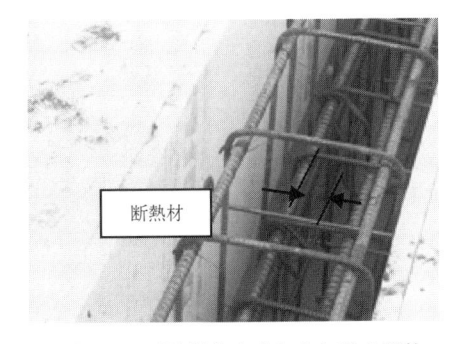

写真 9.8 断熱機能を有した打込み型枠

(3) 施工上の留意点

① パネルは，パネルの製作期間（パネルの設計，材料加工と組立期間など）を見込んで早めに発注する．とくに，すぐに入手できない材料の打込みパネルの場合はさらに早めに発注する．

② パネル製作寸法には，躯体の施工誤差，パネルの製作誤差を見込んでおき，さらにパネル組立順序を考慮して，施工誤差の累積をキャンセルできる逃げを検討しておく．

③ パネルの構成材に，可燃材や雨水を嫌う材などを使用している場合には，ストック方法・施工方法に注意する．

④ 点検口など開口まわりの納まり，設備配管まわりの納まりを十分検討する必要がある．

9.3.3 仕上材打込み型枠工法

(1) 工法概要

内・外壁の表面仕上材をあらかじめ型枠にセットしておき，この型枠を所定の場所に建て込んだ後にコンクリートを打ち込む．コンクリートの硬化後，型枠を解体する際に，仕上材はコンクリートに打ち込まれた状態となっており，仕上げ済みの壁体を得ることができる．

打ち込まれる仕上材としては，タイルが最も多く，石材，れんが，断熱材なども施工される．

本工法で施工するとコンクリート工事と仕上工事が同時に施工できるため，仕上工程の短縮が可能となる．

(2) 施工方法

① 壁面のタイルなどの割付図を作成する．化粧目地やスパンなどを参考に型枠パネルの割付けを行う．

② 型枠パネルを製作し，これにタイルなどの表面仕上材を張る．タイルなど仕上材を型枠に張り付ける方法を図9.5に示す．仕上材種に合致した方法を採る．

③ 仕上材張付け済み型枠を正規の場所に建て込む．（型枠建込み後に仕上材をその場所で張る方法もある）

写真9.9　タイル打込転用型枠工法

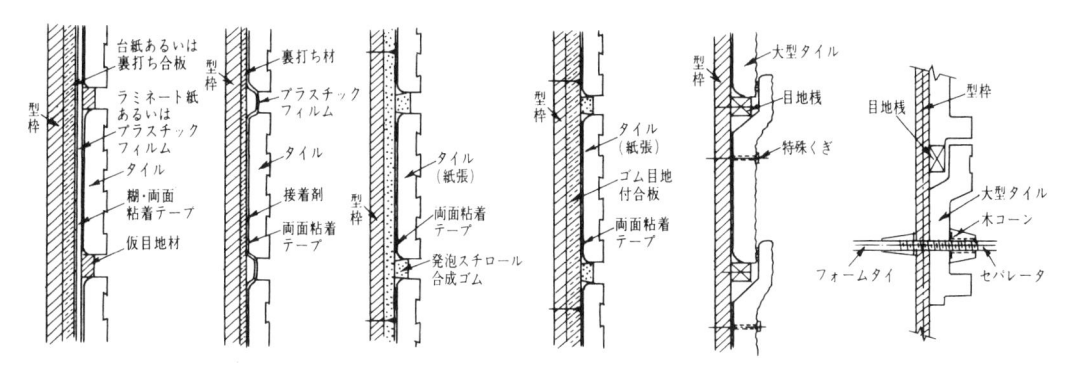

(a) タイルユニット法　　(b) 目地ます法　　(c) 型枠じか付け法

図 9.5　タイルを型枠に固定する方法

④ 型枠に緊結材を取り付け，鉄筋の組立てを行う．返し型枠を組み，端太材，斜めサポートなどで補強する．
⑤ 型枠の位置・倒れ・はらみ・通り・目違いなどを点検し調整した後，コンクリートを打ち込む．
⑥ コンクリートの養生後，型枠を解体する．仕上材表面の清掃および目地処理を行い，シートなどで養生する．

(3) 施工上の留意点
① タイルなど仕上材の発注を早目に行い，コンクリート工事前には納入できるようにする．
② 型枠の緊結箇所はできるだけ少なくし，大パネル化を図る．また，仕上材が後張りとなる部分を少なくする．
③ コンクリートの締固めを十分に行えるよう計画する．仕上材裏面に豆板などを作らない．
④ 型枠除去時に仕上材がはく離・はく落しないようにする．

9.3.4　紙（ボイド）型枠工法

(1) 工法概要

紙型枠は，耐水紙を耐水性接着剤でらせん状に成型しつつ積層した筒状のもので，円柱およびコンクリート構造物に埋め込む円形空洞用の型枠に適している．内側に特殊シートをスパイラル状に内張りしてあるものは，光沢のある平滑なコンクリート面の丸柱を作ることができる．

紙型枠には，この他にダンボールを素材としてリブ補強や積層した型枠があり，エキスパンションジョイントや，在来型枠の組立・解体ができず，かつ軽量化などのためコンクリートの充填を避けたい部位などに埋め込んで使用されることが多い．

(2) 施工方法

丸柱などの躯体には筒状の円形型枠が用いられる．これは，型枠自体が十分な強度を有しているため，切断せず使用する場合は柱の底部と頂部を移動しないよう固定すればよい．壁付柱など2つ割りで使用する場合は，セパレータや端太材・たが材などによる補強が必要である．

写真 9.10 ボイド型枠

（3） 施工上の留意点
　① 木材と同様，釘打ち，切断は可能だが，釘打部，切口は指定の防水処理が必要である．
　② 保管は水がかからないよう屋内か，またはシート掛けが必要である．
　③ 解体時にコンクリート表面に紙が付着することがある．
　④ 埋込みで使用する場合は，コンクリート打設時に位置がずれないよう強固に固定する．

9.4 プレキャストコンクリート型枠工法
9.4.1 薄肉打込み型枠工法
（1） 工法概要

　薄肉プレキャストコンクリート部材を型枠として，現場で打ち込むコンクリートと一体化することで躯体を構築する工法で，主に鉄筋コンクリート造の柱，梁，壁などに適用される．本工法は外装タイルを打ち込んだ薄肉プレキャストコンクリート型枠などを使用することにより，そのまま仕上げとすることができるため，現場労務の省力化，工期短縮，外部足場の省略など，建築生産の合理化を図る目的で採用されることが多い．

　柱部材は，工場製作したコの字形もしくはL字形の厚さ50 mm程度のプレキャストコンクリート板を，工場または現場でロの字形に地組して建て込み，柱型枠としてそのまま仕上下地とする型枠工法である．この場合，梁もプレキャストコンクリートもしくはハーフプレキャストコンクリートとなるのが通常なので，柱のプレキャストコンクリート型枠には，梁の荷重を支える強度が要求されることが多い．また，柱や壁など垂直部材のプレキャストコンクリート型枠には，コンクリート打込み時の側圧に対する強さが必要である．

　梁部材は，梁断面形状およびプレキャストコンクリート部材の割付けから，U形，部分形，L形などがある．また，このほかに鉄筋を埋め込んでいない型枠だけのプレキャストコンクリート部材もある．

写真 9.11 柱の薄肉プレキャストコンクリート型枠[5]

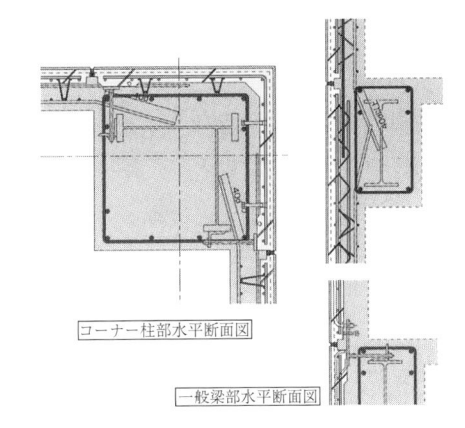

図 9.6 薄肉型枠の例[5]

なお，プレキャストコンクリート部材を構造体として設計する場合は，後で打ち込んだコンクリートと構造上で十分に一体となる付着強さが要求されるので，打継ぎ部分の構造性能を十分に確認することが大切である．

(2) 施工方法

柱プレキャストコンクリート型枠は，工場で鋼製型枠によりコの字形またはL字形を平打ちで製造し，十分な養生期間を経て強度を確認してから，工場でロの字形に地組し，コラムクランプなどによる締付けも済ませて現場に搬入する．

現場では柱筋をあらかじめ組み立て，地組されたロの字形のプレキャストコンクリート型枠をクレーンで吊り込み，押引（斜め）サポートなどで垂直に保持する．

梁プレキャストコンクリート型枠は，柱または柱型枠上に架設する．この際，柱へののみ込みの深さを確保するとともに，プレキャストコンクリート部材に作用する最大荷重（梁自重＋コンクリートの打込みに伴う伝達荷重などを考慮）に対して，ひび割れを発生させないようにサポートを配置する．

その後，スラブ型枠をセットし，梁上端筋・スラブ筋などを配筋した後，コンクリートの打込みを行って構造体を構築する．

(3) 施工上の留意点

① プレキャストコンクリート型枠の製作は専門工場または現場工場で行い，所要の品質（寸法・鉄筋位置・コンクリート強度など）が得られるよう十分な品質管理を行う．とくに，型枠脱型時，ストック時および運搬時に有害なひび割れが発生しないよう注意する．

② 本工法の場合，大型の揚重機が必要となるため，複数の部材のプレキャストコンクリート型枠が併用されるケースが多いので，揚重・建方計画などについて，十分な検討が必要である．

③ プレキャストコンクリート型枠がそのまま仕上げとなる場合は，建入れ精度を十分チェックする．

④ コの字形，L字形などプレキャストコンクリート型枠を組み立て，コンクリートを打ち込んだ場合の目地の処理方法を事前に十分に検討しておく．

⑤ パネルゾーンには，四方から鉄筋が集中するため，その取合いおよび目地の処理方法を十分に検討しておく．

⑥ 型枠の裏面は打ち込んだコンクリートとの付着を確保するため粗面にしてあるので，現場打ちコンクリートに豆板やす（巣）が生じないよう，コンクリートのワーカビリティー，締固めに十分に注意する必要がある．

9.4.2 床ハーフプレキャストコンクリート型枠工法（シヤー鉄筋）

（1）工法概要

鉄筋トラスが埋め込まれたハーフプレキャストコンクリート板を床型枠として用いる工法で，集合住宅などに多く使われている．ハーフプレキャストコンクリート板上面に，鉄筋トラス上弦筋とラチス筋が突出しており，これが現場打ちコンクリートとのコネクタとして作用し，合成スラブとなる．本工法では床型枠が不要なため，現場作業の省力化・工期の短縮を図ることができる．鉄筋トラスは，ハーフプレキャストコンクリート板の剛性を高め，吊上げ・架設を容易にし，また支保工を節約することができる．ハーフプレキャストコンクリート板架設後は，剛性の高い作業板として使用でき，作業の安全性が確保される．このほか，床板下面の精度が良いため，ジョイント部の下地調整だけで仕上面として使える．スパンが大きい場合は，プレストレスを導入することがある．また，ハーフプレキャストコンクリート板の上にポリエチレン製などの中空型枠を取り付け，ボイドスラブとすることができる．

（2）施工方法

① 工場製作の鉄筋トラス埋込みハーフプレキャストコンクリート板を現場に搬入する．

② 揚重機を用いハーフプレキャストコンクリート板を所定の場所へ据え付ける．スパンが2mを超える場合は，支柱の要否を検討し，据付け時およびコンクリート打込み時におけるハーフプレキャストコンクリート板のひび割れ発生を防ぐ．

③ 設備配管工事を先行し，次にスラブ上端配筋を行う．下階では，型枠作業も並行して行うことが可能である．

④ 上部コンクリートを打ち込む．

⑤ 支柱の取外しは，現場打ちコンクリートの場合と同じとする

（3）施工上の留意点

① ハーフプレキャストコンクリート板端部の鉄骨梁，あるいは梁側型枠へのかかりは3cm程度とし，かつ躯体と緊結し板の落下を防止する．また，せん断ひび割れの検討も行う．

② ハーフプレキャストコンクリート板に曲げひび割れが生じないように支保工を配置し，また，鉄筋トラス上弦材が座屈しないよう検討する．

③ 場所打ちコンクリートとの打継ぎ面は打込み前によく清掃し，散水を行って合成スラブとしての一体化を図る．

写真 9.12 ハーフプレキャストコンクリート板の設置（シヤー鉄筋）

9.4.3 床ハーフプレキャストコンクリート型枠工法（シヤーコッター）

(1) 工法概要

ハーフプレキャストコンクリート板表面にコッターを設けたり，あるいは表面を粗面とした工場または現場製造のハーフプレキャストコンクリート板を型枠として用いる工法である．コッターあるいは粗面が現場打ちコンクリートとのコネクタとして作用し，合成スラブとなる．スパンを大きくとるため，プレストレスが導入される場合が多い．現場でハーフプレキャストコンクリート板を製造する場合は，敷地の有効利用のために積層方式でハーフプレキャストコンクリート板を製造したり，あるいは，輸送の問題がないことから，大型の2方向板とする場合もある．

(2) 施工方法

① 工場製作のハーフプレキャストコンクリート板を現場に搬入する．

② ハーフプレキャストコンクリート板を所定の場所へ据え付ける．

③ 設備配管工事を先行し，スラブ配筋を行う．

④ 上部コンクリートを打ち込む．

⑤ 支柱の取外しは，現場打ちコンクリートの場合と同じとする．

(3) 施工上の留意点

① ハーフプレキャストコンクリート板端部のかかり代は3cm程度とする．

② 場所打ちコンクリートとの打継ぎ面は，打込み前に散水・清掃を十分行い，コッターあるいは粗面を介してハーフプレキャストコンクリート板と場所打ちコンクリートが一体となるようにする．

③ 中空タイプを用いる場合は内部に水が溜まり，将来，ひび割れ等を通じて滴下することがあるので，施工中に適切に処置しておく．

④ 場所打ちコンクリート内に配管するときは，できるだけ応力の小さい場所に設ける．

写真9.13 ハーフプレキャストコンクリート板の設置（シヤーコッター）

9.5 移動転用形型枠工法
9.5.1 大型型枠工法
（1）工法概要

　壁や梁型枠を構成するせき板や端太材および壁や梁にコンクリートを打ち込む際の足場類をあらかじめ一体に組み立てておき，これをクレーンなどを用いて所定の場所に移動した後，緊結用タイロッドやベースジャッキなどで組み立てて，壁や梁用型枠とする工法である．本工法は，小払しの必要がなく，高い剛性を持ち，大型であることから，精度が良い壁や梁面が少ない労務で短工期でできるなどの特徴がある．寸法もモジュール化の進んだ建築物で，多工区分割やVH工法を採用した壁・梁の型枠に適している．

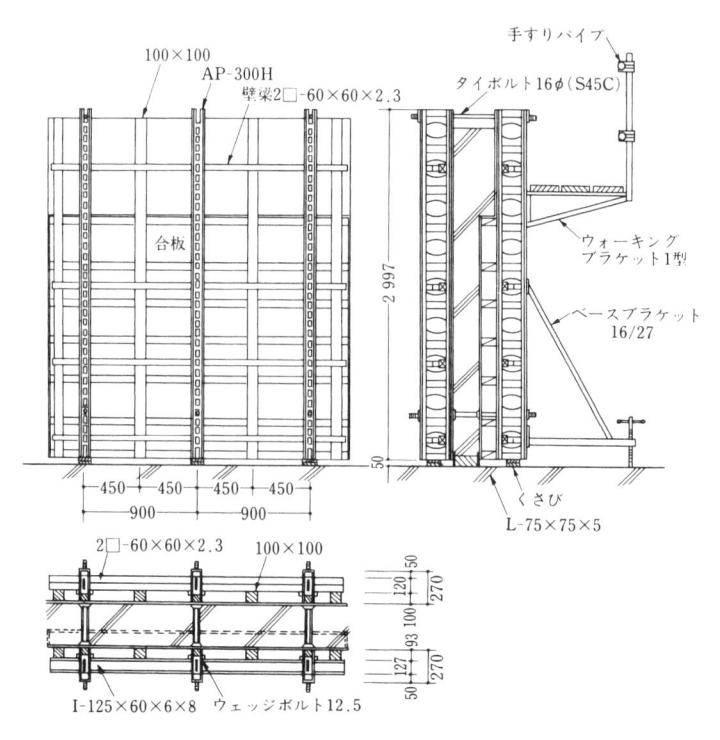

図9.7 大型型枠工法と施工手順

写真 9.14 大型型枠の組立例

(2) 施工方法
　① 躯体図を作成し，大型型枠部材を割り付ける．
　② せき板，端太材，コンクリート打込み用仮設足場材で堅固に組み立てる．
　③ 揚重機で吊りこみ，精度よく固定する．
　④ コンクリート打込み後，所定の強度を確認して取り外し転用する．
(3) 施工上の留意点
　① 設計時にスパン・階高などをできるだけ標準化し，壁付梁は壁梁への変更を検討する．
　② 工区分割や VH 工法と組み合わせて大型型枠の転用をスムーズに行えるようにする．
　③ 躯体工程を検討し，床工程に入る前に大型型枠の移動を終了するように計画する．
　④ 床工法にはハーフプレキャストコンクリート工法などを採用すると，躯体工程がシステム化でき工期が短縮できる．
　⑤ 大型型枠の脱型・転用・建込みにはクレーンが必要となるため，クレーンの稼働計画を立てる．
　⑥ 緊結材はなるべく少なくて済むよう，コンクリートの打込み高さなどを考慮して配置する．
　⑦ 大型型枠を設置するためスラブ上にアングルを設置し，正確に固定する．

9.5.2 梁移動型枠工法（システム型枠）

(1) 工法概要
　型枠を構成するせき板や端太材をあらかじめ一体に組み立てておき，これをクレーンなどを用いて所定の場所に移動，転用して梁用型枠とする工法である．本工法は，小払しがなく，高い剛性を持ち，大型であることから，精度が良い壁や梁面が，少ない労務で短工期でできるなどの特徴がある．寸法もモジュール化の進んだ建築物での梁型枠に適している．
(2) 施工方法
　① 躯体図を作成し，システム部材を割り付ける．
　② せき板，端太材，システム部材で堅固に組み立てる．

写真 9.15 移動型枠工法と施工手順

写真 9.16 システム型枠の取外し

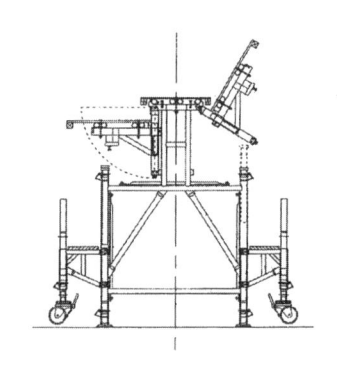

図 9.8 システム型枠の構成

③ 揚重機で吊りこみ，精度よく固定する．
④ コンクリート打込み後に所定の強度を確認して取り外し，転用する．
(3) 施工上の留意点
① 設計時にスパン・階高などをできるだけ標準化し，壁付梁はできるだけ後施工の乾式壁にする．
② 工区分割や床工法と組み合わせて移動型枠の転用を円滑に行えるようにする．
③ 躯体工程を検討し，エレベーターシャフトなどの床開口から型枠の荷揚げをするように計画する．
④ 床工法にはハーフプレキャストコンクリート工法などを採用すると，躯体工程がシステム化でき工期が短縮できる．
⑤ 型枠の脱型・移動用にリフターやキャスターが必要である．移動ルートに床段差がある場合はスロープを設ける等の処置が必要である．
⑥ 転用の際の荷揚げ，建込み用のクレーンが必要である．クレーンの稼働計画を立てる．

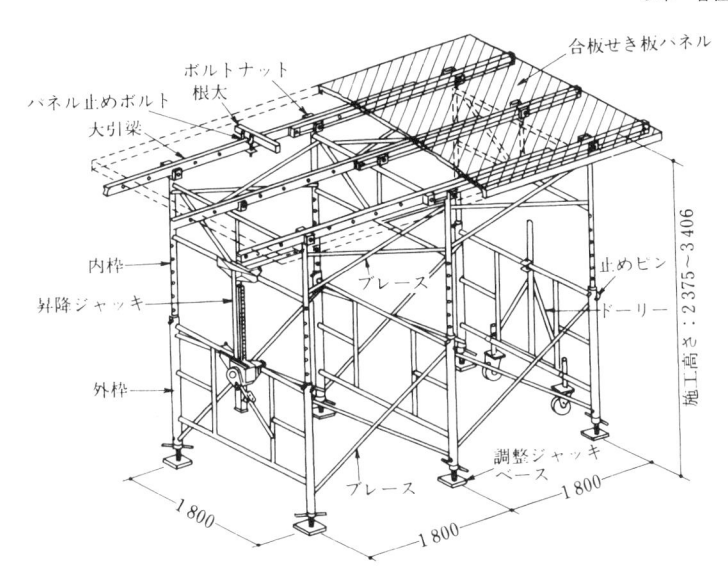

図 9.9 大型移動床型枠の構成

写真 9.17 大型移動床型枠

9.5.3 床移動型枠工法

(1) 工法概要

　従来の一般型枠工法は，合板せき板，根太，大引およびパイプサポートをそのつど組み立てて解体するが，本工法は，その煩雑さと作業の危険性を避け，作業の能率化と安全性を高めるために型枠全体を1つにまとめたものである．型枠の組立てと解体を1日で行うことができ，そのまま水平ならびに垂直移動ができるため，施工時間を大幅に短縮できる．本工法は，同じスパンの繰返しが多く，多層大規模建物に適する．

(2) 施工方法

① 定位置に移動型枠をセットする．

② 昇降ジャッキで床せき板大パネルを上げ，脚部ジャッキベースで高さを調節する．

③ 大パネルにはく離剤を塗布する．
④ 配筋・設備配管を行う．
⑤ コンクリートを打ち込む．
⑥ コンクリートが所要強度に達したら，大パネルをはく離させる．
⑦ 昇降ジャッキで大パネルを降ろす．
⑧ 移動車輪で水平移動する．
⑨ クレーンで上階に転用する．そのための開口を確保する
⑩ 移動型枠を取り外した後，コンクリート強度の発現割合や施工荷重などにより，必要に応じて，盛替え用の強力サポートを設置する．

（3） 施工上の留意点

移動床型枠の効率的な転用計画と，そのためのコンクリートの強度管理を行う必要がある．

9.6 上昇型枠

9.6.1 滑動型枠工法（スリップフォーム工法）

（1） 工法概要

型枠を連続的に上昇滑動させながらコンクリートを打ち込むことにより，打継ぎ目のないコンクリート構造物を構築する型枠工法である．多数個の油圧ジャッキを集中管理方式で制御しながら上昇作業を行うため，高精度に，短時間で構造物を構築することができる．RC造サイロや超高煙突などのように壁が連続している構造物に有効である．現在，使用されている工法のほとんどは，滑動機能に合わせて構造物の直径や壁厚の変化に対応できるものとなっており，それぞれ型枠滑動装置および変断面調整装置に特殊性を有している．

写真 9.18 スリップフォーム工法施工状況

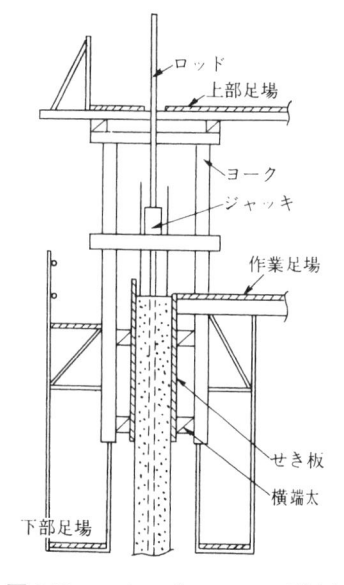

図 9.10 スリップフォーム工法図

（2） 施工方法

　本工法は，高さ1.0～1.5m程度の木製あるいは鋼製型枠，その型枠を支持する門形のヨークと型枠を上昇させるための油圧ジャッキおよびコンクリート中に埋め込まれ，ジャッキ反力を受けるロッドから成り立っている．型枠内に打ち込まれたコンクリートが自立できる強度（$0.05\,\text{N/mm}^2$以上）に達したころに型枠の下端から脱型できるよう型枠を上昇させ，連続的に構造物を構築していく．構造物に屋根が取りつく場合には，それをスライド中の作業床として利用する場合が多い．

（3） 施工上の留意点

①　型枠上昇作業に従い，配筋，コンクリートの打込み，壁面仕上げなどの作業が行われ，それら作業のどれか1つでも遅れた場合は工事が止まってしまうため，事前に作業手順や人員配置などを考慮した施工計画を検討する．

②　コンクリートは，打込み後3～4時間で脱型されるため，コンクリート表面が，急激に乾燥しないよう型枠下部をシート養生するか，散水養生するなどの対策を講じる．また，冬季には保温養生なども考慮する．

③　スラブ・梁などが構造物に取り付く場合には，後施工となるため，事前に，納まり・施工法などについて十分検討を行う．

④　機械の上昇作業を停止する場合には，型枠の上昇のみを行い，コンクリートと型枠の付着を切っておく．

9.6.2　滑揚型枠工法

（1） 工法概要

　スリップフォーム工法と同様に，型枠と足場が一体となって自昇する大型壁型枠工法である．打ち込んだコンクリートの硬化を待って型枠を移動するため，在来の型枠と同じコンクリートの肌を出すことができる．型枠を滑揚させる方法にはいろいろあるが，本項では，このうちスリップフォーム工法の上昇機構を応用した工法〔図9.11〕と，打ち込まれたコンクリートに支持フレームの反力をとり自動上昇機構によりクライミングする工法（セルフクライミング方式）〔図9.12〕について記す．セルフクライミング方式には，壁厚の変化だけでなく，急激な直径の変化—たとえば卵形構造物のようなもの—に対応できるものもある．

（2） 施工方法

①　スリップフォーム工法の応用

　　型枠を打ち込まれたコンクリートの硬化後に脱型し，油圧ジャッキを用いて1リフト分上昇させ，型枠の上下にセパレータをセットして次のコンクリート打込み用の型枠とする．そのとき，下部セパレータは，コンクリート中に埋め込まれたセパレータを利用する．

②　セルフクライミング方式

　　コンクリート打込み後，配筋作業，打継ぎ面の処理などを行い，型枠を脱型した後，電動または油圧ジャッキを作動させて型枠を上昇させ，所定の位置へセット，固定して次のコンクリート打込み用の型枠とする．

写真 9.19 セルフクライミング方式

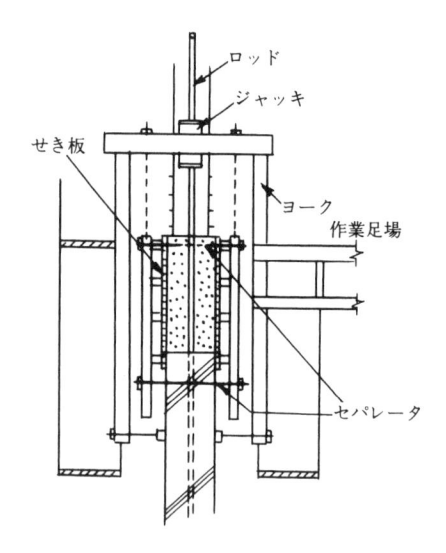

図 9.11 スリップフォーム工法の応用

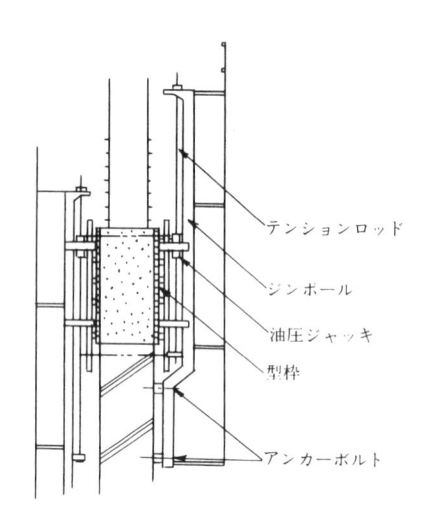

図 9.12 セルフクライミング方式

(3) 施工上の留意点
① スリップフォーム工法ほどではないが，早期に型枠を脱型するため，コンクリート強度が発現するまで，急激な乾燥を防ぎ，温度変化などの悪影響を防止する．
② スリップフォーム工法の上昇機構を利用する場合は，ロッド長さは，型枠の高さ以上となり，全荷重がロッドにかかるため，ロッドの座屈防止を考慮する．
③ セルフクライミング方式〔図 9.12〕の場合は，アンカー金物に余裕のあるものを使用し，コンクリート強度の確認を行う．

表 9.1　表面処理合板の仕様・特徴

種　類	内　容
表面塗装仕上合板	・耐水・耐アルカリ性に強い「ポリウレタン樹脂」「アクリル樹脂」に離型性のよい高分子化合物をブレンドした樹脂を塗装してある. ・コンクリート打込み時の衝撃に対して，十分強じんな樹脂膜を保つ. ・脱型時にはく離しやすく，滑らかで美しいコンクリート表面が得られる. ・耐水・耐アルカリ性に強く，太陽光線・雨・雪などに対する耐久性が大きいために塗装の白化・はく落などがなく，長期の転用に耐えることができる. ・合板面のむしれ，ひび割れを完全に防止する. ・コンクリート面の着色，硬化不良を防止する. ・毎回のはく離剤塗布は必要ない. ・転用回数10〜20回
無処理合板	・転用回数5〜6回

写真 9.20　打放し型枠の施工

9.7　特殊型枠工法
9.7.1　打放し型枠工法（化粧打放し仕上げ）
（1）　工法概要

　打放し型枠工法は，打上りコンクリート面がそのまま仕上げとなる場合，または仕上げ厚さがきわめて薄い場合，そのほか良好な表面状態が必要な場合に用いるものであり，一般型枠工法に比べ打上り精度や美観が重視される．せき板としては，杉板目を用いた本実型枠なども用いられるが，一般には，合板に樹脂を被覆して耐久性，はく離性，表面仕上がりを良くした表面処理合板が多く使用されている．

（2）　施工方法

　定尺合板はできるだけ半端がでないように切断加工し，桟木を打ち付け，パネル化して建て込む．

　組立ては一般型枠と同様に端太材，セパレータ，フォームタイなどにより堅固に緊結する．

（3） 施工上の留意点

① 打放しに用いるせき板は，コンクリート表面の材質感に影響するので，設計者の意匠上の要求条件に適合したものでなければならない．

② 合板・板材は材質によりコンクリート表面の硬化不良を生じる場合があるので，注意する．

③ 表面処理合板は平滑でち密なコンクリート面となるため，モルタル塗り，タイル張りの下地とする場合には接着強度に留意する必要がある．

④ 金属型枠は，リブ部と面板部との剛性差によってコンクリート面に微小な不陸を生じ，塗装仕上げ後のリブの跡が格子状，あるいはしま目状に現れるので注意したい．

⑤ プラスチック型枠は紫外線による変質，熱膨張による伸縮に注意を要する．

⑥ 打放し型枠は，目地割付け，打込金物などの事前検討および開口部まわり，階段部などの打込み方法に注意を払う必要がある．

⑦ パネル間にすき間があるとペースト分が漏出し，美観を損なうため注意する．

9.7.2 打放し型枠工法（模様仕上げ）

（1） 工法概要

本工法は打放し型枠の仕上がりコンクリート面にリブ・はつり・タイル・木目などの模様を付けそのまま化粧仕上面とするものであり，型枠の材質や造形を変えることによって，コンクリートの材質感を生かしながらテクスチャー，パターンをきわめて多様に変えることができる．成形材料にはすぎ・ひのきなどの板材，発泡スチロール，ゴム，合成樹脂などが一般に使われている．板材は木目模様をつける際に用いられ，特に木目を強調する場合は，エッチングやサンドブラスト加工して使用する．ゴムや合成樹脂は，幾何学模様や自然界の意匠を模倣して転写する際に用いる．その他合板に目地棒を縦ないし横に並べたリブ付型枠や，波形鉄板を直接型枠として縦横のしま模様をつける場合もある．

（2） 施工方法

成形材料は合板に釘打ち・両面テープ・接着材などで取り付けてパネル化するが，発泡スチロールのように使い捨てのものと，合成樹脂のように合板と一体化し転用できるものがある．なお，木製の成形材料は幅10〜15 cm，厚さ18 mmの板材を本実加工し桟木に止め，パネル化する．型枠の組立て，取外しおよびコンクリートの締固めは一般型枠工法と同様に行われる．

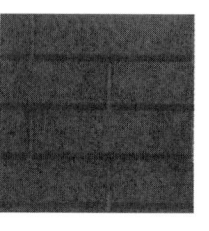

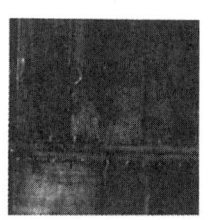

(a) はつり（リブ付）模様　　(b) タイル模様　　(c) 木目模様

写真 9.21　化粧仕上げ模様

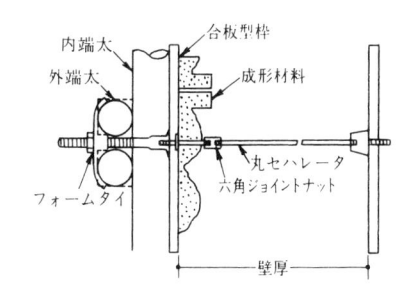

図 9.13 成形材料の取付け

（3） 施工上の留意点
① コンクリートの打込みに際しては，コールドジョイントが発生しないように注意する．また，成形材料は合板と比べて吸水性が少なく，豆板，ピンホールが発生しやすいので棒状バイブレータ，またはたたきなどで十分に締固めする．
② アーク溶接・タバコなどの火気が成形材料面にかからないように十分注意する必要がある．
③ 板材は反り・曲がりなどのないものを用い，コンクリート打込み前に散水し一定の湿潤状態にする．また，板材の接合部は本実としてセメントペーストの流出を防止する．
④ 鉄筋・型枠工事および脱型において，成形材料表面に傷や割れなどを起こさないよう注意する．
⑤ 成形材料のジョイント部処理には種々の方法があるので事前に検討を要する．

9.7.3 打止め型枠工法
（1） 工法概要

打止め型枠工法は，施工ブロックの分割によって生じる壁・梁およびスラブの垂直打継ぎ部やだめ穴まわりなどからのコンクリートの流出を仕切るための型枠である．型枠材料としてはエアホース，発泡ゴム（ネオプレンゴム），リブラス，ばら板など種々のものが使用されている．

（2） 施工方法

打止め型枠は各現場ごとに種々の工夫をこらして施工されており，図 9.14 に代表的な打止め型枠例を示した．

（3） 施工上の留意点
① 打止め型枠工事は施工の煩雑さから多大な労力を要するので，型枠計画においては，打継ぎ位置および方法などについて構造体に欠陥とならないように慎重な配慮が必要である．
② 打継ぎ部はひび割れが発生しやすく，漏水，鉄筋のさびの発生原因となるので，完全に一体結合となるようにコンクリート打込み前にレイタンス処理および水湿めしを行った後，棒状バイブレータにより十分にコンクリートを締め固める．
③ 打止め型枠はコンクリート打込み時の側圧により移動しないよう堅固に取り付け，鉄筋とのすき間からコンクリートが流出しないよう注意する．なお，リブラスを使用する場合はその周辺を十分に固め，内部に空げきを残さないように施工する．また，コンクリートが流出するた

写真 9.22 打止め型枠工法

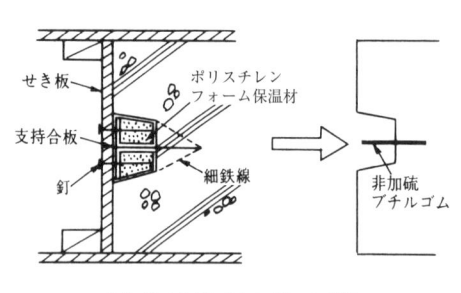

(a) 壁せき板（止水板）の使用
(b) 壁―リブラスの使用 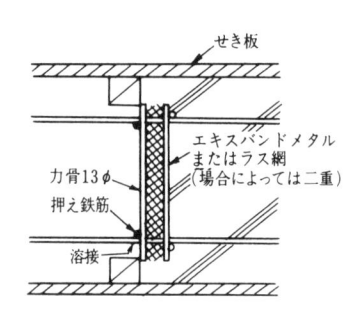
(c) 梁―エアホースの使用 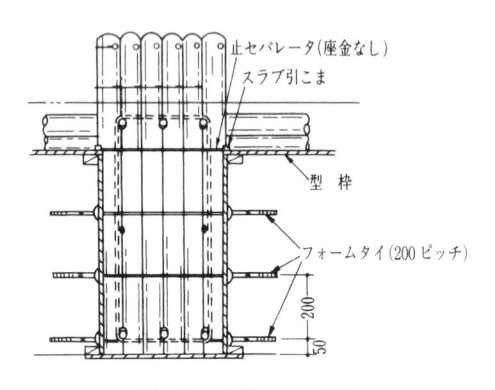
(d) スラブ―エアホースの使用 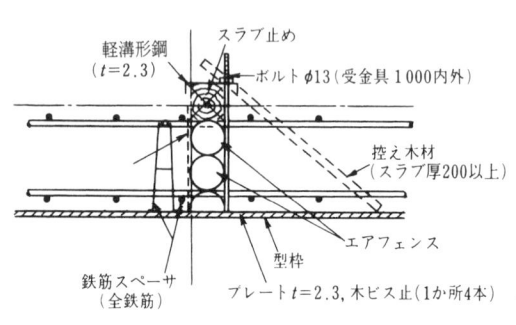
(e) スラブ―発泡ゴムの使用 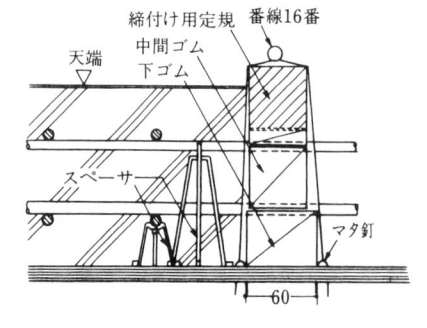
(f) スラブ―ばら板の使用 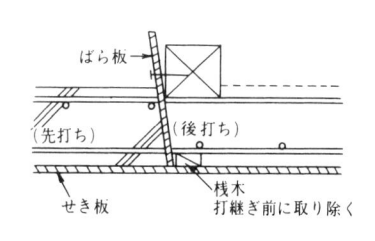

図 9.14 壁・梁・スラブの打止め型枠例

写真 9.23 型枠面の透水状況

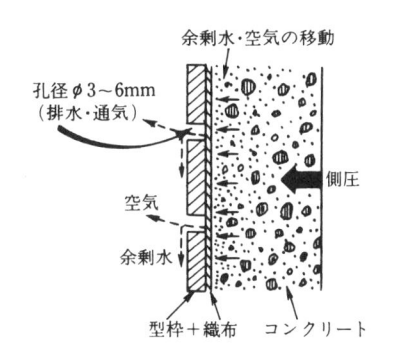

図 9.15 透水型枠の原理

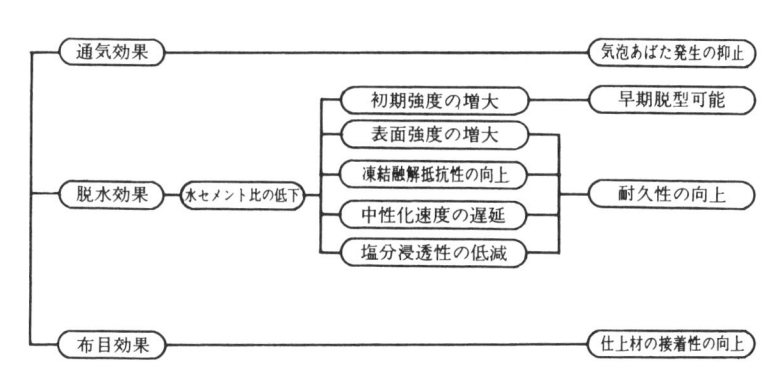

図 9.16 透水型枠の効果

め，梁底，壁型枠足元に掃除口を設ける．

④ 打継ぎ部の鉄筋は，台直しして正規のかぶり厚さを確認する必要がある．なお，必要に応じて打継ぎ部近傍にスペーサを十分配置する．

9.7.4 透水型枠工法

(1) 工法概要

本工法は，従来の型枠のせき板に細かい孔などを開けて高い通気性と透水性を与え，しかもセメント粒子は通さない特殊な織布を張り付けた布張り型枠を使用して，コンクリートを打ち込む工法である．この型枠を使用することで，コンクリート中の気泡や余剰水（ブリーディング）のみが特殊な織布とせき板の孔などを通して型枠の外に排出されるため，打上りコンクリート表面の気泡あばたが著しく減少し，耐久性の向上が図ることが可能になるなど，図 9.16 のような効果がある．なお，このほか，せき板に孔を開けずに透水性のあるせき板を使用する方法や，透水層と排水層の積層で構成されている吸水性材料をせき板に張り付ける方法，あるいは床直仕上げに用いる真空ポンプと真空マット（型枠）による脱水処理方法などがある．

(2) 施工方法
① せき板は,木製・鋼製・プラスチック製のいずれかを用い,径3～6 mm の孔を50～100 mm 間隔に開ける.
② 織布は所定の大きさに切断し,タッカー,接着剤,釘などでせき板に取り付ける.
③ 型枠の組立て,取外しおよびコンクリートの締固めなどは一般型枠工法と同様に扱う.
④ 型枠の転用回数は織布の損傷や通気性・透水性の低下の程度にもよるが,1～3回程度である.

(3) 施工上の留意点
① 型枠の製作,組立て,取外しに際しては織布を損傷させないように注意する.
② セパレータ位置が変更になった場合は,せき板と織布に開けた孔を適切な方法で補修する.
③ 脱水効果をより促進するために入念な締固めを行う.
④ 透水型枠の転用に際しては,電気掃除機,水洗いなどにより織布面の清掃を行うことが望ましい.
⑤ 吸水型枠は,吸水材取付け後の降雨に対する養生を厳重に行うことが必要である.

9.7.5 MCR工法

(1) 工法概要

せき板面に所定の気泡ポリエチレンシートを取り付けてコンクリートを打ち込み,コンクリート躯体表面に蟻足状の凹凸を設けることで,モルタル仕上げやタイル張用モルタル下地の接合を強固にする工法である.

タイルなどのはく離防止にきわめて優れた性能を持つ一方,シートは転用が困難なため,使用後は廃棄物としての処理が必要となる.

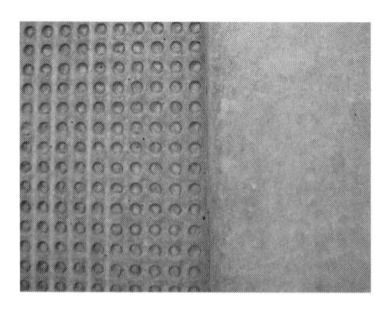

写真9.24 MCR工法

(2) 施工方法
① 専用の気泡ポリエチレンシートをせき板の寸法に合わせて切断する.
② せき板表面にタッカーでステープルを留め付ける.
③ コンクリートを打ち込む.
④ 気泡性緩衝シートをコンクリート面に残すようにして,型枠を取り外す.

⑤ モルタル塗りの直前に，シートをコンクリート面に残さないようにはがす．

⑥ 躯体に残ったステープルは取り除く．

（3） 施工上の留意点

① シートの端部などが躯体に食い込まないよう，型枠パネルの小口に折り込む等の処理を行い，しっかりと留める．

② 表面の適切な形状と強度を確保するため，型枠脱型時はシートを残し，養生を継続する．

参 考 文 献
1) 岡部株式会社：システム基礎型枠「パンチングフォーム」カタログ
2) 高伸建設株式会社：先行埋戻し型枠工法「ラディックス」カタログ
3) 日本鋼管ライトスチール株式会社：薄鋼板製打込み型枠「LSフォーム」カタログ
4) 村本建設株式会社：打ち込み式防水型枠「スマートフォーム」カタログ
5) 日本カイザー株式会社：カイザーシステム「カイザーPCF工法」カタログ

付　録

付1. 建築工事標準仕様書・同解説 JASS 5 鉄筋コンクリート工事 2009
付1.1　9節　型枠工事（本文の抜粋）

9.1　総　　則
a. 本節は，型枠の材料，加工，組立ておよび取外しに適用する．
b. 型枠は，所定の形状・寸法，所定のかぶり厚さおよび所要の性能を有する構造体コンクリートが，所定の位置に成形できるものでなければならない．
c. 施工者は，型枠工事に際して施工時の安全性を確保しなければならない．
d. 本節に規定されていない種類の型枠の材料・設計・加工・組立ておよび取外しは，必要事項を定めて工事監理者の承認を受ける．

9.2　施工計画
　施工者は，型枠工事に先立ち，特記および設計図に示された部材の位置精度，寸法精度，部材仕上がり面の勾配および表面の仕上がり状態に関する要求事項を確認し，要求性能を確保する方法およびその管理・確認方法を定め，型枠工事に用いる材料・工法・施工法などを示した施工計画書および品質管理計画書を作成し，工事監理者の承認を受ける．

9.3　せき板の材料・種類
a. せき板は，コンクリートの品質に有害な影響を及ぼさず，コンクリート表面を所定のテクスチャーおよび品質に仕上げる性能を有するものとする．
b. せき板の種類・材料は特記による．特記のない場合は，合板，製材，金属製型枠パネル，床型枠用鋼製デッキプレート，透水型枠，打込み型枠，プラスチック型枠とし，次の（1）～（5）による．
　（1）　合板は，「合板の日本農林規格」の「コンクリート型枠用合板の規格」に規定するものを用いる．
　　　着色，表面割れおよびむくれを防ぐ必要のある場合は，日本合板工業組合連合会の定めた「コンクリート型枠用合板の耐アルカリ性能に関する規制について（製造基準）」に適合するものを用いる．
　　　打放しコンクリート用には上記規格の"表面加工品"を用いるか，または，"表面加工品を除く合板で表面の品質が［A］のもの"で，かつ日本合板工業組合連合会の定めた上記規制に適合するものを用いる．
　（2）　製材の板類は，コンクリートに悪影響を及ぼさないものを用いる．
　（3）　金属製型枠パネルは，JIS A 8652（金属製わくパネル）に規定するものを用いる．
　（4）　床型枠用鋼製デッキプレートは，(社)公共建築協会編集，フラットデッキ工業会発行の「床型枠用鋼製デッキプレート（フラットデッキ）設計施工指釖・同解説」に規定したも

の，または工事監理者の承認を受けたものを用いる．

（5） 透水型枠，打込み型枠およびプラスチック型枠は，信頼できる資料により性能の確認されたものとし，工事監理者の承認を受ける．また，打込み型枠は，建築物の供用期間中にせき板がコンクリートからはく落しないものとする．

c. せき板に用いる木材は，製材・乾燥および集積などの際にコンクリート表面の硬化不良などを防止するため，できるだけ直射日光にさらされないよう，シートなどを用いて保護する．

d. せき板を再使用する場合は，コンクリートに接する面をよく清掃し，締付けボルトなどの貫通孔あるいは破損箇所を修理のうえ，必要に応じてはく離剤を塗布して用いる．

9.4 支保工の材料・種類

a. 支保工は，せき板を所定の位置に保持する性能を有するものとする．

b. 支保工の種類は次の（1）～（4）による．

（1） パイプサポート・単管支柱・枠組支保工は，（社）仮設工業会の定めた「仮設機材認定基準」に適合するものを用いる．

（2） 丸パイプは JIS G 3444（一般構造用炭素鋼鋼管）に，角パイプは JIS G 3466（一般構造用角形鋼管）に，軽量形鋼は JIS G 3350（一般構造用軽量形鋼）にそれぞれ規定したものを用いる．

（3） 鋼製仮設梁，組立て鋼柱，鋼製床型枠およびシステム型枠などは，信頼できる試験機関が耐力試験などにより許容荷重を表示したものを用いる．

（4） 上記（1）～（3）以外の支保工を用いる場合は，コンクリートの所要の性能が得られることおよび施工時の安全性が得られることを確認する．

9.5 その他の材料

a. 締付け金物は，せき板と支保工を緊結し，コンクリートの仕上がり精度を確保するため，耐力試験により，製造業者が許容引張力を保証しているものを用いる．

b. はく離剤は，脱型および清掃を容易にし，かつ，コンクリートの品質および仕上材料の付着に有害な影響を与えないものを用いる．

9.6 型枠の設計

a. 型枠は，コンクリートの施工時の荷重，コンクリートの側圧，打込み時の振動・衝撃などに耐え，かつコンクリートが，2.7に定める寸法許容差を超えるたわみ，または誤差などを生じないように設計し，必要に応じて強度および剛性について構造計算を行う．

b. 型枠は，設計で要求する表面仕上がりの性能を満たすように，有害な水漏れがなく，容易に取外しができ，取外しの際コンクリートに損傷を与えないものとする．

c. 支柱は，コンクリート施工時の水平荷重による倒壊，浮き上がり，ねじれなどを生じないよう，水平つなぎ材，筋かい材・控え綱などにより補強する．

d. 打込み型枠にあっては，打込みコンクリートとの一体性を確保する．
e. 型枠の組立てに先立ち，コンクリート躯体図に基づき型枠計画図および型枠工作図を作成し，必要に応じて工事監理者に提出する．また，転用するものにあっては，あらかじめその計画を作成する．

9.7 型枠の構造計算

a. 型枠の強度および剛性の計算は，打込み時の振動・衝撃を考慮したコンクリート施工時の鉛直荷重，水平荷重およびコンクリートの側圧について行う．
b. コンクリート施工時の鉛直荷重は，コンクリート・鉄筋・型枠・建設機械・各種資材および作業員などの重量により，型枠に鉛直方向の外力として加わるものを対象とし，その値は実情に応じて定める．
c. コンクリート施工時の水平荷重は，風圧，コンクリート打込み時の偏心荷重，機械類の始動・停止・走行などにより，型枠に水平方向の外力として加わるものを対象とし，その値は実情に応じて定める．
d. 型枠設計用のコンクリートの側圧は，表 9.1 による．

表 9.1 型枠設計用コンクリートの側圧 (kN/m^2)

打込み速さ (m/h) 部位 H(m)	10 以下の場合		10 を超え 20 以下の場合		20 を超える場合
	1.5 以下	1.5 を超え 4.0 以下	2.0 以下	2.0 を超え 4.0 以下	4.0 以下
柱	$W_0 H$	$1.5W_0 + 0.6W_0 \times (H-1.5)$	$W_0 H$	$2.0W_0 + 0.8W_0 \times (H-2.0)$	$W_0 H$
壁		$1.5W_0 + 0.2W_0 \times (H-1.5)$		$2.0W_0 + 0.4W_0 \times (H-2.0)$	

[注] H：フレッシュコンクリートのヘッド (m)（側圧を求める位置から上のコンクリートの打込み高さ）
W_0：フレッシュコンクリートの単位容積質量（t/m^3）に重力加速度を乗じたもの（kN/m^3）

e. 型枠の構造計算に用いる材料の許容応力度は，次の（1），（2）による．
（1） 支保工については，労働安全衛生規則第 241 条に定められた値
（2） 支保工以外のものについては，下記の法令または規準などにおける長期許容応力度と短期許容応力度の平均値
　（i） 建築基準法施行令第 89 条および第 90 条
　（ii） 日本建築学会「型枠の設計・施工指針案」，「鋼構造設計規準」，「軽鋼構造設計施工指針」，「木質構造設計規準」

9.8 型枠の加工および組立て

a. 施工者は，部材の位置および断面の寸法精度を確保するために，墨出し作業の管理および墨の精度の確認，型枠の組立ておよび建込み精度の管理と確認を十分に行う．
b. 型枠は，計画図および工作図に従って加工，組立てを行う．

c. 配筋，型枠の組立て，またはこれらに伴う資材の運搬・集積などは，これらの荷重を受けるコンクリートが有害な影響を受けない材齢に達してから開始する．

d. 施工者は，せき板に接するコンクリート表面が所定の仕上がり状態になるように，型枠の加工・組立てに際してせき板の表面状態の管理を十分に行う．

e. 型枠は，セメントペーストまたはモルタルを継目などからできるだけ漏出させないように緊密に組み立てる．また，型枠には，打込み前の清掃用に掃除口を設ける．

f. 各種配管・ボックス・埋込金物類は，構造耐力および耐久性上支障にならない位置に配置し，コンクリート打込み時に移動しないよう，工作図に従って所定の位置に堅固に取り付ける．

g. 支柱は鉛直に立て，また上下階の支柱はできるだけ同一位置に立てる．

9.9 型枠の検査

型枠は，コンクリートの打込みに先立ち，11.7 に示す品質管理項目について確認した後，工事監理者の検査を受ける．

9.10 型枠の存置期間

a. 基礎，梁側，柱および壁のせき板の存置期間は，計画供用期間の級が短期および標準の場合はコンクリートの圧縮強度[1]が $5\,\mathrm{N/mm^2}$ 以上，長期および超長期の場合は $10\,\mathrm{N/mm^2}$ 以上に達したことが確認されるまでとする．ただし，せき板の取外し後，8.2.b に示す圧縮強度が得られるまで湿潤養生をしない場合は，それぞれ $10\,\mathrm{N/mm^2}$ 以上，$15\,\mathrm{N/mm^2}$ 以上に達するまでせき板を存置するものとする．

b. 計画使用期間の級が短期および標準の場合，せき板存置期間中の平均気温が 10℃ 以上であれば，コンクリートの材齢が表 9.2 に示す日数以上経過すれば，圧縮強度試験を必要とすることなく取り外すことができる．なお，取外し後の湿潤養生は 8.2 に準じる．

表 9.2 基礎・梁側・柱および壁のせき板の存置期間を定めるためのコンクリートの材齢

セメントの種類 平均気温	早強ポルトランドセメント	普通ポルトランドセメント 高炉セメント A 種 シリカセメント A 種 フライアッシュセメント A 種	高炉セメント B 種 シリカセメント B 種 フライアッシュセメント B 種
20℃ 以上	2	4	5
20℃ 未満 10℃ 以上	3	6	8

c. スラブ下および梁下の支保工の存置期間は，コンクリートの圧縮強度[2]がその部材の設計基準強度に達したことが確認されるまでとする．

d. スラブ下および梁下のせき板は，原則として支保工を取り外した後に取り外す．

e. 支保工除去後，その部材に加わる荷重が構造計算書におけるその部材の設計荷重を上回る場

合には，上述の存置期間にかかわらず，計算によって十分安全であることを確かめた後に取り外す．

f. 上記 c. より早く支保工を取り外す場合は，対象とする部材が取外し直後，その部材に加わる荷重を安全に支持できるだけの強度を適切な計算方法から求め，その圧縮強度を実際のコンクリートの圧縮強度[2]が上回ることを確認しなければならない．ただし，取外し可能な圧縮強度は，この計算結果にかかわらず最低 12 N/mm² 以上としなければならない．

g. 片持梁または片持スラブの支保工の存置期間は，上記 c., e. に準ずる．

　[注]（1）　構造体コンクリートの強度推定のための試験方法は JASS 5 T-603 によるものとし，供試体の養生方法は，現場水中養生または現場封かん養生とする．

　[注]（2）　コンクリートの圧縮強度の試験方法およびその判定方法は，材齢 28 日を超えて取り外す場合は，普通ポルトランドセメントまたはフライアッシュセメント B 種を使用するコンクリートでは標準養生した供試体の圧縮強度が設計基準強度（F_c）に構造体強度補正値（S）を加えた値以上であることとし，中庸熱ポルトランドセメント，低熱ポルトランドセメントまたは高炉セメント B 種を使用するコンクリートでは現場水中養生または現場封かん養生した供試体の圧縮強度が設計基準強度以上であることとする．また，材齢 28 日以前に取り外す場合は，現場水中養生または現場封かん養生した供試体の圧縮強度が設計基準強度以上であること，または，標準養生した供試体の圧縮強度からその材齢における標準養生した供試体の圧縮強度と構造体コンクリート強度との差を差し引いた値が設計基準強度以上であることとする．

9.11　支柱の盛替え

支柱の盛替えは，原則として行わない．やむを得ず盛替えを行う必要が生じた場合は，その範囲と方法を定めて，工事監理者の承認を受ける．

9.12　型枠の取外し

a. 型枠は，9.10 に定める期間に達した後，静かに取り外す．

b. せき板の取外し後の検査および打込み欠陥などの補修は，11.9 による．

c. せき板の取外し後は，ただちに 8 節に従い養生を行う．

d. 型枠の取外し後，有害なひび割れおよびたわみの有無を調査し，異常を認めた場合は，ただちに工事監理者の指示を受ける．

付1.2 8節 養生（本文の抜粋）

8.1 総則

a. コンクリートは，打込み終了直後からセメントの水和およびコンクリートの硬化が十分に進行するまでの間，急激な乾燥，過度な高温または低温の影響，急激な温度変化，振動および外力の悪影響を受けないよう養生しなければならない．

b. 施工者は，養生の方法・期間および養生に用いる資材などの計画を定めて工事監理者の承認を受ける．

8.2 湿潤養生

a. 打込み後のコンクリートは，透水性の小さいせき板による被膜，養生マットまたは水密シートによる被膜，散水・噴霧，膜養生剤の塗布などにより湿潤養生を行う．その期間は，計画供用期間の級に応じて表8.1によるものとする．

表8.1 湿潤養生の期間

セメントの種類	計画供用期間の級 短期および標準	長期および超長期
早強ポルトランドセメント	3日以上	5日以上
普通ポルトランドセメント	5日以上	7日以上
中庸熱および低熱ポルトランドセメント，高炉セメントB種，フライアッシュセメントB種	7日以上	10日以上

b. コンクリート部分の厚さが18 cm以上の部材において，早強，普通および中庸熱ポルトランドセメントを用いる場合は，上記a.の湿潤養生期間の終了以前であっても，コンクリートの圧縮強度[1]が，計画供用期間の級が短期および標準の場合は$10 N/mm^2$以上，長期および超長期の場合は$15 N/mm^2$以上に達したことを確認すれば，以降の湿潤養生を打ち切ることができる．

［注］（1） JASS5 T-603（構造体コンクリートの強度推定のための圧縮強度試験方法）によって，養生方法は，現場水中養生または現場封かん養生とする．

c. 9.10に定めるせき板の存置期間後，上記a.に示す日数またはb.に示す圧縮強度に達する前にせき板を取り外す場合は，その日数の間または所定の圧縮強度が発現するまで，コンクリートを散水・噴霧，その他の方法によって湿潤状態に保たなければいけない．

d. 気温が高い場合，風が強い場合または直射日光を受ける場合には，コンクリート面が乾燥することがないように養生を行う．

8.3 養生温度

a. 外気温の低下する時期においてはコンクリートを寒気から保護し，打込み後5日間以上コンクリート温度を2℃以上に保つ．ただし，早強ポルトランドセメントを用いる場合は，この期間を3日間以上としてよい．

b. コンクリートの打込み後，初期凍害を受けるおそれがある場合は，12節「寒中コンクリート工事」による初期養生を行う．

c. コンクリートの打込み後，セメントの水和熱により部材断面の中心温度が外気温より25℃以上高くなるおそれがある場合は，21節「マスコンクリート」に準じて温度応力の悪影響が生じないような養生を行う．

8.4 振動・外力からの保護

a. 凝結硬化中のコンクリートが，有害な振動や外力による悪影響を受けないように，周辺における作業の管理を行う．

b. コンクリートの打込み後，少なくとも1日間はその上で作業してはならない．やむを得ず歩行したり作業を行う必要がある場合は，工事監理者の承認を受ける．

付2. 型枠工事関連法規・規格・基準等

付2.1 労働安全衛生規則（抜粋）

(制　　定：昭和47年　8月19日政令318号)
(最終改正：平成20年11月12日政令349号)

(材料)

第237条

　事業者は，型わく支保工の材料については，著しい損傷，変形又は腐食があるものを使用してはならない．

(主要な部分の鋼材)

第238条

　事業者は，型わく支保工に使用する支柱，はり又ははりの支持物の主要な部分の鋼材については，日本工業規格 G 3101（一般構造用圧延鋼材），日本工業規格 G 3106（溶接構造用圧延鋼材），日本工業規格 G 3444（一般構造用炭素鋼鋼管）若しくは日本工業規格 G 3350（建築構造用冷間成形軽量形鋼）に定める規格に適合するもの又は日本工業規格 Z 2241（金属材料引張試験方法）に定める方法による試験において，引張強さの値が $330\,\mathrm{N/mm^2}$ 以上で，かつ，伸びが次の表の上欄に掲げる鋼材の種類及び同表の中欄に掲げる引張強さの値に応じ，それぞれ同表の下欄に掲げる値となるものでなければ，使用してはならない．

鋼材の種類	引張強さ （単位　ニュートン毎平方センチメートル）	伸び （単位　パーセント）
鋼管	330以上400未満	25以上
	400以上490未満	20以上
	490以上	10以上
鋼板，形鋼，平鋼又は軽量形鋼	330以上400未満	21以上
	400以上490未満	16以上
	490以上590未満	12以上
	590以上	8以上
棒鋼	330以上400未満	25以上
	400以上490未満	20以上
	490以上	18以上

(型わく支保工の構造)

第239条

　事業者は，型わく支保工については，型わくの形状，コンクリートの打設の方法等に応じた堅固な構造のものでなければ，使用してはならない．

(組立図)

第 240 条

　事業者は，型わく支保工を組み立てるときは，組立図を作成し，かつ，当該組立図により組み立てなければならない．

2　前項の組立図は，支柱，はり，つなぎ，筋かい等の部材の配置，接合の方法及び寸法が示されているものでなければならない．

3　第一項の組立図に係る型枠支保工の設計は，次に定めるところによらなければならない．

　一　支柱，はり又ははりの支持物（以下この条において「支柱等」という．）が組み合わされた構造のものでないときは，設計荷重（型枠支保工が支える物の重量に相当する荷重に，型枠 1 m² につき 150 kg 以上の荷重を加えた荷重をいう．以下この条において同じ．）により当該支柱等に生ずる応力の値が当該支柱等の材料の許容応力の値を超えないこと．

　二　支柱等が組み合わされた構造のものであるときは，設計荷重が当該支柱等を製造した者の指定する最大使用荷重を超えないこと．

　三　鋼管枠を支柱として用いるものであるときは，当該型枠支保工の上端に，設計荷重の 2.5/100 に相当する水平方向の荷重が作用しても安全な構造のものとすること．

　四　鋼管枠以外のものを支柱として用いるものであるときは，当該型枠支保工の上端に，設計荷重の 5/100 に相当する水平方向の荷重が作用しても安全な構造のものとすること．

（許容応力の値）

第 241 条

　前条第三項第一号の材料の許容応力の値は，次に定めるところによる．

一　鋼材の許容曲げ応力及び許容圧縮応力の値は，当該鋼材の降伏強さの値又は引張強さの値の 3/4 の値のうちいずれか小さい値の 2/3 の値以下とすること．

二　鋼材の許容せん断応力の値は，当該鋼材の降伏強さの値又は引張強さの値の 3/4 の値のうちいずれか小さい値の 38/100 の値以下とすること．

三　鋼材の許容座屈応力の値は，次の式により計算を行って得た値以下とすること．

　$l \div i \leqq \Lambda$ の場合

　$\sigma_c = [\{1 - 0.4\{(l \div i) \div \Lambda\}\}^2 \div \nu] F$

　$l \div i > \Lambda$ の場合

　$\sigma_c = [0.29 \div [\{(l \div i) \div \Lambda\}^2]] F$

　　これらの式において，l，i，Λ，σ_c，ν 及び F は，それぞれ次の値を表すものとする．

　　　l：支柱の長さ（支柱が水平方向の変位を拘束されているときは，拘束点間の長さのうちの最大の長さ）（単位　センチメートル）

　　　i：支柱の最小断面二次半径（単位　センチメートル）

　　　Λ：限界細長比 $= \sqrt{(\pi^2 E \div 0.6 F}$　ただし，π：円周率

　　　E：当該鋼材のヤング係数（単位　ニュートン毎平方センチメートル）

　　　σ_c：許容座屈応力の値（単位　ニュートン毎平方センチメートル）

　　　ν：安全率 $= 1.5 + 0.57\{(l \div i) \div \Lambda\}^2$

F：当該鋼材の降伏強さの値又は引張強さの値の3/4の値のうちのいずれか小さい値（単位　ニュートン毎平方センチメートル）

四　木材の繊維方向の許容曲げ応力，許容圧縮応力及び許容せん断応力の値は，次の表の上欄に掲げる木材の種類に応じ，それぞれ同表の下欄に掲げる値以下とすること．

木材の種類	許容応力の値 （単位　ニュートン毎平方センチメートル）		
	曲げ	圧縮	せん断
あかまつ，くろまつ，からまつ，ひば，ひのき，つが，べいまつ又はべいひ	1320	1180	103
すぎ，もみ，えぞまつ，とどまつ，べいすぎ又はべいつが	1030	880	74
かし	1910	1320	210
くり，なら，ぶな又はけやき	1470	1030	150

五　木材の繊維方向の許容座屈応力の値は，次の式により計算を行って得た値以下とすること．

$lk \div i \leqq 100$ の場合　$f_k = f_c \{l - 0.007(lk \div i)\}$

$lk \div i > 100$ の場合　$f_k = 0.3 f_c \div (lk \div 100 \, i)^2$

これらの式において，lk, i, f_c 及び f_k は，それぞれ次の値を表すものとする．

lk：支柱の長さ（支柱が水平方向の変位を拘束されているときは，拘束点間の長さのうち最大の長さ）（単位　センチメートル）

i：支柱の最小断面二次半径（単位　センチメートル）

f_c：許容圧縮応力の値（単位　ニュートン毎平方センチメートル）

f_k：許容座屈応力の値（単位　ニュートン毎平方センチメートル）

（型枠支保工についての措置等）

第242条

事業者は，型枠支保工については，次に定めるところによらなければならない．

一　敷角の使用，コンクリートの打設，くいの打込み等支柱の沈下を防止するための措置を講ずること．

二　支柱の脚部の固定，根がらみの取付け等支柱の脚部の滑動を防止するための措置を講ずること．

三　支柱の継手は，突合せ継手又は差込み継手とすること．

四　鋼材と鋼材との接続部及び交差部は，ボルト，クランプ等の金具を用いて緊結すること．

五　型枠が曲面のものであるときは，控えの取付け等当該型枠の浮き上がりを防止するための措置を講ずること．

五の二　H型鋼又はI型鋼（以下この号において「H型鋼等」という．）を大引き，敷角等の水平材として用いる場合であって，当該H型鋼等と支柱，ジャッキ等とが接続する箇所に集中荷重が作用することにより，当該H型鋼等の断面が変形するおそれがあるときは，当該接続する箇所に補強材を取り付けること．

六　鋼管（パイプサポートを除く．以下この条において同じ．）を支柱として用いるものにあっては，当該鋼管の部分について次に定めるところによること．

　イ　高さ2メートル以内ごとに水平つなぎを二方向に設け，かつ，水平つなぎの変位を防止すること．

　ロ　はり又は大引きを上端に載せるときは，当該上端に鋼製の端板を取り付け，これをはり又は大引きに固定すること．

七　パイプサポートを支柱として用いるものにあっては，当該パイプサポートの部分について次に定めるところによること．

　イ　パイプサポートを3以上継いで用いないこと．

　ロ　パイプサポートを継いで用いるときは，4以上のボルト又は専用の金具を用いて継ぐこと．

　ハ　高さが3.5メートルを超えるときは，前号イに定める措置を講ずること．

八　鋼管枠を支柱として用いるものにあっては，当該鋼管枠の部分について次に定めるところによること．

　イ　鋼管枠と鋼管枠との間に交差筋かいを設けること．

　ロ　最上層及び5層以内ごとの箇所において，型枠支保工の側面並びに枠面の方向及び交差筋かいの方向における5枠以内ごとの箇所に，水平つなぎを設け，かつ，水平つなぎの変位を防止すること．

　ハ　最上層及び5層以内ごとの箇所において，型枠支保工の枠面の方向における両端及び5枠以内ごとの箇所に，交差筋かいの方向に布枠を設けること．

　ニ　第六号ロに定める措置を講ずること．

九　組立て鋼柱を支柱として用いるものにあっては，当該組立て鋼柱の部分について次に定めるところによること．

　イ　第六号ロに定める措置を講ずること．

　ロ　高さが4メートルを超えるときは，高さ4メートル以内ごとに水平つなぎを二方向に設け，かつ，水平つなぎの変位を防止すること．

九の二　H型鋼を支柱として用いるものにあっては，当該H型鋼の部分について第六号ロに定める措置を講ずること．

十　木材を支柱として用いるものにあっては，当該木材の部分について次に定めるところによること．

　イ　第六号イに定める措置を講ずること．

　ロ　木材を継いで用いるときは，2個以上の添え物を用いて継ぐこと．

　ハ　はり又は大引きを上端に載せるときは，添え物を用いて，当該上端をはり又は大引きに固定すること．

十一　はりで構成するものにあっては，次に定めるところによること．

　イ　はりの両端を支持物に固定することにより，はりの滑動及び脱落を防止すること．

　ロ　はりとはりとの間につなぎを設けることにより，はりの横倒れを防止すること．

(段状の型わく支保工)

第 243 条

　事業者は，敷板，敷角等をはさんで段状に組み立てる型わく支保工については，前条各号に定めるところによるほか，次に定めるところによらなければならない．

一　型わくの形状によりやむを得ない場合を除き，敷板，敷角等を 2 段以上はさまないこと．

二　敷板，敷角等を継いで用いるときは，当該敷板，敷角等を緊結すること．

三　支柱は，敷板，敷角等に固定すること．

(コンクリートの打設の作業)

第 244 条

　事業者は，コンクリートの打設の作業を行なうときは，次に定めるところによらなければならない．

一　その日の作業を開始する前に，当該作業に係る型わく支保工について点検し，異状を認めたときは，補修すること．

二　作業中に型わく支保工に異状が認められた際における作業中止のための措置をあらかじめ講じておくこと．

(型わく支保工の組立て等の作業)

第 245 条

　事業者は，型わく支保工の組立て又は解体の作業を行なうときは，次の措置を講じなければならない．

一　当該作業を行なう区域には，関係労働者以外の労働者の立ち入りを禁止すること．

二　強風，大雨，大雪等の悪天候のため，作業の実施について危険が予想されるときは，当該作業に労働者を従事させないこと．

三　材料，器具又は工具を上げ，又はおろすときは，つり綱，つり袋等を労働者に使用させること．

(型枠支保工の組立て等作業主任者の選任)

第 246 条

　事業者は，令第六条第十四号の作業については，型枠支保工の組立て等作業主任者技能講習を修了した者のうちから，型枠支保工の組立て等作業主任者を選任しなければならない．

(型枠支保工の組立て等作業主任者の職務)

第 247 条

　事業者は，型枠支保工の組立て等作業主任者に，次の事項を行わせなければならない．

一　作業の方法を決定し，作業を直接指揮すること．

二　材料の欠点の有無並びに器具及び工具を点検し，不良品を取り除くこと．

三　作業中，安全帯等及び保護帽の使用状況を監視すること．

付 2.2 合板の日本農林規格（要約）

(制　　定：平成 15 年　2 月 27 日農林水産省告示第 233 号)
(最終改正：平成 20 年 12 月 2 日農林水産省告示第 1751 号)

2.2.1 定義および標準寸法

日本農林規格（JAS）に定められている合板の定義および標準寸法をまとめると付表 2.2.1 のとおりになる．

付表 2.2.1　合板の定義および標準寸法

合板の種類	定　義	要求される合板の接着の程度	標準寸法（mm）		
			厚さ	幅	長さ
普通合板	合板のうち，コンクリート型枠用合板，構造用合板，天然木化粧合板，特殊加工化粧合板以外のもの	1 類又は 2 類	2.3, 2.5, 2.7, 3.0, 3.5, 4.0, 5.5, 6.0, 9.0, 12.0, 15.0, 18.0, 21.0, 24.0	910	910, 1,820, 2,130, 2,430, 2,730, 3,030
				610, 760	1,820
				850, 1,000	2,000
				1,220	1,820, 2,430
構造用合板	合板のうち，建築物の構造耐力上主要な部分に使用するもの（さね加工を施したものを含む）	1 類	5.0, 5.5, 6.0, 7.5, 9.0, 12.0, 15.0, 18.0, 21.0, 24.0, 28.0, 30.0, 35.0	900	1,800, 1,818
				910	1,820, 2,130, 2,440, 2,730, 3,030
				955	1,820
				1,000	2,000
				1,220	2,440, 2,730
コンクリート型枠用合板	合板のうち，コンクリートを打ち込み，所定の形に成形するための型枠として使用する合板で，表面又は表裏面に塗装又はオーバーレイを施したものは，表面加工コンクリート型枠用合板という	1 類	12.0, 15.0, 18.0, 21.0, 24.0	500	2,000
				600	1,800, 2,400
				900	1,800
				1,000	2,000
				1,200	2,400
天然木化粧合板	合板のうち，木材質特有の美観を表すことを主たる目的として表面又は表裏面に単板をはり合わせたもの	1 類又は 2 類	3.2	910	1,820
			4.2, 6.0	610, 1,220	2,430
				910	1,820, 2,130
特殊加工化粧合板	合板のうち，コンクリート型枠用合板又は天然木化粧合板以外の合板で表面又は表裏面にオーバーレイ，プリント，塗装等の加工を施したもので以下のタイプに分類される 【F タイプ】 主としてテーブルトップ，カウンター等の用に供される 【FW タイプ】 主として建築物の耐久壁面，家具用に供される 【W タイプ】 主として建築物の一般壁面用に供される 【SW タイプ】 主として建築物の特殊壁面の用に供される	1 類又は 2 類	2.3, 2.4, 2.5, 2.7, 3.0, 3.2, 3.5, 3.7, 3.8, 4.0, 4.2, 4.8, 5.0, 5.2, 5.5, 6.0, 8.5, 9.0	606, 610	2,420, 2,425, 2,430, 2,440, 2,730, 2,740
				910, 915, 920	1,820, 1,825, 1,830, 2,120, 2,130, 2,140, 2,420, 2,430, 2,440
				1,000, 1,010	2,000, 2,010
				1,070	1,820
				1,210	2,420
				1,220, 1,230	1,820, 1,825, 1,830, 2,120, 2,135, 2,150, 2,420, 2,430, 2,440, 2,740
				2,130	2,440

2.2.2 品　　質

日本農林規格（JAS）に定められているコンクリート型枠用合板および表面加工コンクリート型枠用合板の品質および試験方法を，付表2.2.2のとおりとする．

付表2.2.2　コンクリート型枠用合板および表面加工コンクリート型枠用合板の品質および試験方法（１）

品質区分	試験対象	試験方法	試験手順	試験片の概要		適合項目	適合基準						
								試験片に用いられている単板の樹種					
								広葉樹				針葉樹	
								かば	ぶな，なら，いたやかえで，あかだも，しおじ，やちだも	せん，ほお，かつら，たぶ	ラワン，しな，その他の広葉樹		
接着の程度	コンクリート型枠用合板	煮沸繰返し試験	沸騰水中に4時間浸せきした後，60±3℃で20時間乾燥（恒温乾燥器に入れ，器中に湿気がこもらないように乾燥するものとする）し，更に沸騰水中に4時間浸せきし，これを室温の水中にさめるまで浸せきし，ぬれたままの状態で接着力試験を行う	心板の裏割れ方向と荷重方向の関係　積層数が3の合板　（順・逆 荷重方向図） 25 25 25 / 31 13 31 / 25		せん断強さ（Mpa又はN/mm²）	1.0	0.9	0.8	0.7	0.7	0.6	0.5	0.4
						平均木部破断率（％）		—			50	65	80	
						同一接着層のはく離しない分の長さ	それぞれの側面においてその長さの2/3以上であること							
	コンクリート型枠用合板	スチーミング処理試験	試験片を室温の水中に2時間以上浸せきした後，120度±2℃で3時間スチーミングを行ない，室温の水中にさめるまで浸せきし，ぬれたままの状態で接着力試験を行う	枚数	荷口の合板の枚数 / 試料合板，試験合板の枚数：1,000枚以下→2枚；1,001枚以上2,000枚以下→3枚；2,001枚以上3,000枚以下→4枚；3,001枚以上→5枚　各4片ずつ（試料合板ごとに試験片の心板の裏割れの方向と荷重方向が順逆半数ずつになるように切込みを入れ，再試験の場合は，数量の2倍の試料，試験合板を用いる）								
	全ての単板が針葉樹で構成されているコンクリート型枠用合板	減圧加圧試験	試験片を室温の水中に浸せきし，0.085MPa以上の減圧を30分間行い，更に0.45〜0.48MPaの加圧を30分間行い，ぬれたままの状態で接着力試験を行う	心板の裏割れ方向と荷重方向の関係　積層数が5の合板　（順・逆 側面図・平面図） 25 25 25 / 31 13 31 / 25									
				枚数	荷口の合板の枚数 / 試料合板，試験合板の枚数：1,000枚以下→2枚；1,001枚以上2,000枚以下→3枚；2,001枚以上3,000枚以下→4枚；3,001枚以上→5枚　平行層を除き試料合板のいずれかの2接着層についてできるようにし，そのすべての接着層について順逆2片ずつ試験を行えるようにする．ただし，必要に応じて試験に不要な単板をはぎ取ってもよいこととする．なお，平行層を有する単板にあっては，それぞれの平行層について2片以上の試験片に含まれるように作成するものとする（再試験の場合は，数量の2倍の試料，試験合板を用いる）								
	表面加工コンクリート型枠用合板	一類浸せきはく離試験	試験片を沸騰水中に4時間浸せきした後，60±3℃で20時間乾燥し，沸騰水中に4時間浸せきし，更に60±3℃3時間乾燥させる	枚数	荷口の合板の枚数 / 試料合板，試験合板の枚数：1,000枚以下→2枚；1,001枚以上2,000枚以下→3枚；2,001枚以上3,000枚以下→4枚；3,001枚以上→5枚　各試料合板から一辺が75mmの正方形のものを4片ずつ作成する（再試験の場合は，数量の2倍の試料，試験合板を用いる）	同一接着層のはく離しない部分の長さ	それぞれの側面においてその長さの50mm以上であること							

付表 2.2.2　コンクリート型枠用合板および表面加工コンクリート型枠用合板の品質および試験方法（2）

品質区分	試験対象	試験方法	試験手順	試験片の概要	適合項目	適合基準
含水率	コンクリート型枠用合板，表面加工コンクリート型枠用合板	含水率試験	試験片の質量測定後 103±2℃の温度で恒量になるまで（6時間以上の間隔をおいて測定した時の質量の差が試験片質量の0.1%以下のときをいう）乾燥させ，質量を測定する	枚数：荷口の合板の枚数／試料合板，試験合板の枚数　1,000枚以下 2枚／1,001枚以上2,000枚以下 3枚／2,001枚以上3,001枚以下 4枚／3,001枚以上 5枚　各試料合板から一辺が75mm以上の正方形状のもの又は質量20g以上のものを2片ずつ作成する（再試験の場合は，数量の2倍の試料，試験合板を用いる）	含水率(%) = (乾燥前の質量 − 全乾質量) / 全乾質量 × 100	平均値が14%以下であること
曲げ剛性	コンクリート型枠用合板，表面加工コンクリート型枠用合板	長さ方向又は幅方向の曲げ剛性試験	実大の試験合板の表面を上面として，スパンの中央に直交しておいた荷重棒の有効長さ（合板の長さ又は幅）の上に荷重を加えてたわみ量を測定する	枚数：荷口の枚数に関わらず5枚とする	曲げヤング係数 (GPa 又は 10^3 N/mm²)	表示厚さ(mm)：12／15／18／21／24　長さ方向：7.0／6.5／6.0／5.5／5.0　幅方向：5.5／5.0／4.5／4.0／3.5
塗膜又はオーバーレイ層の接着の程度，温度変化に対する耐候性及び耐アルカリ性	表面加工コンクリート型枠用合板	平面引張り試験	試験片の表面中央（8片試験する場合は，表面4片，裏面4片とする）に一辺が20mmの正方形状の接着面を有する金属盤をシアノアクリレート系接着剤を用いて接着し，周囲に台板合板に達する切りきずを付けた後接着面と直角の方向に毎分5880N以下の荷重速度で引張り，はく離時における最大荷重を測定する	枚数：荷口の合板の枚数／試料合板，試験合板の枚数　1,000枚以下 2枚／1,001枚以上2,000枚以下 3枚／2,001枚以上3,001枚以下 4枚／3,001枚以上 5枚　各試料合板から一辺が50mmの正方形状のものを4片（裏面にも加工を施し表面と同等の性能をもつものに関しては8片とし，再試験の場合は，数量の2倍の試料，試験合板を用いる）	接着力 (MPa又はN/mm²) = 最大荷重(N) / (20×20)	同一試料合板から採取した試験片の接着力の平均値が1.0 MPa（又はN/mm²）以上であること
		寒熱繰返し試験	試験片を固定し，（表面加工コンクリート用型枠合板の場合は，試験片そのままとする）60±3℃の恒温器中に2時間放置した後，−20±3℃の恒温器中に2時間放置する工程を2回繰り返し，室温になるまで放置する	枚数：荷口の合板の枚数／試料合板，試験合板の枚数　1,000枚以下 2枚／1,001枚以上2,000枚以下 3枚／2,001枚以上3,001枚以下 4枚／3,001枚以上 5枚　各試料合板から一辺が150mmの正方形状のものを2片ずつとし，再試験の場合は，数量の2倍の試料，試験合板を用いる	目視	試験体の表面に割れ，膨れおよびはがれを生じないこと
			試験片を水平に設置し，表面（あるいは裏面）に1%水酸化ナトリウム水溶液を約5ml滴下し，時計皿で48時間被覆した後直ちに水洗いし，室内に24時間放置する	枚数：荷口の合板の枚数／試料合板，試験合板の枚数　1,000枚以下 2枚／1,001枚以上2,000枚以下 3枚／2,001枚以上3,001枚以下 4枚／3,001枚以上 5枚　各試料合板から一辺が75mmの正方形状のものを2片，裏面にも加工を施し表面と同等の性能をもつものに関しては4片，再試験の場合は，数量の2倍の試料，試験合板を用いる	目視	1) 48時間被覆した後に水溶液が残っていること　2) 24時間放置した後の試験片の表面に割れ，膨れ，及びはがれ並びに著しい変色又はつやの変化を生じないこと
ホルムアルデヒド放散量	表示があるもの	ホルムアルデヒド放散量試験	同一合板から作成した試験片ごとにビニール袋で密封し，温度を20±1℃に調整した恒温室等で1日以上養生する	各試料合板から長さ150mm，幅50mmの長方形状のものを10片ずつ作成する	ホルムアルデヒド放散量	表示の区分／平均値(mg/l)／最大値(mg/l)　F☆☆☆☆と表示するもの 0.5／0.7　F☆☆☆と表示するもの 1.5／2.1　F☆☆と表示するもの 5.0／7.0

付表 2.2.2　コンクリート型枠用合板および表面加工コンクリート型枠用合板の品質および試験方法（3）

品質区分	試験対象	試験方法	試験手順	試験片の概要	適合項目	適合基準			
板面の品質	コンクリート型枠用合板，表面加工コンクリート型枠用合板	品質の基準によること			目視	\<以下は適合基準欄の内容\>			

適合基準：板面の品質の基準

記号	表面	裏面
A-A	A	A
A-B	A	B
A-C	A	C
A-D	A	D
B-B	B	B
B-C	B	C
B-D	B	D
C-C	C	C
C-D	C	D

板面の品質の基準の詳細

事項 / 基準	A	B	C	D
生き節，死に節，抜け節，穴，開口した割れ，欠け，はぎ目の透き，横割れ，線状の虫穴及び埋め木の板幅方向の径，幅又は長さの合計	板幅の1/20以下であること	板幅の1/15以下であること	板幅の1/5（表面単板及び裏面単板の厚さが4mm以上のときは1/2）以下であること	板幅の1/5（生き節，死に節，抜け節，又は穴の板幅方向の径が65mm未満であって，かつ，表面単板及び裏面単板が4mm以上である時は，1/2）以下であること
生き節又は死に節	板幅方向の径が25mm以下であること	板幅方向の径が40mm以下であること	板幅方向の径が50mm以下であること	板幅方向の径が75mm以下であること
抜け節又は穴	抜け落ちた部分又は穴の板幅方向の径が3mm以下であること	抜け落ちた部分又は穴の板幅方向の径が5mm以下であること	抜け落ちた部分又は穴の板幅方向の径が40mm以下であること	抜け落ちた部分又は穴の板幅方向の径が75mm以下であること
埋め木	板幅方向の径が50mm以下であること	板幅方向の径が100mm以下であること		
入り皮又はやにつぼ	長径が30mm以下であること	長径が45mm以下で板幅方向の径が30mmいかのもの又は脱落するおそれのないものであること		
腐れ	ないこと			
開口した割れ（欠け又ははぎ目の透きを含む）	長さが板長の20%以下，幅1.5mm以下で，その個数が2個以下であること	長さが板長の40%以下，幅6mm以下で，その個数が3個以下であること又は長さが板幅の20%以下，幅3mm以下でその個数が6個以下であること	板面における長さ方向のりょう線から25mm以内の部分における幅が6mm以下であること．それ以外にあっては，板面における幅方向のりょう線から200mm離れた箇所における幅が10mm以下でかつ，先端が狭くなっていること又は幅が15mm以下で長さが50%以下であること，あるいは，板面における幅方向のりょう線から200mm以内の幅が50mm以下であること	板面における長さ方向のりょう線から25mm以内の部分における幅が6mm以下であること．それ以外にあっては，板面における幅方向のりょう線から200mm離れた箇所における幅が25mm以下でかつ，先端が狭くなっていること又は，板面における幅方向のりょう線から200mm以内の幅が75mm以下であること
横割れ	ないこと			
虫穴	円状のものにあっては，長径が1.5mm以下で集在していないこと．線状のものは，長径が10mm以下でその個数が板面積の平方メートル数の4倍以下であること	集在していないこと		
プレスマーク	くぼみの深さが0.5mm以下で，その個数が2個以下であること	くぼみの深さが2mm以下であること		
きず	補修してあること			
ふくれ又はしわ	ないこと			
その他の欠点	軽微であること	顕著でないこと		

| | 表面加工コンクリート型枠用合板 | | | | 目視 | 表面にはがれ，膨れ又は亀裂がなく，汚染，ごみ等の付着，きずプレスマーク，その他の欠点が極めて軽微であること．塗装又はオーバーレイを施していない裏面の品質はA，B，C又はDであること | | | |

付表 2.2.2　コンクリート型枠用合板および表面加工コンクリート型枠用合板の品質および試験方法（4）

品質区分	試験対象	試験方法	試験手順	試験片の概要	適合項目	適合基準	
心重なり	表面加工コンクリート型枠用合板				目視	表面の品質がAのもの又は表面加工コンクリート型枠用合板の板面における凸部の高さが1 mm以下，長さが150 mm以下でその個数が2個以下であること．表面の品質がB又はCのものに関しては幅が3 mm以下であること	
心離れ	表面加工コンクリート型枠用合板				目視	表面の品質がAのもの又は表面加工コンクリート型枠用合板にあっては幅が3 mm以下でその個数が2個以下であること．表面の品質がB又はCのものに関しては幅が3 mm以下であること	
心板又はそえ心板の厚薄	コンクリート型枠用合板，表面加工コンクリート型枠用合板				目視	製造時において単板厚さの平均値の6%を超えないこと	
構成単板	コンクリート型枠用合板，表面加工コンクリート型枠用合板				目視	単板の厚さ：1.0 mm以上5.5 mm以下であること 単板の数：4以上であること 積層数：3以上であること．ただし，心板又はそえ心板であって単板を繊維方向に平行にはり合わせたものにあってはこれを一層とする 構成比率：表面単板と同じ繊維方向の単板の合計厚さの合板の厚さに対する厚さに対する比率が30%以上70%以下であること	
側面及び木口面の仕上げ	コンクリート型枠用合板，表面加工コンクリート型枠用合板				目視	毛羽立ちがないこと	
反り又はねじれ	コンクリート型枠用合板，表面加工コンクリート型枠用合板				目視	矢高が30 mm以下であること．又は手で押して水平面に接触すること，あるいは，質量15 kgの重りを載せたときに水平面に接触すること	
辺の曲がり	コンクリート型枠用合板，表面加工コンクリート型枠用合板				目視	最大矢高が1 mm以下であること	
寸法	コンクリート型枠用合板，表面加工コンクリート型枠用合板				目視	厚さの測定は，塗膜，オーバーレイ層を含むものとする 対角線の長さの差が2 mm以下であること 表示寸法との差： 　表示厚さ　12 mm以上15 mm未満：±0.5 mm 　　　　　　15 mm以上18 mm未満：±0.6 mm 　　　　　　18 mm以上21 mm未満：±0.7 mm 　　　　　　21 mm以上24 mm未満：±0.8 mm 　　　　　　24 mm以上：±0.9 mm 　幅及び長さ：+0 mm, −2 mm	

2.2.3 表示

日本農林規格(JAS)に定められているコンクリート型枠用合板の表示内容は,付表2.2.3のとおりとする.

付表2.2.3 コンクリート型枠用合板の表示内容

表示事項	表示内容	品質区分		
品名	「コンクリート型枠用合板」と記載すること ただし,ホルムアルデヒド放散量についての表示をする者にあっては,「コンクリート型枠用合板」の次に「(低ホル)」と記載すること			
寸法	厚さ,幅及び長さをミリメートル,センチメートル又はメートルの単位を明記して記載すること	厚さ(mm)	幅(mm)	長さ(mm)
		12.0, 15.0, 18.0, 21.0, 24.0	500	2000
			600	1,800, 2,400
			900	1,800
			1,000	2,000
			1,200	2,400
板面の品質	・表面加工コンクリート型枠用合板以外のもの 　→板面の品質の項に規定されている記号を記載すること ・裏面に塗装又はオーバーレイを施していないもの 　→「塗装」又は「オーバーレイ」と記載し,その次に表面の品質の項に規定されている記号を記載し,裏面を反り,ねじれ等の防止等のために塗装,オーバーレイを施したものにあっては,裏面がコンクリート型枠用合板に適していない旨を併せて記載すること ・コンクリート型枠用合板として使用するために表裏面に塗装,オーバーレイを施したもの 　→「両面塗装」又は「両面オーバーレイ」と記載すること	記号	板面の品質の基準	
			表面	裏面
		A-A	A	A
		A-B	A	B
		A-C	A	C
		A-D	A	D
		B-B	B	B
		B-C	B	C
		B-D	B	D
		C-C	C	C
		C-D	C	D
使用方向	幅方向の曲げ剛性試験のみに合格した者にあっては,「幅方向スパン用」と記載すること			
ホルムアルデヒド放散量	ホルムアルデヒド放散量の項に規定されている表示区分を記載すること	表示の区分	平均値(mg/l)	最大値(mg/l)
		F☆☆☆☆と表示するもの	0.5	0.7
		F☆☆☆と表示するもの	1.5	2.1
		F☆☆と表示するもの	5.0	7.0
単板の樹種名	・表板に使用した単板の樹種名を表示する場合,表板以外に使用した単板の樹種名を表示する場合 　→最も一般的な名称で記載すること ・複数の樹種の単板を使用した場合には,使用量の多いものから順に記載すること			
非ホルムアルデヒド系接着剤及びホルムアルデヒドを放散しない塗料の使用	「非ホルムアルデヒド系接着剤及びホルムアルデヒドを放散しない塗料等使用」と記載すること			
非ホルムアルデヒド系接着剤の使用	「非ホルムアルデヒド系接着剤使用」と記載すること			
表示箇所	各個毎に板面の見やすい箇所に明瞭にしてあること ただし,塗装等により板面への表示が困難なものに関しては,木口面の見やすい箇所に明瞭に記載されていること			
表示禁止	・表示してある事項の内容と矛盾する用語 ・その他品質を誤認させるようなさせるような文字　その他の表示			

付3. 型枠工事の変遷

3.1 型枠工事の技術的変遷

　鉄筋コンクリート造が，わが国に初めて造られたのは明治の末である．以来，コンクリート工事のあるところには必ず鋳型としての型枠工事があり，その技術的進歩が今日の鉄筋コンクリート造の躯体性能を支えてきた．

　特に型枠は，その寸法・位置・形状・表面仕上げ等の性能が要求され，コンクリートの耐久性に影響するので，今後ますます重要な役割を担うことであろう．

　当初のコンクリート工事は，先に定着したれんが工事の経験を活かした施工方法であった．したがって，立上りのせき板は厚く（60～90 mm），それ自体で精度が保持されていた．その後，ばら板やパネルの出現によって端太角，そして端太パイプなどの支保材が多くなってきた．戦後の高度成長に伴う工事量増大は，素板工法としての合板が普及し，組立ても桟木が同時に組み込まれるなどの合理化を経て今日に至っている．その間，型枠工事は関連するコンクリート・鉄筋工事の進歩に伴い工法的にも変わってきた．仕上材を先付けした方法，コンクリート打込み後も構造体を兼ねるプレキャストコンクリート版の類，支柱組立ての工夫，特に，無支柱工法は最近では当り前にまでなってきた．一方，はく離剤や締付け金具類の改良，さらには施工管理者と型枠大工としての技能工の資格制度も軌道にのってきた．

　明治末の導入時の仕様書では仮枠として仮設工事に含まれていた型枠は，現在では単なる鋳型ではなく構造・仕上げの一部にもなってきている．これらの型枠工事の変遷をまとめると付図 3.1.1 のとおりである．

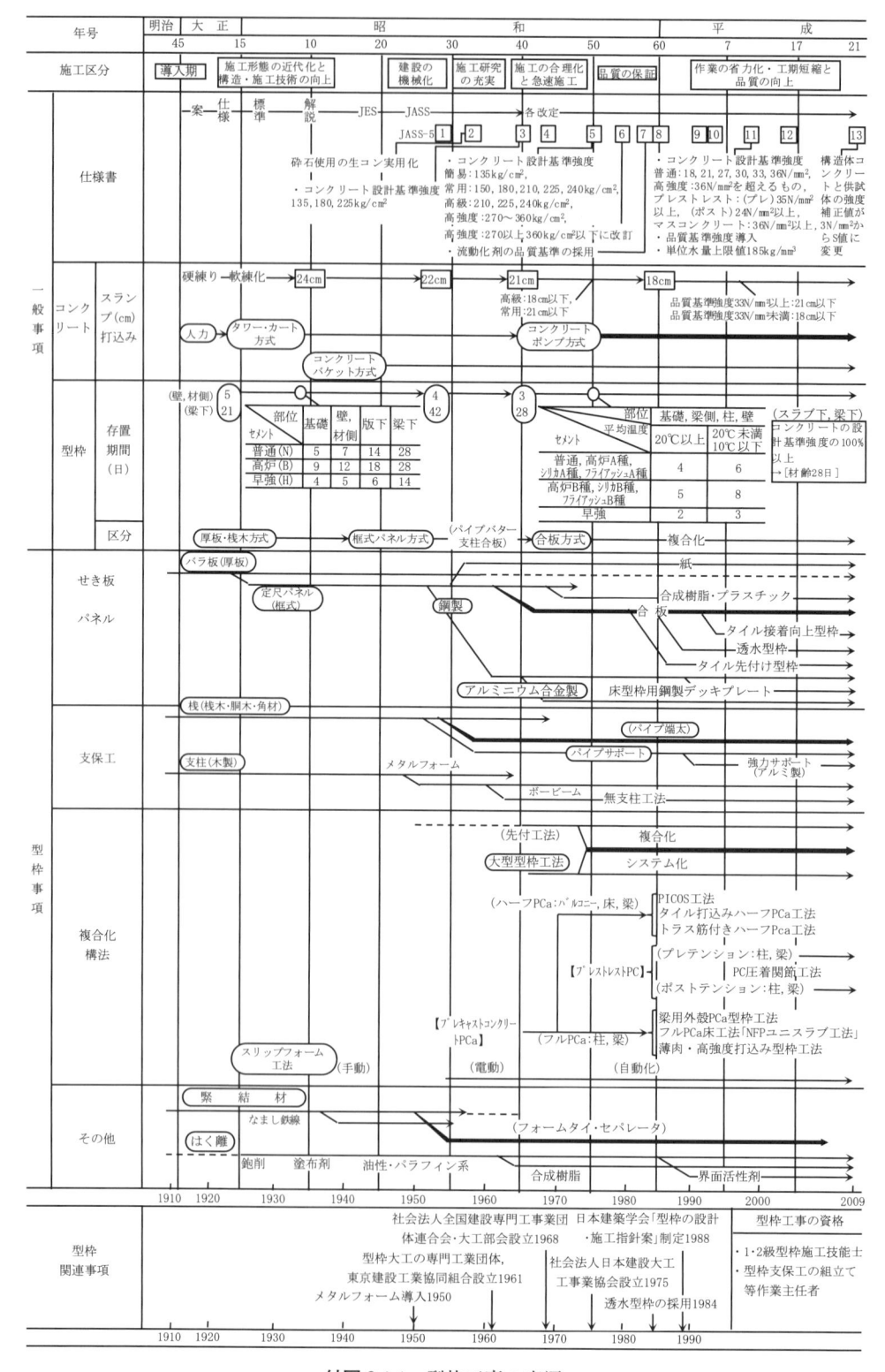

付図 3.1.1 型枠工事の変遷

3.2 仕 様 書

　日本建築学会における仕様書の型枠工事について，その内容が大きく変わった場合の項目について示すと付表3.2.1のようになる．すなわち，1914年（大正3年）10月に常置委員会が設置され，第5部仕様予算数量常置委員会（主査　葛西萬司）が発足，1923年（大正12年）1月に提示された建築工事仕様書に始まる．その内容は15項目に分類され，5のコンクリート工事には型枠がなく，1の仮設工事に含まれている．足代，桟桶，山留めに続いて迫持型枠（仮枠），コンクリートせき板，鉄筋コンクリート仮枠，そして取外しの4項でその仕様を示しており，その凡例では，市場品などの名称，寸法などは東京付近を標準としていた．

　その後，1923年（大正12年）6月より標準仕様調査会が新たに発足し，1929年（昭和4年）4月には委員会決定案がほぼ決まったようである．これは，建築工事標準仕様書として現在に通ずる項目立てになっており，全国的に講習会も行われた．このコンクリートおよび鉄筋コンクリート標準仕様は，鉄筋コンクリート構造計算規準と合本で1933年（昭和8年）9月に発刊され，途中改訂されたものの終戦まで続いた．

　この改訂に伴う主な項目の移り変わりでは，はく離剤の項目が塗布剤として，その使用は監督の承認項目であった．型枠の存置期間は付表3.2.2の期間としているが，このころになるとコンクリート強度の水セメント比説が確立して強度もわかるようになったことから強度との関係を解説し，セメントも早強や高炉も扱われるようになってきている．

　また，支柱については，材齢2か月を経るまでは上階に支柱がある限りは下の支柱を外すことができないということであった．これは次の1953年（昭和28年）11月のJASS 5の改定まで続いたことになる．

　戦後は，建築規格原案作成委員会から1951年（昭和26年）4月，構造とは別に材料施工が独立し，規準委員会の第一分科会としてコンクリート工事の仕様書を作成してきた．1963年（昭和38年）12月には材料施工委員会と改称し，引き続き第一分科会としてコンクリート関係の仕様と指針の規格原案を作成して，今日に至っている．その間，型枠の存置期間そして取外しが具体化し，1965年（昭和40年）には設計や構造計算についても項目を独立させている．

　1975年（昭和50年）には，はく離剤がその他の材料に入り，せき板と支保工が明確に独立し，初めて寸法許容差が導入された．

　1986年（昭和61年）には材料施工委員会が改組されると同時に，JASS 5も耐久性を重視した仕様になった．型枠では従来あいまいであった支柱の盛替え，計算による支柱の取外し，精度など内容の充実を図って今日に至っている．

　今回，初めて型枠工事について，新しい工法を先取りした指針が発刊されることとなった．

付表 3.2.1 型枠工事の仕様の変遷

分類	大正 12.1 (常置委員会編纂提示)	昭和 4.4 (委員会決定案提示)	昭和 28.11 (材料施工規準委員会)	昭和 40.10 (材料施工委員会)	昭和 50.1 (材料施工委員会)	昭和 61.9 (新材料施工委員会)	平成 15.2 (材料施工委員会)
工事分野	假枠工事	コンクリート及鉄筋コンクリート標準仕様書	JASS 5 鉄筋コンクリート工事				
特定の主項目	柱枠板厚1寸 梁底厚1寸5分	せき板の厚さ2cm以上	構法の詳細解説 せき板の存置期間と検査	打放し,測圧の標準値・合板の硬化不良対策・型枠の存置期間・支柱の盛替え取止め	仕様の級,甲・乙種設定 ポンプ工法の測圧	支保工の取外し,計算推進	せき板,支保工の材料・種類
章・節	(12) 迫持假枠	5章 型枠	6節 型わく	8節 型わく	8節 型わく	11節 型わく	12節 型枠
項目	い 径間約4尺ノモノ ろ 径間約9尺ノモノ は 径間11尺以上ノモノ (13)コンクリート堰板 (14)鉄筋コンクリート假枠 　い 柱橋脚 　ろ 柱 　は 梁枠 　に スラブ枠 　ほ 壁枠 　へ 階段枠 (15)鉄筋コンクリート假枠取外し	B 第31条 材料 D 第32条 組立 E 第33条 塗布剤 第34条 除去	B 1 材料と構造 D 2 組立ておよび検査 B 3 塗布剤 E 4 型わくの取外し 5 型わくの存置期間 6 支柱の取替え 7 支柱の取外し 8 型わくの取外し後の検査	B 1 型わく材料 C 2 型わくの設計 3 型わくの構造計算 D 4 型わくの組立て B 5 はく離剤 D 6 支保工 7 型わくの検査 E 8 型わくの取外し 9 支柱の盛りかえ 10 せき板取外し後の検査	A 1 総則 B 2 せき板の材料 3 支保工の材料 4 その他の材料 C 5 型わくの設計 6 コンクリート部材の位置および断面の寸法許容差 7 型わくの構造計算 D 8 型わくの加工および組立て 9 型わくの検査 E 10 型わくの存置期間 11 支柱の盛りかえ 12 型わくの取外し	A 1 総則 B 2 せき板の材料 3 支保工の材料 4 その他の材料 C 5 型わくの設計 6 型わくの構造計算 D 7 型わくの加工および組立て 8 型わくの検査 E 9 型わくの存置期間 10 支柱の盛替え 11 型わくの取外し	A 1 総則 B 2 せき板の材料 3 支保工の材料 4 その他の材料 C 5 型枠の設計 6 型枠の構造計算 D 7 型枠の加工および組立て 8 型枠の検査 E 9 型枠の存置期間 10 支柱の盛替え 11 型枠の取外し
関連内容	16 養生の項あり参考資料として提示 垂直部位の打込みは6尺以内	設計施工の標準的規準	新標準調合表	JISと結合 レミコン 型わく法など新工法	契約書の一部として指導的なことは指針へ性能規定の取入れ	耐久性と品質向上 養生期間の改正 かぶり厚さの10mm増	暑中コンクリートの湿潤養生期間

[注] 主分類　A:総則　B:材料　C:設計　D:組立て　E:取外し

付表 3.2.2　型枠存置期間＊　　　　　　　（単位：日）

セメント＼部位	基礎	壁および材側	版下	梁下	備考
普通ポルトランドセメント	5	7	14	28	本文
早強ポルトランドセメント	4	5	6	14	解説
高炉ポルトランドセメント	9	12	18	28	

［注］　＊昭和 8 年当時

3.3　型枠材料と工法

　明治末の鉄筋コンクリート造の導入に始まった型枠は，木製による鋳型からであった．当初の厚板から大正時代の定尺パネル，それを補うばら板，戦後の打放し用せき板，さらにはメタルフォームの土木から建築への普及，その後の合板の普及は定尺パネルを駆逐していった．最近では大型のパネル化，複合化，さらにはシステム化として，躯体工事の中で型枠も変貌を遂げつつある．

(1)　框（かまち）式パネルの誕生（戦前）

　厚板による現場加工の型枠は，大正時代に入って製材工場で作る型枠パネルに変化しはじめた．これは海外視察による影響もあったが，特に清水組（現　清水建設）の小島弥三久氏が開発した付写真 3.3.1 に示すような框式パネル（木製定尺パネルともいう）であって，今日でいうプレハブ化（工場製品）として型枠の歴史の 1 ページを作った．なお，1913 年（大正 2 年）には芝浦電機製作所工場[1]，1917 年（大正 6 年）には富士瓦斯紡績小山工場[2]において使用されたとの文献もある．いずれにしろ，海外の見聞によって大正 2 年から大正 6 年に，さらには大正 10 年にかけて使用されたことは間違いない．一般には，大正 10 年にこの框式パネルが発明[3]されたとされている（文献によっては使用されたとある）．

　これは，パネルをどのように配置するかという工夫だけで材料の加工，組立て，整理が非常に効果的であった．在来の厚板を本実刻（ほんざねはぎ）にして組み立てていく方法は，出合丁場ではそのスピードに圧倒されたという．

　以来，この木製の框式パネルは，次の合板パネル（コンパネ）が普及する昭和 40 年代までの半世紀にわたって使用されてきた．型枠の加工組立てのプレハブ化がすでに大正時代に進められていたことの意義は大きく，いかにこのパネルが優れていたかを示すものである．

(2)　型枠工法の移り変わり（戦後）

　戦前から引き続いた框式パネルの増加は 1965 年（昭和 40 年）まで続くが，一方，ばら板を利用しての型枠も建物の一品製品に合わせて使用された．昭和 30〜40 年にかけての工事量の増大は型枠の精度を低下させ，はらみ・パンクなどの俗語も一般化した．精度の良くない躯体を，モルタル塗りでカバーする方法は依然として続き，はつり作業は欠かせないようになり，工事中の建物からはつりの音がこだました．

　1951 年（昭和 26 年）4 月完成のリーダーズダイジェスト東京支社をはじめとする打放し用型枠はそれなりの精度を保ち，躯体図・加工図・組立図によって慎重な工事をしなければならないことを教えた．

また，型枠の締付けも番線から締付け金物が種々工夫されるようになってきたが，精度として注目するのには時間がかかった．

昭和35年に入っての住宅公団（現　住宅・都市整備公団）による合理化の指向は建物の高層化に伴い，メタルフォームや合板の普及とあいまって大型パネルによる省力化へ拍車がかかった．特に，垂直移動のMF工法に始まった大型型枠工法の開発は揚重機の発達とともに進展し，ゼネコン各社による大型型枠の企業化にはずみをつけた．これらは，コンクリート工事のポンプ工法，鉄筋工事の先組みや新しい継手工法の開発を促し，当時の高度成長を支えてきたといえる．さらに，デッキプレートによる捨型枠工法や作業床を兼ねた逆吊床型枠工法などの無支柱工法へ進んだ．1972年（昭和47年）西ドイツから技術導入したオムニア版は，打込型枠として床から壁へと使用されるようになり，型枠が構造体の一部にもなるようになった．

これらは高層建物の増加に伴い躯体システムの中に取り入れられ，大手総合工事業者により合理化が進展しつつある．

一方，タイルや石張り，さらにはサッシなどの先付け工法についても従来の型枠工法を変えつつあるといえる．さらに，新しい試みとしてのテキスタイルフォーム工法は，真空工法用のマットや合成床（ハーフ）工法などとともに，型枠に別の機能を付加しはじめた．

また，プラスチックなどによる透明型枠の試行は型枠に対する新しいニーズの要求であり，型枠が工・構法として変貌しようとしている．

しかし，一方において一般工事は依然として合板による型枠工法で行われているが，労務事情の悪化は上記の新しい試みとのずれを大きくしつつある．1965年（昭和40年）以降，型枠大工が材料持ちするようになってきた実状は，ここにきて型枠工事近代化の歩みを遅くしたともいえる．型枠工事専門業者も大手総合工事業者による新しい試みに戸惑いながら，工事近代化について模索しており，その意味で今回の指針が1つの手引きになることであろう．

付写真 3.3.1　框（かまち）式パネル

（3）　合板の生産量の推移[1]

国内における合板の生産量を付図3.3.1に示す[2]．合板の国内生産量が1998年から2005年までは300万 m^3 前後を推移しているのに対して，ラワン合板を主体とするコンクリート型枠用合板の国内生産量は年々減少しており，2005年には20万 m^3 程度となっている．一方，合板の海外からの

輸入量は，付図3.3.2のように1990年代前半以降にマレーシアからの輸入が急激に増加しており，年間輸入量は，コンクリート型枠用合板や構造用合板などを含めて500万 m^3 程度となっている[2]．この頃にITTO（国際熱帯木材機関）の勧告や世界銀行の決議を受け，東南アジア諸国が伐採量の削減や製材品への転換を図るなどの措置がとりはじめられたためと考えられ，原木の輸出は禁止されたものの，現地で加工した合板の輸出量は緩やかに増加しているように伺える．このことは現在，地球環境保護の観点からラワン合板を削減しようとする流れにあるものの，単に生産が国内から海外に移転されたにすぎないと推測される．

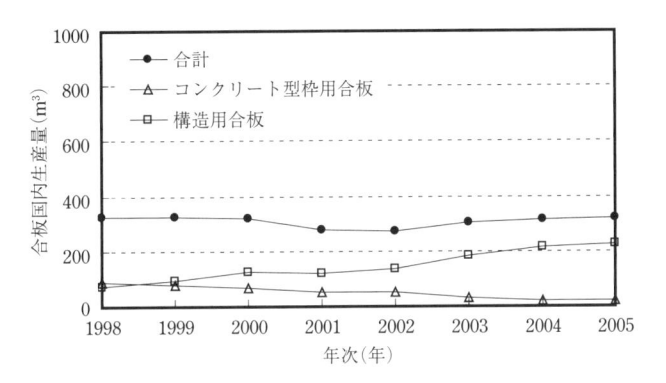

付図3.3.1 国内における合板の生産量の推移[2]

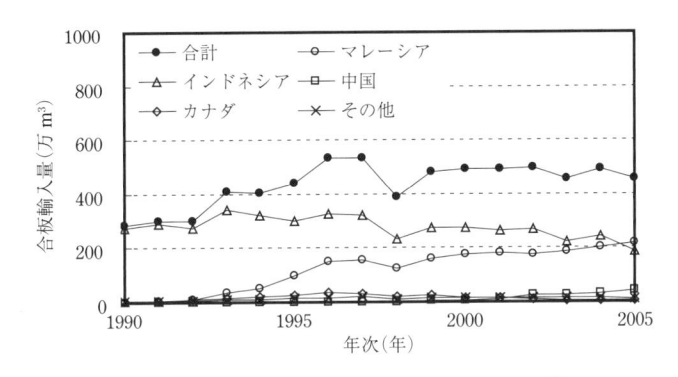

付図3.3.2 合板の海外からの輸入量の推移[2]

　一方で，南洋材合板にも明るい兆しがない訳ではない．熱帯林の年間生長率は寒帯林に比べて10～60倍，温帯林に比べて3～20倍もあり，植林技術の中にはラワンに変わる植栽樹種としてカメレレ，エリマおよびターミメリアの植林の研究も行われている．これらの研究では，輪伐期を15～25年と想定しており，造林用有用早生樹種として期待されている[3]．

　天然林の発達段階に応じた炭素固定速度と植物体の炭素貯蔵量のモデルを付図3.3.3に示す[4]．樹木は光合成により大気中の二酸化炭素を吸収し，樹木中に炭素を蓄える一方，呼吸により二酸化炭素を排出する．若齢期はこの吸収能力が高く大気中の二酸化炭素を盛んに吸収・貯蔵するが，成熟すると二酸化炭素の吸収量と排出量がほぼ等しくなり，二酸化炭素の吸収源としての機能は失われてしまう．このように，単に森林伐採が環境破壊につながるのではなく，より速いサイクルで植林および伐採ができれば，南洋材合板がこれからはエコ型枠材料となる可能性もある．ただし，植物の生態だけでなく，生態系などの全てのことを考慮しなければならないことも忘れてはならない．

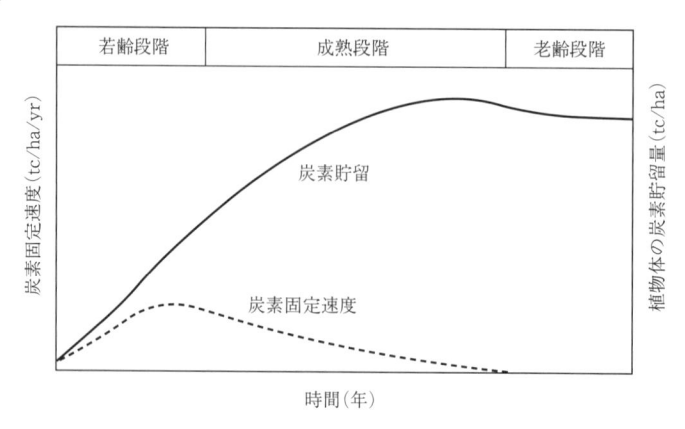

付図 3.3.3 天然林の発達段階に応じた炭素固定速度と植物体の炭素貯蔵のモデル[4]

(4) 型枠工事の材料費および労務費の推移[1]

 一般的な在来型枠工法による5階建てRCラーメンによる集合住宅の工事費の例を付図3.3.4に示す[5]．全建設工事費のうち躯体工事の占める割合は25%程度であり，このうち型枠工事が35%を占める．そして，型枠工事は鉄筋工事やコンクリート工事に比べて材料費より労務費の占める割合が大きく，最も労働集約型であることがわかる．

 型枠施工技能検定の受験者数および合格者数の累計を付図3.3.5に示す[6]．1974年に型枠施工技能検定の国家資格ができ，現在では1級および2級を合わせると約25000人もの技能者がいる．延べ受験者数も50000人を超え，1984年以降は毎年1500〜2000人程度が型枠技能工を目指して受験している．これは，コンクリート圧送施工技能検定の受験者数が毎年800〜1000人程度であることを考えると，いかに型枠工事が型枠技能工に支えられているかがわかる．

 技能工の日当の推移を付図3.3.6に，また，材料費の推移を付図3.3.7に示す[7],[8]．なお，付図3.3.7では，東京における単価とし，セメントには普通ポルトランドセメントを，生コンクリートには呼び強度21およびスランプ18 cmを，合板には厚さ12×幅900×長さ1800 mm・ラワン・JAS2種を，鉄筋には呼び径D19・SD295A・電炉品を，鉄骨には高さ200×幅100×ウェブ厚5.5×フランジ厚8 mmのH形鋼の単価を示した．技能工の日当は，1980年代後半以降のバブル経済期を境に低下する傾向にはあるが，現在同期の3/4程度と急激な低下は見られず，一度高騰した日当の残像は取り除かれていない．一方，合板の価格の推移は，セメントや生コンクリートと同様

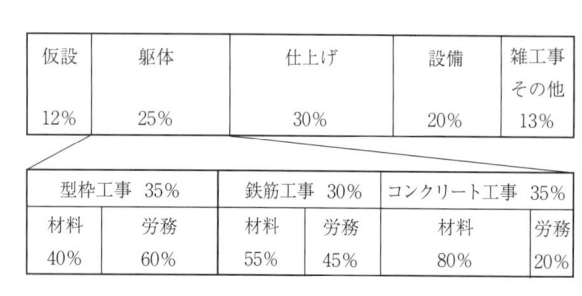

仮設	躯体	仕上げ	設備	雑工事その他
12%	25%	30%	20%	13%

型枠工事 35%		鉄筋工事 30%		コンクリート工事 35%	
材料	労務	材料	労務	材料	労務
40%	60%	55%	45%	80%	20%

付図 3.3.4 工事費の例[5]

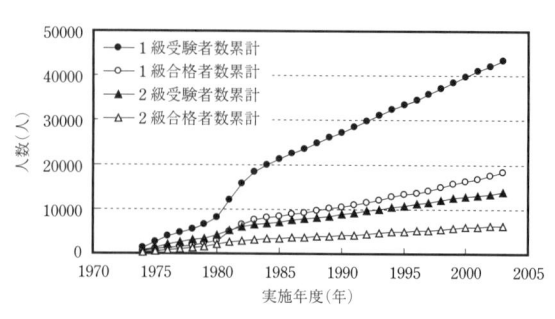

付図 3.3.5 型枠施工技能検定の受験者数の推移[6]

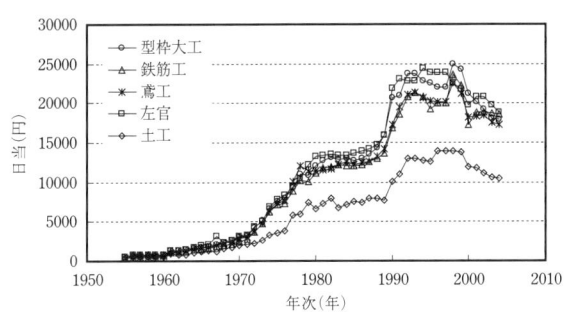

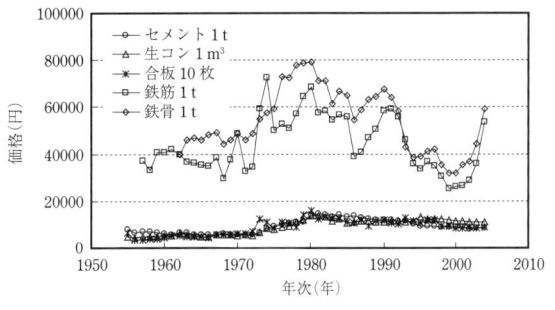

付図 3.3.6 技能工の日当の推移[7,8]

付図 3.3.7 材料費の推移[7,8]

に，なだらかに低下している程度である．このように，労働集約型の型枠工事のような技能工に支払う日当や材料費のことを考えると合理化を推し進める必要に迫られている．

参考文献

1) 中田善久・澤本武博：エコ型枠材料，コンクリート工学，2007.5
2) 合板の統計，日本合板工業組合連合会，http://www.jpma.jp/statistics/index.html
3) 森泉周・森正次：ラワンに代わる有望な熱帯林造林木，林産試だより，pp.5-11, 1994.7
4) (社)全国林業改良普及協会 吸収源対策研究会：温暖化対策交渉と森林，林業改良普及双書 No.144, pp.169-171, 2003
5) 菅田昌宏・萩原忠治・佐藤秀雄：最近の型枠工法の動向，建築技術，No.638, pp.78-82, 2003
6) 日建大協，(社)日本建設大工工事協会，No.98, p.7, 2004
7) 建設資材物価の50年，(財)建設物価調査会，pp.172-209, 1997
8) 建設物価，(財)建設物価調査会，1955-2004

型枠の設計・施工指針

1988 年 7 月 15 日	第 1 版第 1 刷	
2011 年 2 月 15 日	第 2 版第 1 刷	
2023 年 9 月 30 日	第 5 刷	

編集著作人　一般社団法人　日本建築学会

印　刷　所　三　美　印　刷　株式会社

発　行　所　一般社団法人　日本建築学会
　　　　　　108-8414　東京都港区芝 5-26-20
　　　　　　電話 (03) 3456-2051
　　　　　　FAX (03) 3456-2058
　　　　　　http://www.aij.or.jp/

発　売　所　丸善出版株式会社
　　　　　　101-0051　東京都千代田区神田神保町 2-17
　	　　　　神田神保町ビル
　　　　　　電話 (03) 3512-3256

Ⓒ日本建築学会 2011

ISBN 978-4-8189-1063-8 C 3052